製剤への物理化学

[第2版]

徳島大学教授　　　　徳島大学教授
斎藤　博幸　　　　田中　秀治

編　集

顧　問
徳島大学名誉教授
嶋林　三郎

東京　廣川書店　発行

―――― **執筆者一覧**（五十音順）――――

岡村 恵美子	姫路獨協大学教授
奥薗 透	名古屋市立大学准教授
北河 修治	神戸薬科大学教授
亀甲 龍彦	千葉科学大学助教
斎藤 博幸	徳島大学教授
齋藤 好廣	日本大学教授
芝田 信人	同志社女子大学教授
嶋林 三郎	徳島大学名誉教授
髙村 徳人	九州保健福祉大学教授
田中 秀治	徳島大学教授
茶竹 俊行	京都大学原子炉実験所准教授
野田 康弘	金城学院大学准教授
日野 知証	金城学院大学教授
松本 治	千葉科学大学教授
山中 淳平	名古屋市立大学教授
横山 祥子	九州保健福祉大学教授
吉井 範行	名古屋大学特任准教授

製剤への物理化学［第2版］

編者　斎藤 博幸
　　　田中 秀治

平成18年8月10日　初版発行©
平成24年2月25日　第2版1刷発行

発行所　株式会社　廣川書店

〒113-0033　東京都文京区本郷3丁目27番14号
電話 03 (3815) 3651　　FAX 03 (3815) 3650

第 2 版まえがき

　本書の初版，嶋林三郎 編「製剤への物理化学」は，薬学部学生のための物理化学入門書として 2006 年 8 月に出版された．製剤志向の物理化学書として，日本薬局方の記載内容を尊重し，物質（医薬品）の構造，物性，反応を理解するための基礎的な事項に焦点を絞った書であった．幸いにも薬学部および薬系大学の物理化学や製剤学の教科書として採用していただき，増刷を重ねた．

　2011 年 3 月に第十六改正日本薬局方が告示され，同年 4 月 1 日から施行された．この新薬局方では，製剤総則が全面的に改正され，剤形の分類は投与経路や適用部位など臨床応用を考慮したものとなり，汎用されているほぼすべての剤形が規定された．また，各剤形の定義や製剤特性試験の規定なども，国際調和を反映して整備が行われた．このような背景のもと，製剤学・物理薬剤学を志向した本書も，内容を見直し，第 2 版へと改訂することとなった．

　第 2 版では，特に熱力学の充実を行い，初版第 1 章「物理化学の基礎」を 2 つの章，すなわち「原子と分子」および「熱力学」に分け，それぞれ新規に執筆いただいた．また，「レオロジー」と「医薬品としての高分子」の章も全面改訂を行った．その他の章については，旧版のよい箇所は残しつつ適宜改訂を行うとともに，章末の練習問題を新国家試験に対応した内容と形式に更新した．

　執筆に際しては，第十六改正日本薬局方および薬学教育モデル・コアカリキュラムを十分考慮し，薬学部初級〜中級クラスの物理化学書として親しみやすいこと（見やすく，読みやすく，わかりやすい）を基本方針とした．しかし，表層的な事項に偏らないよう，必要に応じて踏み込んだ説明も加え，より深い内容を求める読者の期待にも応えられるように配慮した．初版の編者，嶋林三郎 先生には，顧問として高所から御指導・御助言をいただいた．編集にあたっては，編者 2 名が著者や編集部と密に連絡を取りながら，様々な角度から相互に内容を点検し，用語や体裁など全体の統一も図った．

　本書が，薬学部学生の物理化学の修得のためにお役に立てれば，この上ない喜びである．さらなる改善に向けて，読者諸氏のご批判やご教示をいただければ幸いである．最後に，本書の出版にあたり多大なお力添えと激励をいただいた廣川書店 社長 廣川節男氏，常務取締役 廣川典子氏，荻原弘子氏をはじめ編集部諸氏に深く感謝いたします．

2012 年 2 月

編者

まえがき

　人の健康保持と疾病の予防・治療を目的として，物理化学・有機化学・生化学・生物学を基礎とし，主に生理活性物質の面から考察する総合科学が伝統的な薬学である．現在ではこれらに加えて，有害・有毒物質の人体への影響と生命保全に関する領域の研究も生活環境の安全確保の科学として薬学で重要な地位を占めるようになってきた．また，医学・医療と直接に関連する分野，すなわち医療薬学や臨床薬学といわれる領域も現在著しく進歩している．これらをすべて包括する総合的な科学が薬学である．

　薬学における物理化学は，物質（医薬品）そのものの特質を物理的な立場から把握する物理化学のほかに，生体・生命の特性を物理化学的立場から認識する物理化学，製剤過程を物理化学の立場から理解する物理化学などの分野がある．これらはいずれも薬学においては基本的な知識であり，いずれをも欠かせるわけにはいかない．

　本書の表題が製剤志向になっているが，これは生体の挙動よりもむしろ我々が使用する医薬品の規格・基準を示している日本薬局方に視点をおいて制作したためである．日本薬局方の内容は，薬剤師をはじめ薬学関連職種従事者にとって，必要不可欠な知識だからである．

　もちろん本書の内容とそのバックグラウンドは基礎物理化学にあり，本書は薬学で物理化学を学ぶ新入学生のための入門教科書として企画されている．生体・生命現象を詳細に物理化学の立場から把握するにはさらに多くの総合的な知識が必要である．これらについては，本書で学習した物理化学的なセンスをもとに，生物物理化学や構造生物学の講義で学習していただこう．本書に書かれている物理化学的知識・考え方・取り扱い方は，学生諸氏が将来薬剤師の仕事に就く場合であっても，製剤技術者の仕事に就く場合であっても，不可欠なものとなろう．

　本書は厚生労働省が公表している「薬剤師国家試験出題基準」，日本薬学会が提起している「薬学教育モデル・コアカリキュラム」にも十分考慮して制作されている．別添の，本書の内容と「出題基準」および「モデル・コアカリキュラム」の内容の対照表を見ていただこう．関連分野はほとんどが網羅されている．本書で薬学の物理化学を学ぶことにより，薬剤師となるための物理化学的知識が十分に学習でき，しかも日本薬局方，物理薬剤学など関連分野も一挙に学習できる他書には見られないスグレモノの教科書となってほしいと執筆者一同は願っている．

　最後に，終始われわれを励まし援助していただいた廣川書店社長廣川節男氏，企画担当の島田俊二氏はじめ多くの関係者各位に厚く感謝する．

2006 年 6 月

著者一同

目次

序論 ──────────────── (嶋林三郎, 田中秀治, 斎藤博幸) 1

1 薬学と物理化学　1
- 1.1　物理化学の成立　1
- 1.2　物理化学の視点　1
- 1.3　薬学と物理化学　2

2 製剤と日本薬局方　2
- 2.1　通則　2
- 2.2　製剤総則　2
- 2.3　一般試験法　4

3 国際単位系（SI）　5
- 3.1　物理量と単位　5
- 3.2　国際単位系（SI）　6
- 3.3　非 SI 単位　7

第1章　原子と分子 ──────────────── (松本治) 9

1.1　原子の構造　9
- 1.1.1　原子構造と量子力学　9
- 1.1.2　波動方程式　10
- 1.1.3　電子配置と原子の性質　12

1.2　分子の構造　14
- 1.2.1　化学結合　14
- 1.2.2　分子軌道　15
- 1.2.3　混成軌道　16

1.3　分子間相互作用と複合体形成　17

練習問題　20

第2章 固体と結晶 ――――――――――（松本治，茶竹俊行，亀甲龍彦） 25

2.1 結晶　25
2.1.1 結晶の種類　25
2.1.2 単位格子と結晶系　27
2.1.3 結晶面とミラー指数　29
2.1.4 晶癖，結晶多形，溶媒和結晶　30

2.2 X線結晶回折　31
2.2.1 ブラッグの法則と単結晶X線構造解析　31
2.2.2 粉末X線回折法　33

2.3 固体の密度　36
2.3.1 密度の測定　36
2.3.2 結晶の単位格子と密度　37

2.4 固体と赤外線吸収スペクトル　38
2.4.1 赤外分光法　38
2.4.2 特性吸収帯と指紋領域　39
2.4.3 IRスペクトルによる分子間相互作用の研究　39

2.5 固体の熱分析　41
2.5.1 熱重量測定　41
2.5.2 示差熱分析　42
2.5.3 示差走査熱量測定　42

練習問題　42

第3章 粉体 ――――――――――――――――（日野知証，野田康弘） 47

3.1 粒子径　47
3.1.1 粒子径の定義　48
3.1.2 粒度分布　50
3.1.3 粒子径の測定　52

3.2 粉体の物性　56
3.2.1 充てん性　56
3.2.2 流動性　57
3.2.3 付着性と凝集性　59

3.2.4　吸湿性　　59
3.2.5　粉体のぬれ　　60
3.3　　散剤と顆粒剤　　61
練習問題　　62

第4章　熱力学 （岡村恵美子，吉井範行）　65

4.1　　気　体　　65
　4.1.1　気体の性質　　65
　4.1.2　理想気体と実在気体　　67
　4.1.3　気体分子運動論　　69
　4.1.4　ボルツマン分布　　71
4.2　　熱力学の法則　　72
　4.2.1　熱力学第1法則とエネルギー保存則　　72
　4.2.2　エントロピーと熱力学第2法則　　77
　4.2.3　熱力学第3法則　　82
4.3　　ギブズ自由エネルギーと化学ポテンシャル　　82
　4.3.1　ギブズ自由エネルギー　　82
　4.3.2　化学ポテンシャル　　87
　4.3.3　化学平衡　　88
練習問題　　91

第5章　相平衡と相変化 （髙村徳人）　95

5.1　　水の状態図　　95
5.2　　相　律　　96
5.3　　相平衡　　98
　5.3.1　一成分系　　98
　5.3.2　二成分系　　100
　5.3.3　三成分系　　107
練習問題　　109

第6章 水溶液　　　　　　　　　　　　　　　　　　　　　　　（田中秀治）　113

- 6.1 水溶液の熱力学　113
  - 6.1.1 純液体の化学ポテンシャル　113
  - 6.1.2 理想溶液　114
  - 6.1.3 理想希薄溶液　115
  - 6.1.4 活量と活量係数　116
- 6.2 希薄溶液の束一的性質　117
  - 6.2.1 蒸気圧降下　117
  - 6.2.2 沸点上昇　117
  - 6.2.3 凝固点降下　119
  - 6.2.4 浸透圧　120
- 6.3 電解質水溶液　123
  - 6.3.1 電解質　123
  - 6.3.2 電解質水溶液の束一的性質　123
  - 6.3.3 電解質水溶液の非理想性　123
  - 6.3.4 イオンの活量と活量係数　124
- 6.4 電極電位と化学電池　127
  - 6.4.1 酸化と還元　127
  - 6.4.2 電極電位とネルンストの式　127
  - 6.4.3 ガルバニ電池　130
  - 6.4.4 化学電池の起電力　130
- 6.5 電解質水溶液の電気伝導　132
  - 6.5.1 導電率（電気伝導率）　132
  - 6.5.2 モル導電率とその濃度依存性　133
  - 6.5.3 コールラウシュのイオンの独立移動の法則　134
  - 6.5.4 イオンの輸率と移動度　135
- 練習問題　137

第7章 溶解現象　　　　　　　　　　　　　　　　　　　　　　　（田中秀治）　141

- 7.1 溶解と溶解性　141
  - 7.1.1 溶　解　141

7.1.2 溶解性　141
7.2　溶解の熱力学　142
7.2.1 溶媒和　142
7.2.2 溶解のギブズ自由エネルギー変化　143
7.3　溶解度と溶解度積　144
7.3.1 溶解度　144
7.3.2 溶解度積　145
7.4　溶解性に影響を与える因子　146
7.4.1 溶質に起因する因子　146
7.4.2 溶媒あるいは添加物に起因する因子　147
7.4.3 温　度　150
7.5　溶解速度　151
7.5.1 ノイエス・ホイットニーの式　151
7.5.2 ネルンスト・ノイエス・ホイットニーの式　152
7.5.3 ヒクソン・クロウェルの立方根則　152
練習問題　153

第8章　界面活性剤　（横山祥子）　157

8.1　界面活性　157
8.1.1 表面過剰エネルギーと表面張力　157
8.1.2 ギブズの吸着等温式　159
8.1.3 表面張力の測定法　161
8.2　界面活性剤　163
8.2.1 界面活性剤の分類　163
8.2.2 界面活性剤の性質　166
8.2.3 HLB　171
8.2.4 要求HLB値　173
8.2.5 ぬ　れ　174
8.2.6 JP収載界面活性剤　175

練習問題　176

第9章 分散系 　　　　　　　　　　　　　　　　　　　　　　（齋藤好廣） 179

9.1 　分散系の分類　 179
9.2 　コロイド分散系　 180
9.3 　コロイド分散系の性質　 181
　9.3.1 　運動学的性質　 181
　9.3.2 　光学的性質　 183
　9.3.3 　電気的性質　 183
　9.3.4 　コロイドの安定性　 185
　9.3.5 　吸　着　 187
9.4 　サスペンション　 190
9.5 　エマルション　 192
練習問題　 196

第10章 レオロジー 　　　　　　　　　　　　　　　（山中淳平，奥薗透） 201

10.1 　弾　性　 201
　10.1.1 　フックの法則の拡張　 201
　10.1.2 　一様な変形　 203
10.2 　粘　性　 205
10.3 　粘弾性　 207
　10.3.1 　粘弾性とは　 207
　10.3.2 　粘弾性の力学モデル　 208
10.4 　さまざまな流動現象　 212
　10.4.1 　塑性流動　 212
　10.4.2 　擬粘性流動　 213
　10.4.3 　擬塑性流動　 213
　10.4.4 　チキソトロピー流動　 214
　10.4.5 　ダイラタント流動　 215
10.5 　レオロジー測定法　 216
　10.5.1 　毛細管粘度計法　 216
　10.5.2 　回転粘度計法　 217
　10.5.3 　製剤のレオロジー測定法　 219

練習問題　219

第11章　拡散と膜透過　　　　　　　　　　　　　（北河修治）　223

11.1　フィックの拡散法則　223
　11.1.1　フィックの第一法則　　223
　11.1.2　フィックの第二法則　　224
　11.1.3　ネルンスト・ノイエス・ホイットニーの式　　225
11.2　膜透過　226
　11.2.1　膜内での拡散と膜透過係数　　226
11.3　人工膜　227
　11.3.1　人工膜と薬学領域での利用　　227
　11.3.2　ろ過膜と透析膜　　228
11.4　膜透過とDDS　229
　11.4.1　DDSの基本概念　　229
　11.4.2　リポソームとDDSへの適用　　231
　11.4.3　リピッドマイクロスフェア　　232
練習問題　233

第12章　反応速度　　　　　　　　　　　　　　　（斎藤博幸）　235

12.1　反応速度と反応次数　235
12.2　反応速度式　236
　12.2.1　0次反応　　237
　12.2.2　1次反応　　237
　12.2.3　2次反応　　239
12.3　複合反応　241
　12.3.1　可逆反応　　241
　12.3.2　併発反応　　242
　12.3.3　逐次反応　　243
12.4　反応速度の温度依存性　244
12.5　反応速度理論　246
　12.5.1　衝突理論　　246

12.5.2　遷移状態理論　247
12.6　触媒と酵素　248
　　　12.6.1　酸-塩基触媒反応　248
　　　12.6.2　酵素反応　250
12.7　医薬品の安定性に影響を及ぼす因子　251
　　　12.7.1　温度　251
　　　12.7.2　pH　252
　　　12.7.3　イオン強度　253
練習問題　253

第13章　医薬品としての高分子　————————（芝田信人）　259

13.1　高分子とは　259
13.2　高分子の分類　260
13.3　高分子の用途　260
　　　13.3.1　医療用具・医薬品容器への高分子の応用　261
　　　13.3.2　人工臓器・再生医療への高分子の応用　262
　　　13.3.3　医薬品への高分子の応用　263
13.4　高分子の特徴　263
　　　13.4.1　高分子固体の構造形成　264
　　　13.4.2　高分子構造の多様性　264
　　　13.4.3　高分子の分子量分布　266
13.5　高分子の広がり　267
　　　13.5.1　高分子の自由連結鎖モデル　268
　　　13.5.2　高分子の自由回転鎖モデル　269
　　　13.5.3　高分子の平均慣性半径　270
　　　13.5.4　実在鎖モデルによる高分子の広がり　271
13.6　固有粘度と分子量　271
　　　13.6.1　マーク-ホーウィンクの式　271
　　　13.6.2　高分子溶液の相対粘度，比粘度，還元粘度および固有粘度の求め方　272
13.7　高分子の溶液物性　273
　　　13.7.1　良溶媒と貧溶媒　273
　　　13.7.2　高分子溶液の浸透圧　274

13.7.3　コアセルベーション　　275
13.8　高分子電解質　275
　　　13.8.1　高分子電解質の電離　　275
　　　13.8.2　ドナンの膜平衡　　276
13.9　ゲルと高分子ラテックス　277
　　　13.9.1　ゲ　ル　　277
　　　13.9.2　高分子ラテックス　　277
13.10　ドラッグデリバリーシステム　278
　　　13.10.1　薬物の吸収促進に利用される高分子　　279
　　　13.10.2　コントロールドリリースに利用される高分子　　279
　　　13.10.3　標的指向化（ターゲティング）に利用される高分子　　279
　　　13.10.4　高分子化医薬　　281
　　　13.10.5　高分子ミセル　　282
　　　13.10.6　高分子修飾リポソーム　　282
　　　13.10.7　高分子ゲルマトリックス　　283
　練習問題　284

索　引　289

序論

1　薬学と物理化学

1.1　物理化学の成立

物理化学 physical chemistry は，人類の長い歴史で培われた物理学の理論や測定手法を用いて，物質の構造，物性，反応等を探究する化学の一分野である．その成立および物理学との境界は明瞭ではないが，1887 年にファント・ホッフ van't Hoff，アレニウス Arrhenius，オストワルド Ostwald によって創刊された学術誌 "Zeitschrift für physikalische Chemie" が，「物理化学」の名を広める上で大きく貢献した．これら 3 名は，それぞれ浸透圧の法則，電離説，触媒の研究などで知られ，いずれもノーベル化学賞を受賞している．

1.2　物理化学の視点

物理化学には，対象となる事象を巨視的 macroscopic に捉える物理化学と，微視的 microscopic に捉える物理化学がある．前者では，自然の中に有限な領域（**系** system）を設定し，その性質や挙動を観察する．第 4 章で述べる**熱力学** thermodynamics はその根幹をなすもので，19 世紀初頭の熱機関の研究から発展した．その他の多くの章においても，熱力学の考え方が基礎となっている．一方，後者では，原子，分子あるいは分子集合体に注目する．20 世紀になって発展した量子力学を基盤とするもので，**量子化学** quantum chemistry と呼ばれる．本書では，第 1 章「原子と分子」において，その基本事項を解説する．

両者の橋渡しを担うものとして**統計熱力学** statistical thermodynamics がある．統計熱力学で

は，系を構成する原子や分子の微視的挙動の統計的平均値をもとに系の巨視的現象を説明する．本書では第4章の中でその一端を紹介する．

1.3 薬学と物理化学

薬学 pharmaceutical sciences は人の健康維持と疾病の予防・治療を目的とする学際的学問である．薬学において物理化学は，その対象や応用をもとに，生物系の物理化学と製剤系の物理化学に分けられることが多い．前者は生命現象や生体分子を探究するもので，**生物物理化学** biophysical chemistry と呼ばれる．後者は医薬品や製剤などを研究するもので，**製剤物理化学** pharmaceutical physical chemistry あるいは**物理薬剤学** physical pharmacy と呼ばれる．本書は，この製剤関連を志向した薬学の物理化学書として企画されたものである．

製剤と日本薬局方

日本薬局方 Japanese Pharmacopoeia は，医薬品の性状および品質の適正を図るために定められた医薬品の規格基準書である．その役割は医薬品全般の品質を総合的に保証するための規格および試験法の標準を示すことにある．日本薬局方は，通則，生薬総則，製剤総則，一般試験法，医薬品各条などから構成される．現行の第16改正日本薬局方（日局十六，日局16，JP XVI または JP 16）には1764品目が収載されている．

2.1 通則

通則には，薬局方全体に共通する基本的事項が示されている．計量単位とその記号，温度や濃度，質量の量り方などの試験法および操作に関する基本的用語の定義，医薬品の性状や溶解性を表す表記法，製剤の容器・包装に求められる要件の規定などが与えられている．

2.2 製剤総則

製剤総則は，製剤通則，製剤各条，生薬関連製剤各条からなる．その目的は製剤を適切に分類，定義し，その品質保証に必要な試験法，貯法を示すことにある．製剤通則では製剤全般に共通する事項が，製剤各条では各剤形の定義，製法，試験法，容器・包装及び貯法などの規定が，それぞれ記載されている．

表1に製剤各条および生薬関連製剤各条における剤形分類を示す．第16改正日本薬局方より

表1　製剤各条および生薬関連製剤各条における剤形分類

製剤各条
1. 経口投与する製剤
    1.1. 錠剤
        1.1.1. 口腔内崩壊錠
        1.1.2. チュアブル錠
        1.1.3. 発泡錠
        1.1.4. 分散錠
        1.1.5. 溶解錠
    1.2. カプセル剤
    1.3. 顆粒剤
        1.3.1. 発泡顆粒剤
    1.4. 散剤
    1.5. 経口液剤
        1.5.1. エリキシル剤
        1.5.2. 懸濁剤
        1.5.3. 乳剤
        1.5.4. リモナーデ剤
    1.6. シロップ剤
        1.6.1. シロップ用剤
    1.7. 経口ゼリー剤
2. 口腔内に適用する製剤
    2.1. 口腔用錠剤
        2.1.1. トローチ剤
        2.1.2. 舌下錠
        2.1.3. バッカル錠
        2.1.4. 付着錠
        2.1.5. ガム剤
    2.2. 口腔用スプレー剤
    2.3. 口腔用半固形剤
    2.4. 含嗽剤
3. 注射により投与する製剤
    3.1. 注射剤
        3.1.1. 輸液剤
        3.1.2. 埋め込み注射剤
        3.1.3. 持続性注射剤
4. 透析に用いる製剤
    4.1. 透析用剤
        4.1.1. 腹膜透析用剤
        4.1.2. 血液透析用剤
5. 気管支・肺に適用する製剤
    5.1. 吸入剤
        5.1.1. 吸入粉末剤
        5.1.2. 吸入液剤
        5.1.3. 吸入エアゾール剤
6. 目に投与する製剤
    6.1. 点眼剤
    6.2. 眼軟膏剤
7. 耳に投与する製剤
    7.1. 点耳剤
8. 鼻に適用する製剤
    8.1. 点鼻剤
        8.1.1. 点鼻粉末剤
        8.1.2. 点鼻液剤
9. 直腸に適用する製剤
    9.1. 坐剤
    9.2. 直腸用半固形剤
    9.3. 注腸剤
10. 腟に適用する製剤
    10.1. 腟錠
    10.2. 腟用坐剤
11. 皮膚等に適用する製剤
    11.1. 外用固形剤
        11.1.1. 外用散剤
    11.2. 外用液剤
        11.2.1. リニメント剤
        11.2.2. ローション剤
    11.3. スプレー剤
        11.3.1. 外用エアゾール剤
        11.3.2. ポンプスプレー剤
    11.4. 軟膏剤
    11.5. クリーム剤
    11.6. ゲル剤
    11.7. 貼付剤
        11.7.1. テープ剤
        11.7.2. パップ剤

生薬関連製剤各条
生薬関連製剤
1. エキス剤
2. 丸剤
3. 酒精剤
4. 浸剤・煎剤
5. 茶剤
6. チンキ剤
7. 芳香水剤
8. 流エキス剤

　製剤各条中の剤形の分類方法が大幅に変更された．すなわち，剤形は投与経路や適用部位によって大分類され（「経口投与する製剤」や「注射により投与する製剤」など），各々の大分類ごとに錠剤，カプセル剤，注射剤などの主要な剤形に中分類される．中分類で規定された剤形の中で特徴のある剤形は，さらに口腔内崩壊錠，発泡錠，トローチ剤などに小分類されている．これにより，現在臨床使用されているほぼすべての剤形が製剤各条として規定された．また，剤形分類における顆粒剤及び散剤の定義が変更になり，顆粒剤は「粒状」に造粒した製剤，散剤は「粉末状」の製剤，とそれぞれ定義され，両者は造粒操作の有無で分類されている．

　製剤通則にあるとおり，製剤には，薬効の発現時間の調節や副作用の低減を図る目的で，有効成分の放出速度を調節する機能を付与することができる．表2には，日常的に最も重要な投与形態である経口投与する製剤について，その放出特性による分類を製剤各条および生薬関連製剤各条から抜粋した．

表2 経口投与する製剤の放出特性による分類

製剤には，薬効の発現時間の調節や副作用の低減を図る目的で，有効成分の放出速度を調節する機能を付与することができる．放出速度を調節した製剤は，適切な放出特性を有する．また，放出速度を調節した製剤に添付する文書及びその直接の容器又は直接の被包には，通例，付与した機能に対応した記載を行う．

1. 即放性製剤・・・・・製剤からの有効成分の放出性を特に調節していない製剤．
   通例，有効成分の溶解性に応じた溶出挙動を示す．

2. 放出調節製剤・・・固有の製剤設計及び製法により放出性を目的に合わせて調節した製剤．

   (1) 腸溶性製剤　① 有効成分の胃内での分解を防ぐ，又は有効成分の胃に対する刺激作用を低減させるなどの目的で，
   ② 有効成分を胃内で放出せず，主として小腸内で放出するよう設計された製剤．
   ③ 通例，酸不溶性の腸溶性基剤を用いて皮膜を施す．

   (2) 徐放性製剤　① 投与回数の減少又は副作用の低減を図るなどの目的で，
   ② 製剤からの有効成分の放出速度，放出時間，放出部位を調節した製剤．
   ③ 通例，適切な徐放化剤を用いる．

2.3 一般試験法

　一般試験法は，製剤総則や医薬品各条に規定された試験法のうちで，共通の試験法，医薬品の品質評価に有用な試験法及びこれに関連する事項をまとめたものである．化学的試験法，物理的試験法，生物学的試験法，製剤試験法などの9つのカテゴリーに分類されている．製剤試験法は，眼軟膏剤の金属性異物試験法，製剤均一性試験法，製剤の粒度の試験法，制酸力試験法，注射剤の採取容量試験法，注射剤の不溶性異物検査法，注射剤の不溶性微粒子試験法，点眼剤の不溶性微粒子試験法，崩壊試験法，溶出試験法，点眼剤の不溶性異物検査法の11項目の試験法からなる．そのなかで，経口投与する製剤に適用される試験法として重要な，製剤均一性試験法，崩壊試験法，溶出試験法の概略を表3にまとめた．

表 3　製剤均一性，崩壊，溶出試験法の概要

製剤均一性試験法	個々の製剤間での有効成分の均一性の程度を示すための試験法であり，含量均一性試験または質量偏差試験のいずれかの方法で試験される． 含量均一性試験：個々の製剤の有効成分の含量を測定することで均一性を評価する方法であり，すべての製剤に適用可能． 質量偏差試験：有効成分濃度が均一であると仮定して製剤の質量の偏差を含量の偏差とみなし，個々の製剤の質量を測定することで均一性を推定する方法であり，試験の適用範囲が限定されている．
崩壊試験法	錠剤，カプセル剤，顆粒剤，シロップ用剤，丸剤の試験液に対する崩壊性または抵抗性を確認する試験法．試験液中，定められた条件で規定時間内に崩壊するかどうかを確認する．試験液としては，即放性製剤に対しては水を用い，腸溶性製剤には，第 1 液（NaCl + HCl + 水，pH は約 1.2）と第 2 液（KH$_2$PO$_4$ + NaOH + 水，pH は約 6.8）を用いてそれぞれ別々に試験をする．
溶出試験法	経口製剤について，主成分の溶出性が規格に適合しているかどうかを判定する試験であり，製剤の品質を一定水準に確保し，併せて著しい生物学的非同等性を防ぐことを目的とする．試験法としては，装置 1 （回転バスケット法），装置 2 （パドル法），装置 3 （フロースルーセル法）が規定されている．

国際単位系（SI）

3.1　物理量と単位

　物理量 physical quantity とは，物質あるいは状態の性質を表す量のことである（例：質量，時間，濃度）．物理量は数値と単位の積，すなわち**物理量 = 数値 × 単位**で表される．ここで**単位** unit とは，その物理量を表すための基準となる量である．物理量の記号は斜体（イタリック体）で，単位の記号は立体（ローマン体）でそれぞれ表し，数値と単位との間にはスペースを入れる．例えば，長さ l が 5 m であるとき，l = 5 m と書く．

　上述の関係より，数値 = 物理量 / 単位となるので，図や表において数値を説明するときには，厳密には**物理量 / 単位**と記さなければならない（例えば Length/m）．しかし，本書では薬剤師国家試験等における表記に従い，物理量（単位）と記載している（例えば Length (m)）．

3.2 国際単位系（SI）

1つの物理量に対して国や分野ごとにさまざまなものが用いられてきた単位を，広く合意が得られるように統一するため，1960年の第11回国際度量衡総会において**国際単位系**（SI：Système International d'Unités（フランス語）に由来）が制定された．学術の領域ではSI単位を用いることが推奨されている．

SIでは，すべての物理量は7つの基本物理量（長さ，質量，時間，電流，熱力学温度，物質量，光度）によって組み立てられると考える．この7つの基本物理量に対して，表4に掲げる**SI基本単位** SI base unit をそれぞれ定義する．その他の物理量の単位は，基本的にこれらのSI基本単位の組み合わせで表すことができ，**SI組立単位**（**SI誘導単位**） SI derived unit と呼ばれる．表5にSI組立単位の一例を示した．SI組立単位の中にはN, Pa, Jのように固有の名称と記号が与えられているものもある．さらに，10の累乗を表す**SI接頭語** SI prefix（表6）を用いて，数値がむやみに大きく（あるいは小さく）なることを避けることができる．

表4　SI基本単位

基本物理量	SI基本単位 名称	SI基本単位 記号	定義
長さ	メートル	m	1秒の299 792 458分の1の時間に光が真空中を伝わる行程の長さ
質量	キログラム	kg	国際キログラム原器の質量 [1]
時間	秒	s	セシウム133原子の基底状態の2つの超微細構造準位間の遷移に対応する放射の周期の9 192 631 770倍の継続時間
電流	アンペア	A	真空中に1 mの間隔で平行に配置された無限に小さい円形断面積を有する無限に長い2本の直線状導体のそれぞれを流れ，これらの導体の長さ1 mにつき2×10^{-7} Nの力を及ぼし合う一定の電流
熱力学温度	ケルビン	K	水の三重点の熱力学温度の1/273.16
物質量 [2]	モル	mol	0.012 kgの炭素12の中に存在する原子数に等しい数の要素粒子 [3] を含む系の物質量
光度	カンデラ	cd	周波数540×10^{12} Hzの単色放射を放出し，所定の方向におけるその放射強度が1/683 W sr^{-1}（ワット毎ステラジアン）である光源の，その方向における光度．

[1] 普遍的な微視的現象に基づくものではなく，いまだに人工物に基づいて定義されている唯一のSI基本単位．国際キログラム原器は白金（89.69%），イリジウム（10.14%）などからなる合金で，パリ郊外の国際度量衡局に保管されている．
[2] しばしば「モル数」と言われるが，これは正しい言い方ではない．
[3] 原子，分子，イオン，電子などの粒子，または粒子の特定の集合体

表5 SI組立単位の一例

組立量	SI組立単位[1] 名称	記号	ほかのSI単位による表現[2]
固有の名称と記号が与えられているもの			
力	ニュートン	N	$m\,kg\,s^{-2}$
圧力	パスカル	Pa	$N\,m^{-2} = m^{-1}\,kg\,s^{-2}$
エネルギー,熱量	ジュール	J	$N\,m = m^2\,kg\,s^{-2}$
電気量,電荷	クーロン	C	$A\,s$
電位差,起電力	ボルト	V	$J\,C^{-1} = m^2\,kg\,s^{-3}\,A^{-1}$
コンダクタンス	ジーメンス	S	$\Omega^{-1} = m^{-2}\,kg^{-1}\,s^3\,A^2$
セルシウス温度[3]	セルシウス度	°C	K
固有の名称と記号が与えられていないもの			
面積		m^2	
体積		m^3	
速さ,速度		$m\,s^{-1}$	
質量モル濃度		$mol\,kg^{-1}$	
熱容量,エントロピー		$J\,K^{-1}$	$m^2\,kg\,s^{-2}\,K^{-1}$
表面張力		$N\,m^{-1}$	$kg\,s^{-2}$
電場の強さ[3]		$V\,m^{-1}$	$m\,kg\,s^{-3}\,A^{-1}$
粘度(粘性係数)		$Pa\,s$	$m^{-1}\,kg\,s^{-1}$

1) 単位を乗算する場合は,単位記号の間にスペースまたは中点(・)を入れる(例:Pa s または Pa·s).単位を除算する場合は,例えば V m^{-1} あるいはスラッシュ(/)を用いて V/m のように表す.
2) ある物理量の単位をほかのSI単位によって表現することによって,その物理量の意味を異なる観点から理解することができる.例えば,電場の強さはその単位 V m^{-1} より電位勾配の大きさと言えるが,
$$V\,m^{-1} = (J\,C^{-1})\,m^{-1} = ((N\,m)\,C^{-1})\,m^{-1} = N\,C^{-1}$$
より,荷電粒子が単位電荷当たり受ける静電気力の大きさと読み取ることもできる.
3) セルシウス温度 θ と熱力学温度 T との間には,$\theta/°C = T/K - 273.15$ の関係がある.

3.3 非SI単位

SIには属さないが,適切な文脈中ではSI単位と併用することが認められている単位もある.例えば,時間については min(分),h(時),d(日)などが,平面角では°(度)などが,体積では L(リットル)がある.1 L を SI で表現すると 1 dm^3 である.

日本薬局方では通則9において,用いられる主な単位と記号*が示されている.これらの中にはSIに属さない単位(L,EU,CFU)や分率も含まれている.分率は基本的に質量分率を意味

---

* m, cm, mm, μm, nm, kg, g, mg, μg, ng, pg, °C, mol, mmol, cm^2, L, mL, μL, MHz, cm^{-1}, N, kPa, Pa, Pa·s, mPa·s, mm^2/s, lx, mol/L, mmol/L, %, ppm, ppb, vol%, vol ppm, w/v%, μS·cm^{-1}, EU, CFU. これらのうち,μS·cm^{-1} と CFU が日局16から新たに追加された.

表6 SI接頭語

分量	接頭語 名称	記号	倍量	接頭語 名称	記号
10^{-1}	デシ deci	d	10^{1}	デカ deca	da
10^{-2}	センチ centi	c	10^{2}	ヘクト hecto	h
10^{-3}	ミリ milli	m	10^{3}	キロ kilo	k
10^{-6}	マイクロ micro	μ	10^{6}	メガ mega	M
10^{-9}	ナノ nano	n	10^{9}	ギガ giga	G
10^{-12}	ピコ pico	p	10^{12}	テラ tera	T
10^{-15}	フェムト femto	f	10^{15}	ペタ peta	P
10^{-18}	アト atto	a	10^{18}	エクサ exa	E
10^{-21}	ゼプト zepto	z	10^{21}	ゼタ zetta	Z
10^{-24}	ヨクト yocto	y	10^{24}	ヨタ yotta	Y

SI接頭語と単位記号との間にはスペースを入れない．（正）hPa （誤）h Pa
SI接頭語のついた単位記号を累乗するときには，SI接頭語も含めて累乗しているとみなす．例えばnm^3はnmの3乗という意味で，$10^{-9} \times$（mの3乗）という意味ではない．
SI接頭語を単独で用いてはならない．古くはμmのことをミクロンと呼びμで表していたが，現在では適切ではない．
SI接頭語は併用してはならない．したがって，接頭語のついた唯一のSI基本単位であるkgに対して，μkgと表記するのは誤りであり，mgと書かなければならない．

し，百分率は％，百万分率はppm，十億分率はppbである．体積百分率はvol％，体積百万分率はvol ppm，質量対容量百分率はw/v％と記すことになっている．

参考書
1) アトキンス（2011）基礎物理化学 —分子論的アプローチ—，東京化学同人
2) 加茂直樹，嶋林三郎 編（2008）薬学生のための生物物理化学入門，廣川書店
3) 日本薬局方解説書編集委員会 編（2011）第十六改正日本薬局方解説書，廣川書店
4) 谷本 剛（2011）第十六改正日本薬局方改正点のポイント，廣川書店
5) 日本化学会 監,産業技術総合研究所計量標準総合センター 訳（2009）物理化学で用いられる量・単位・記号（第3版），講談社

原子と分子

薬学では，病気の治療を目的として，薬物分子とその作用対象である生体分子について学ぶ．一般に，物質を細かく分割していくと原理的には分子と呼ばれる物質の性質を示す最小の単位に至る．ところが，この分子も原子と呼ばれるいくつかの粒子が化学的な結合をすることによって構成されている．そこで，この章では原子の構造，次に分子の構造をみていこう．次に，分子間相互作用と複合体形成を学ぶことにより，薬物分子の薬理作用を理解し新しい薬物を設計する指針を考えてみよう．

さて，我々人間の身長は1〜2m程度であるが，原子や分子の世界は極端に小さい（1Å（= 10^{-10} m）程度）．我々が知っている古典的な物理学の法則は，我々人間のような巨視的なサイズの物質にしか成り立たない．原子や分子の世界を取り扱うには，特別な物理学が必要である．この章では，このようにして発展した量子力学や量子化学の考えをもとに，薬物分子を微視的にみていこう．

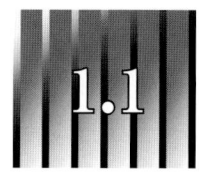 原子の構造

1.1.1 原子構造と量子力学

原子は**原子核** atomic nucleus と**電子** electron から構成されている．原子核には正電荷（1.602×10^{-19} C（クーロン））をもつ**陽子** proton と電気的に中性である**中性子** neutron が含まれている．一方，この原子核の周囲を負電荷（-1.602×10^{-19} C）の**電子** electron が取り囲んでいる．陽子の数と電子の数が等しいので，原子全体として電気的に中性である．電子数が通常より多い，もしくは少ない場合に原子自身として電荷をもつ．これがイオンである．また，原子の質量はほとんどが原子核（陽子 1.673×10^{-27} kg，中性子 1.675×10^{-27} kg）に集中し，電子の質量は事

実上無視できる（9.109×10^{-31} kg）．この原子核と電子との関係をみていこう．

　原子の大きさは約 10^{-10} m であるが，原子核は約 10^{-14} m なので，原子の中はほとんど空虚である．このため，例えばアルファ線（ヘリウムの原子核）を金箔に照射すると大部分は透過してしまう．放電管の中に封入した水素ガスに高電圧をかけ放電させると桃色のネオンサインのような光が見られるが，これは放電による多数の高速電子が水素分子を解離させ，生成した水素原子が発光するためである．この光を分析すると，特定のエネルギーをもつ光（バルマー系列可視光線）だけで構成されていることがわかった．これらから，原子核を中心に電子が自由に回っているのではなく，特定の軌道を周回していると仮定する原子モデルがボーア Bohr により提出された．この特定の軌道を規定するために**量子数** quantum number が定められた．この特定の軌道という「量子化」の仮定は古典力学と矛盾するので，**量子力学** quantum mechanics が創設されることになる．

1.1.2　波動方程式

　量子化の原因は，粒子がもつ波動性にある．そもそも，光は，干渉や回折などの現象により波動として理解されてきた．ところが，アインシュタイン Einstein の光電効果の実験により，光は**光子** photon と呼ばれる粒子が多数集まってできていることが示された．つまり，非常に小さい粒子は，波動としての性質と粒子としての性質の二重性があることがわかってきた．ド・ブロイ de Broglie は，光だけではなく電子もこの二重性があると仮定した．すなわち，運動量 p をもつ粒子は，ド・ブロイ波長 λ をもった波（$\lambda = h/p$, h はプランク定数）としてふるまう．このとき，電子がもつ特定の波長の整数倍が主量子数をみたす半径をもつ軌道の長さに相当するとき（ボーアの量子条件）だけ，定常波を形成する電子軌道が成立する．

　シュレーディンガー Schrödinger はこの波動性に着目し，電子軌道を**波動方程式** wave equation と呼ばれる新しい方程式を用いて表現することに成功した．このときに導入された 4 つの量子数は，主量子数 n，方位量子数 l，磁気量子数 m，スピン量子数 s である．これらの値は，それぞれ電子軌道の大きさ，形，空間配向，電子の自転状態を示すものと理解されている．この方程式は水素原子の構造をほぼ完全に記述することができた．波動方程式を解くことですべての原子構造が明らかになると思われたが，水素原子よりも複雑な原子構造には適用できなかった．

　このように，波動方程式で電子の位置を正確に知ることができないのはハイゼンベルグ Heisenberg の提唱した**不確定性原理** uncertainty principle によるものである．ここで，「原理」というのは他の法則では説明できないルールのことで，我々が学んできた古典物理学といかに矛盾しても，この原理が間違っているのではなく，微視的な世界では古典物理学が成り立たないということである．さて，この不確定性原理を式で表すと，

表 1.1　ボーアモデルの K 殻，L 殻，M 殻と波動関数による電子軌道の対応

主量子数	方位量子数	磁気量子数	電子軌道	ボーアモデル
1	0	0	1s	K 殻
2	0	0	2s	L 殻
2	1	−1, 0, 1	2p	L 殻
3	0	0	3s	M 殻
3	1	−1, 0, 1	3p	M 殻
3	2	−2, −1, 0, 1, 2	3d	M 殻

$$\Delta x \cdot \Delta p_x \geq h/4\pi \tag{1-1}$$

ここで x は原子の位置，p_x はその方向の電子の運動量，h はプランク定数（6.626×10^{-34} Js）を示す．Δx は電子の位置の不確定性を，Δp_x は電子の運動量の不確定性を示している．式（1-1）の意味は，電子の位置 x と運動量 p_x の値を同時に厳密に確定することはできず，$\Delta x \cdot \Delta p_x$ の値だけ不確定性がつきまとい，その値は $h/4\pi$ 以上になることである．つまり，電子の位置を正確に決めるということは Δx がゼロに限りなく近づくが，このとき Δp_x は無限に大きくなってしまい，その速度は無限大に近づき捉えられなくなる．このため，電子は原子の中に存在しているが，もし運動エネルギーを失い，核との静電相互作用により原子核に陥って非常に狭い空間に閉じこめられたなら，その速度は光速を超えてしまい，光速より速い速度は存在しないという原理と矛盾する．したがって，電子は原子核と適切な距離を維持することになる．

以上により，原子は表 1.1 の特定の電子軌道を占有していく．このとき，もう 1 つの大切な原理は，「同一の原子中では，同一の量子数の組み合わせで示される状態を 2 個以上の電子が占めることはできない」という**パウリの排他原理** Pauli exclusion principle である．これにより，先に示した 4 つの量子数，すなわち主量子数 n，方位量子数 l，磁気量子数 m，スピン量子数 s が同一の電子は 1 つの原子内には存在しない．

1s，2s，2p（$2p_x$, $2p_y$, $2p_z$），3s，3p（$3p_x$, $3p_y$, $3p_z$），3d（$3d_{xy}$, $3d_{yz}$, $3d_{zx}$, $3d_{x^2-y^2}$, $3d_{z^2}$）のそれぞれの電子軌道の電子について，スピン量子数 $+1/2$ あるいは $-1/2$ が割り当てられる．このため，s 軌道には電子が 2 つ配置され，p 軌道には 6 つ，d 軌道には 10 個配置される．これらの原子軌道のおおよその形を図 1.1 に示す．

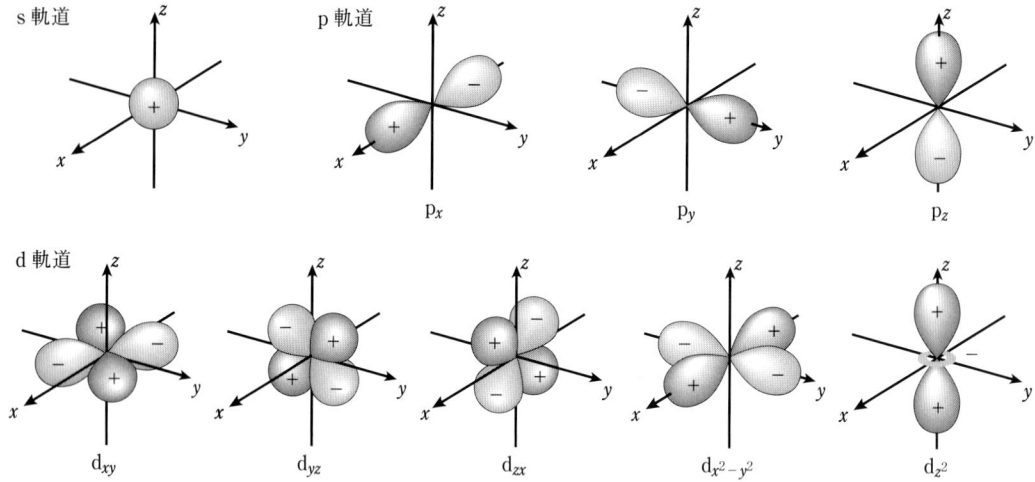

図1.1　主な原子軌道の形

1.1.3　電子配置と原子の性質

　電子が原子軌道のどこに入るか，その配置を電子配置と呼ぶ．原子核に最も近い1s軌道にまず2つの電子が配置される．次に2s軌道に2つの電子が配置される．同じ主量子数2の2p軌道は，図1.1のように大きく広がっている．より原子核に近い2s軌道の電子が原子核の正電荷を中和しているので，この遮蔽効果の影響で2p軌道の方が2s軌道よりもエネルギー的に不利となり，2s軌道の後に電子が配置される．この原子核の電荷Zと内殻電子による遮蔽の差を有効核電荷Z_{eff}と呼ぶ．次に，よりエネルギー順位の高い3s軌道，3p軌道に電子が配置される．3d軌道はより大きく広がっているため，4s軌道のほうがエネルギー順位が低いという逆転現象が生まれる．4s軌道を満たした後，3d軌道に電子が配置される．ここで注意したいのは，例えば2p軌道に電子が配置されるとき，「多電子原子では，できるだけ多数の電子が平行スピンで異なる軌道を占めるとき，そのエネルギーは最低となる．」という**フント則** Hund's rule に従って配置されることである．よって，2p軌道に4つの電子が配置されるときは，図1.2のように3つの2p軌道に1つずつ平行スピンで配置された後，これらとは逆平行のスピンで4つめの電子が配置される．このように，電子配置はパウリの排他原理とフント則に基づいて決定される．

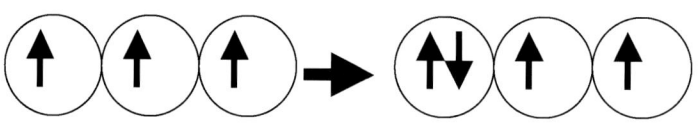

図1.2　フント則による2p軌道への電子配置

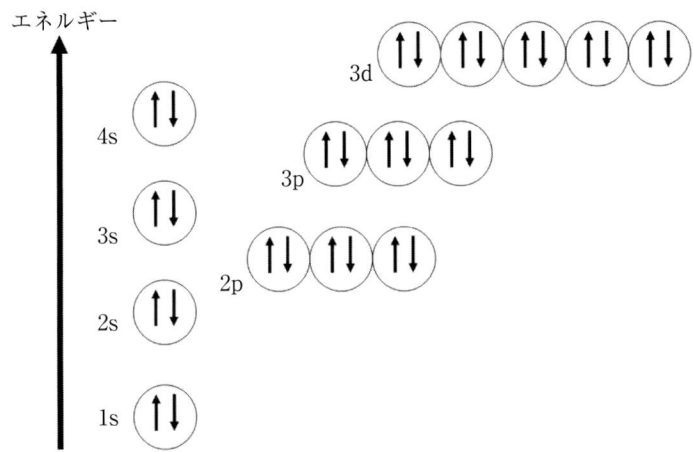

図 1.3　原子軌道のエネルギー準位

　図 1.3 にも示すように，3d 軌道と 4s 軌道のエネルギー準位が入れ替わっているので，原子番号が 19 番のカリウム，20 番のカルシウムでは，3d 軌道よりも先に 4s 軌道に電子が配置される．この後 21 番のスカンジウムからは 3d 軌道に電子が配置されるが，原子の性質を決定する最外殻の電子は 4s 軌道の電子のままなので，原子番号 21 番から 30 番までの 10 個の元素はよく似た性質をもつ**遷移元素** transition element となる．

　原子の電子配置は**周期表** periodic table にうまく反映されており，それぞれの原子の性質をここから読みとることができる．その指標として，イオン化エネルギー，電子親和力，電気陰性度がある．

　イオン化エネルギー ionization energy は，原子から 1 つの電子を奪い去り，その原子をイオン化するのに必要なエネルギーで，原子による電子の拘束の度合いを示す．

　電子親和力 electron affinity は，原子の空軌道に外部から自由電子がはまり込んだときに放出されるエネルギーで，その原子が陰イオンになり安定化されやすい度合いを示す．

　電気陰性度 electronegativity は，イオン化エネルギーと電子親和力の和にほぼ比例する．電子親和力は外から電子を受け入れる傾向を示し，イオン化エネルギーは外へ電子を放出させまいとする傾向を示すので，その平均である電気陰性度（マリケン Mulliken による定義）は，原子が電子を引き寄せる能力の尺度となる．周期表の第 2 周期の元素においては F > O > N となり，第 17 族の元素においては F > Cl > Br > I となる．

　原子の大きさは，同一周期では，原子番号が大きいほど先に述べた有効核電荷 Z_{eff} が大きくなるため，電子は核に引き寄せられ原子半径は小さくなる．同一族では，原子番号が大きいほど大きくなる．イオンにおいては，同一周期では陰イオンは常に陽イオンよりも大きい．

　これまでみてきた量子力学の世界の理解は，まだまだ発展途上ではある．これは，我々人間が 3 次元空間と時間軸という 4 次元の世界しか認識できないのに対し，原子あるいは電子などの素

粒子のさらに詳細な情報を考える最新の超弦理論によれば10次元の世界を仮定しているためである．その超弦理論も，11次元の超重力理論から導けるとされている．したがって，これらの複雑な理論で我々の4次元の世界を正しく記述するには，残りの次元を小さくて観測できないようなコンパクトな「球」に巻き込んでしまう必要がある．その結果，最新の物理理論で説明されるさまざまな物理現象は，我々が知る古典物理学からみると大変奇妙に見えるようである．今後，このような素粒子の世界をかいま見るには，何らかの超強力なエネルギーを利用して，余剰の次元がもたらす何らかの効果を見出さねばならないだろう．

分子の構造

1.2.1　化学結合

　原子同士が化学結合することによって分子が形成される．分子の形成に伴い，物質としての性質がより明確に示されるようになる．そこで，まずは化学結合からみていこう．負電荷をもつ電子は，正電荷をもつ原子核と**クーロン力** Coulomb's force で引き合っている．ところが不確定性原理により，電子は原子核近傍の狭い空間に閉じこめられると運動エネルギーが非常に高くなってしまう．例えば水素原子では，全エネルギー E は運動エネルギー T と位置エネルギー U の和であるが，E が最も低く安定な状態では，電子と原子核の距離は 0.53 Å である．時間によって変わらない定常状態にある系では，$E = \frac{1}{2}T$ の関係が成り立ち，これを**ビリアル定理** Virial theorem という．これは，量子力学の世界でも，古典力学の世界でも成り立つ．

　化学結合には，原子のそれぞれの電子雲が重なり合い，新しい電子軌道が形成されてできる**共有結合** covalent bond，陽イオンと陰イオンとのクーロン力による**イオン結合** ionic bond，価電子の一部が自由電子として結晶内を自由に運動し，この電子群が金属の原子核間をつなぎ合わせてできる**金属結合** metalic bond，非共有電子対（孤立電子対）と別の原子の空軌道で形成される**配位結合** coordinate bond がある．

　ここでは，最も簡単な分子である H_2^+ を取り上げ，共有結合を考えてみよう．この分子は，2つの原子核と1つの電子で構成されている．水素原子の2つの原子核が近づくと今までの原子軌道とは異なり，図1.4に示す新しい**分子軌道** molecular orbital（MO）と呼ばれる軌道が形成される．新しくできた分子軌道には，電子が原子核の間に存在できる結合性分子軌道と，存在できない反結合性分子軌道の2つがある．

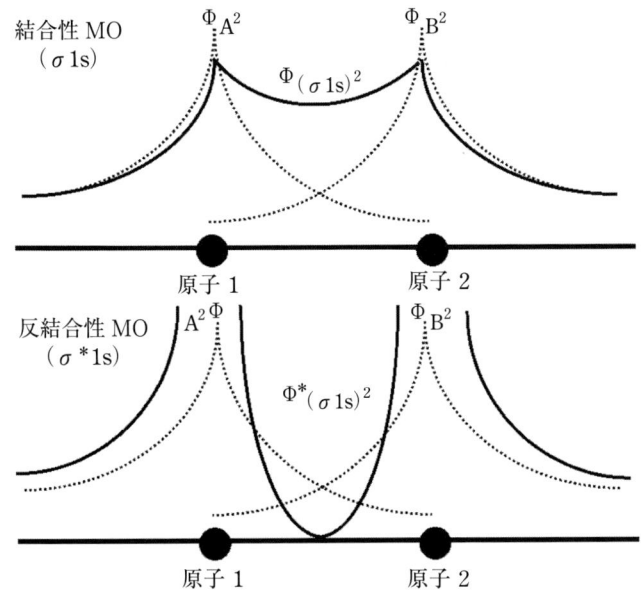

図1.4 H_2^+ の分子軸方向の結合性分子軌道（上）と反結合性分子軌道（下）の電子の確率密度 ϕ^2
元の水素原子の軌道による確率密度は点線で示している．反結合分子軌道では原子間に電子が存在しない．

1.2.2 分子軌道

図1.5に示すように，2つの原子核間の距離が近づくにつれて，両者の正電荷間の反発による核間反発エネルギーが上昇する．このとき，結合性分子軌道に電子が存在すると，この核間反発が抑えられ，さらに，電子が移動できる空間が広がるので運動エネルギーが減少し，この結果電子エネルギーが減少する．このため，全分子のエネルギー（＝核間反発エネルギー＋電子エネルギー）は極小点を作り出すことができる．2つの原子核が無限大に離れたときのエネルギーと極小点のエネルギーの差を結合エネルギーとする．この結合エネルギーが最大となるとき2つの原子は最も安定するので，この距離が共有結合距離となる．一方，反結合性分子軌道では，電子が2つの原子核の間で存在できないので電子エネルギーの寄与はほとんどなく，全分子のエネルギーにも極小点を見出せない．このため，この分子軌道に電子が入ると分子全体のエネルギーが上昇し共有結合を妨げるので反結合性分子軌道と呼ばれる．

結合する2つの原子の原子軌道の間で新しい分子軌道が生じるが，これは，軌道相関と呼ばれる法則に従う．1sと1sの軌道相関により $\sigma 1s$ と $\sigma^* 1s$ 分子軌道が生じる．同様に，2sと2sから $\sigma 2s$ と $\sigma^* 2s$ が生じる．2p軌道の p_x と p_x から $\sigma 2p$ と $\sigma^* 2p$ が生じる．p_y と p_y から $\pi_y 2p$ と $\pi_y^* 2p$，p_z と p_z から $\pi_z 2p$ と $\pi_z^* 2p$ が生じる．

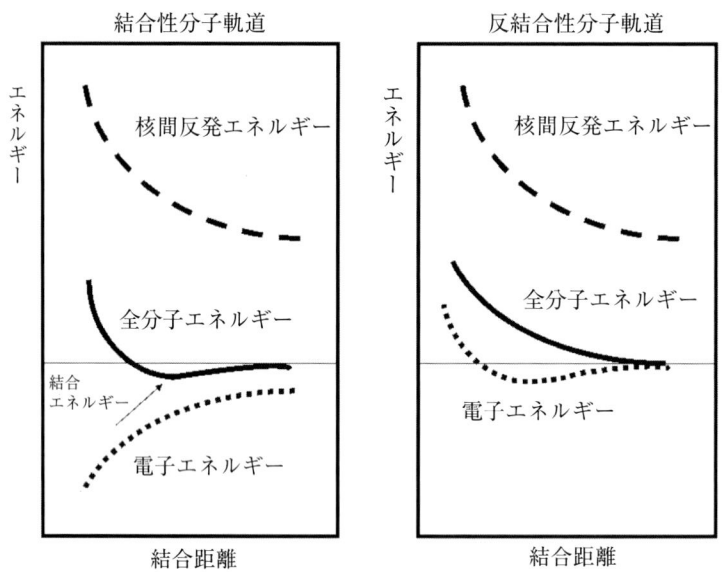

図 1.5　H₂⁺分子のエネルギー曲線
（左）結合性分子軌道，（右）反結合性分子軌道．
反結合性分子軌道では電子が共有されないので，結合への電子エネルギー
の寄与がない．このため，全分子エネルギーに極小値（結合エネルギー）
がみられない．

　電子は，エネルギー準位の低いほうから分子軌道を占めていくが，結合性分子軌道に入っている電子の数のほうが，反結合性分子軌道に入っている電子の数よりも多いとその分子は安定する．ところがヘリウム分子を考えてみると，電子は4つあるので，結合性分子軌道に2つ，反結合性分子軌道に2つの電子が入ることになり，結合エネルギーが相殺され分子として安定しない．このためヘリウムは分子を形成せず，通常は原子状態で存在する．結合性軌道の電子数と反結合性軌道の電子数の差を2で割った数値を**結合次数** bond order と呼び，単結合，二重結合，三重結合などを判定するのに用いられる．

1.2.3　混成軌道

　図 1.6 に炭素原子でよく知られている**混成軌道** hybrid orbital の形を示す．エネルギー準位の異なる 2s 軌道と 2p 軌道から新たに4つの sp^3 混成軌道が形成される．これにより，炭素原子は正四面体構造となり，より複雑な立体分子を形成できる．

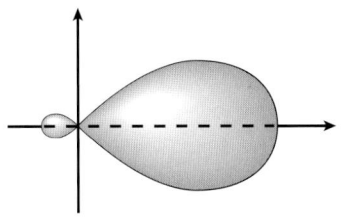

図 1.6　混成軌道の形

　さらに，図 1.7 に示すように，反応性の高い平面構造を形成する 3 本の sp^2 混成軌道，より反応性の高い直線構造を形成する 2 本の sp 混成軌道も知られている．

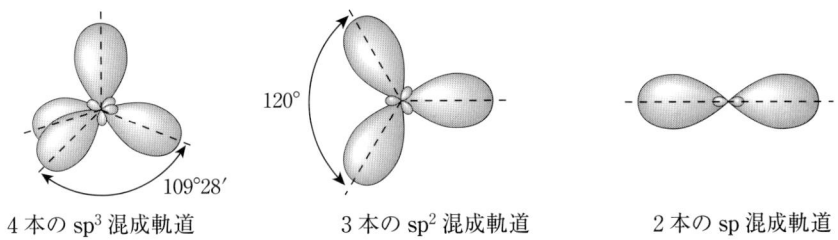

図 1.7　sp^3, sp^2, sp 混成軌道の形

　不確定性原理により正確な分子軌道は得られないが，コンピュータの進歩によりパソコンでも実用上問題のないレベルまで近似的な分子軌道が求められるようになってきた．スーパーコンピュータを用いてタンパク質や核酸の分子軌道も計算できるようになり，新薬設計の中心的な役割を担いつつある．

 ## 分子間相互作用と複合体形成

　薬物分子と生体分子間の相互作用は，薬理作用発現にとって必須である．また，医薬品の製造あるいは調剤に際して，主薬である医薬品間ないし主薬と添加物間との相互作用は製剤の品質や薬効を維持するのに重要である．これら分子間相互作用にはさまざまな種類があるが，一組の分子間に複数の相互作用が同時に作用することがほとんどである．ここでは，それらを 1 つずつみていこう．

　静電的相互作用 electrostatic interaction は，最も強力な分子間相互作用で遠距離まで影響があるので，特に薬物分子の設計上非常に重要である．この相互作用は，正電荷と負電荷間のクーロン力によるもので，イオン間のイオン結合も静電的相互作用によるものである．タンパク質の分子内部で正電荷をもつアルギニンやリシンの側鎖と負電荷をもつアスパラギン酸やグルタミン

酸の側鎖との間で塩橋を形成し，立体構造の維持や他のタンパク質分子との結合など生理学的に重要な役割も果たしている．薬物分子の多くは，静電的相互作用を利用して目的とする生体分子と結合し，その薬理作用を発揮するものが多い．

ファンデルワールス力 van der Waals force は，電荷をもたない中性分子や原子の間でも，また，コロイド粒子間にも作用する普遍的な力である．ただし，他の相互作用と比べ非常に弱い．この力は，配向効果，誘起効果，分散力の3つの基本的な成分からなっている．

配向効果 orientation effect とは，図1.8のように電荷が局在し**双極子モーメント** dipole moment をもつ分子が一種の磁石のような相互作用をすることである．このような分子を**極性分子** polar molecule と呼ぶ．head to tail 配向，anti-parallel 配向などの配向が知られている．二酸化炭素のように分子間で双極子モーメントがキャンセルされるときは，分子全体として無極性分子となる場合がある．

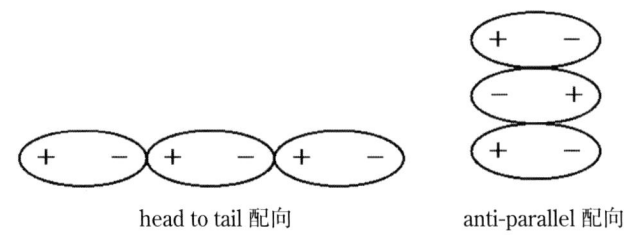

図1.8 配向効果における双極子-双極子相互作用の配向例

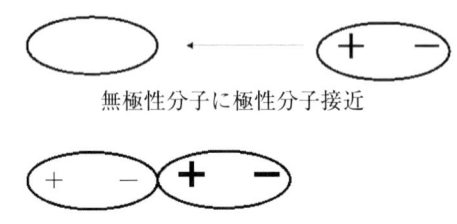

図1.9 誘起効果

誘起効果 induction effect は，図1.9のように無極性分子に極性分子が近づくことで，無極性分子に極性が誘起され互いに相互作用するもので，非常に弱い．また，温度に影響されない．

分散力 dispersion force は，無極性分子内に発生する瞬間的な誘起双極子間にはたらく分子間会合力で，静電反発力とこの分散力の両方のバランスにより，2つの粒子間の安定な距離が決定される．表1.2に基本的な分子間相互作用をまとめておく．

表 1.2 基本的な分子間相互作用のまとめ

相互作用	強さ	働く距離
共有結合	非常に強い	共有結合距離
イオン結合	非常に強い	$1/r$, 長距離
イオン-双極子相互作用	強い	$1/r^2$, 近距離
配向効果(双極子-双極子)	比較的強い	$1/r^3$, 近距離
誘起効果(双極子-誘起双極子)	比較的弱い	$1/r^6$, 極近距離
分散力(誘起双極子-誘起双極子)	非常に弱い	$1/r^6$, 極近距離

水素結合 hydrogen bond は,極性をもつ分子の双極子間ではたらく相互作用のうち,水素原子がその結合を仲介するものをいう.その結合エネルギーは共有結合の1/10にすぎないが,ファンデルワールス力の10倍もある.また,比較的方向性が要求されるので,この結合が生じると生体高分子などのコンフォメーションに大きな影響を与える場合が多い.さらに,この絶妙な結合の強さは,タンパク質や核酸の立体構造の維持,薬理活性の発現などに非常に重要である.このため薬物と目的とする生体分子の活性部位との間で水素結合がうまく形成されるように,コンピュータグラフィクスを用いて立体構造を検討する新しい薬物の分子設計が行われている.さまざまな水素結合のパターンを図1.10に示す.

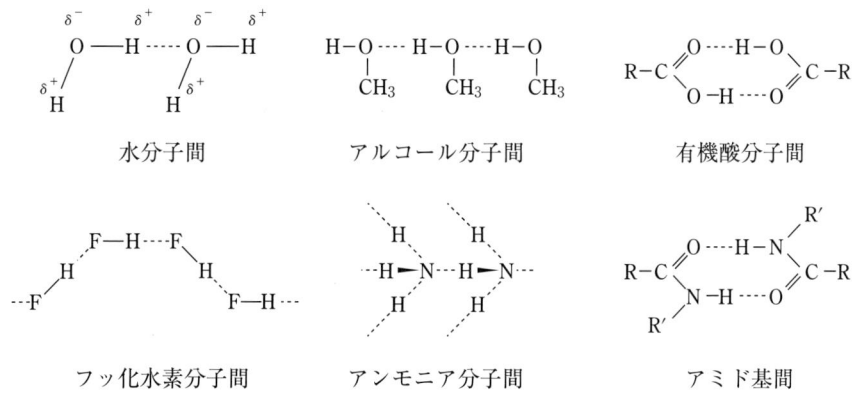

図 1.10 さまざまな水素結合

疎水性相互作用 hydrophobic interaction は疎水性分子が水中で凝集する現象であるが,そのプロセスは複雑である.疎水性分子が水中に置かれると周りの水分子になじまず,代わりにその周囲の水分子同士が水素結合により次々と結合し,かごのような立体的な構造体を形成し疎水性分子を取り囲むようになる.この規則正しい構造形成により水を含めた系全体のエントロピーが減少し自由エネルギーが増大する(7.2.1項参照).このため,疎水性分子同士が凝集することにより水分子との接触面積を減らし,水分子によるかご状の立体構造の形成を抑えエントロピーの減少を回復する.このようにして,結果的に疎水性分子の凝集が起こるが,疎水性分子同士の直

接の相互作用よるものではない．このため，水分子がないと疎水性相互作用は発生しない．この相互作用は，タンパク質の内部構造の安定化に寄与し，細胞膜の構造維持にも必須である．薬物の血清アルブミンへの結合では，疎水性相互作用が大きく寄与していることが多い．

電荷移動錯体 charge transfer complex は，電子供与対と電子受容体との間で起こる相互作用により形成される錯体で，脂肪族アミンとヨウ素，リボフラビンとカフェイン，ヒドロキノンとベンゾキノンなどの複合体形成は製剤上重要である．とくに，合成高分子ポリビニルピロリドン（PVP）とヨウ素からなる複合体ポビドンヨードはヨードチンキに匹敵する殺菌消毒薬として広く用いられている．

包接化合物 inclusion compound は，トンネル状または網目状の立体構造（空間）をもつホスト分子に適切な大きさのゲスト分子が入り込むことによって形成される．ヨウ素・デンプン複合体，尿素アダクト（尿素–炭化水素複合体），シクロデキストリンへのニトロフェノールやプロスタグランディンの包接などの例があり，薬学的に重要である．

問題 1.1 双極子モーメントに関する次の記述について，正誤を答えよ．
 a 二酸化炭素は，無極性分子である．
 b 二酸化硫黄は，極性分子である．
 c 1,2-ジクロロベンゼンの双極子モーメントは，ゼロである．
 d ヨウ素化水素の双極子モーメントは，塩化水素の双極子モーメントより大きい．
（薬剤師国家試験問題　抜粋改編）

問題 1.2 混成軌道に関する次の記述について，正誤を答えよ．
 a ベンズアルデヒドの炭素原子は，すべて sp^2 混成軌道をもつ．
 b アンモニアの窒素原子は，sp^2 混成軌道をもつ．
 c アレン（プロパジエン）の中央炭素は，sp 混成軌道をもつ．
 d アセトニトリルの窒素原子上の非共有電子対は，sp^3 混成軌道を占めている．
（薬剤師国家試験問題　抜粋改編）

問題 1.3 化学結合及び相互作用に関する次の記述について，正誤を答えよ．
 a アンモニアやフッ化水素の沸点は，それぞれ15族，17族の他の水素化物の沸点と比べて異常に高い．これは強い分子間水素結合をしているためである．
 b 原子間で電子を共有することにより形成される結合には，共有結合とイオン結合

がある．

　　c　アンモニアの窒素原子の非共有電子対は，プロトンや金属陽イオンと配位結合を形成する．

　　d　アセトンが水に溶けやすいのは，疎水性相互作用のためである．

(薬剤師国家試験問題　抜粋改編)

問題 1.4　電気陰性度に関する次の記述について，正誤を答えよ．

　　a　ハロゲンの中で最も電気陰性度が大きいのはヨウ素原子である．

　　b　水素化ナトリウムでは水素の方がナトリウムより電気陰性度が大きく，したがって水素は負に分極している．

　　c　カリウム原子は，リチウム原子より電気陰性度が大きい．

　　d　臭化メチルにおいては，炭素より臭素の方が電気陰性度が大きく，したがってメチル基の炭素は正に分極している．

(薬剤師国家試験問題　抜粋改編)

問題 1.5　日本薬局方一般試験法の試薬・試液の項にある物質のうち，沸点の最も低いものと最も高いものをそれぞれ1つずつ選べ．

　　a　メタノール
　　b　ジエチルエーテル
　　c　グリセリン
　　d　トルエン
　　e　精製水

(薬剤師国家試験問題　抜粋改編)

問題 1.6　日本薬局方医薬品アルプロスタジルアルファデクスは，プロスタグランディン E_1 と α-シクロデキストリンから成る包接化合物である．本品に関する次の記述について，正誤を答えよ．

　　a　主にイオン結合により形成された包接化合物である．

　　b　包接化合物とすることで，プロスタグランディン E_1 の化学的安定性が高まる．

　　c　包接化合物とすることで，プロスタグランディン E_1 の水溶性が高まる．

　　d　α-シクロデキストリンは，グルコースがグリコシド結合でつながった直鎖状化合物である．

　　e　プロスタグランディン E_1 は，構造上カルボキシル基を含む．

(薬剤師国家試験問題　抜粋改編)

問題 1.7　次の記述について，正誤を答えよ．
　　　　a　H₂O 1モルあたりの体積が水よりも氷で大となるのは，H₂O 分子間の水素結合の度合いが違うためである．
　　　　b　気相中のエタン分子間には疎水性相互作用がみられる．
　　　　c　ファンデルワールス力は，コロイド粒子間や粉体粒子間にも作用している．
　　　　d　薬物がタンパク質に結合する原因の1つとして，静電相互作用があげられる．

(薬剤師国家試験問題　抜粋改編)

解答・解説

問題 1.1　**正解**　a 正，b 正，c 誤，d 誤
解説　c　ベンゼン環の1位，2位に塩素が結合しているので，結合モーメントは打ち消されない．
　　　　d　電気陰性度は，塩素＞ヨウ素なので，塩化水素のほうが分極が大きい．

問題 1.2　**正解**　a 正，b 誤，c 正，d 誤
解説　b　アンモニアの窒素原子は，3つの水素原子と共有結合し，さらに非共有電子対をもつので sp³ 混成軌道をもつ．
　　　　c　アレン（プロパジエン）の構造式がわからなければ解けない問題．
　　　　d　アセトニトリルの窒素原子は，炭素と三重結合しているため，非共有電子対は sp 混成軌道を占めている．

問題 1.3　**正解**　a 正，b 誤，c 正，d 誤
解説　b　イオン結合はペアとなる1つの原子からもう1つの原子に電子を与え，両方がイオンとなって静電相互作用により結合しているので，電子を共有していない．
　　　　d　アセトンは，水分子との水素結合の形成が容易なため水に溶けやすい．

問題 1.4　**正解**　a 誤，b 正，c 誤，d 正
解説　a　ハロゲンの中で，原子番号が小さいものほど電気陰性度が大きい．
　　　　c　同族元素では，原子番号が小さいものほど電気陰性度が大きい．

問題 1.5　**正解**　沸点の最も高いもの：b，　沸点の最も低いもの：c
解説　a　分子間水素結合する．沸点 65℃
　　　　b　分子間水素結合しない．沸点 34℃
　　　　c　分子間水素結合する．沸点 291℃（分解）
　　　　d　分子間水素結合しない．沸点 111℃
　　　　e　分子間水素結合する．沸点 100℃

問題 1.6　**正解**　a 誤，b 正，c 正，d 誤，e 正
解説　a　プロスタグランディン E₁ と α-シクロデキストリンは，ファンデルワールス力で包接され

ている．

    d   シクロデキストリンは，環状化合物なので包接することができる．

問題 1.7　**正 解**　a　正，b　誤，c　正，d　正
解 説　b　疎水性相互作用は，無極性分子が水などの極性分子の溶媒中で発生するので気相中では起こらない．
    d   静電相互作用と共に疎水性相互作用も原因の 1 つである．

固体と結晶 2

　自然界において，物質は主として気体・液体・固体の三態のいずれかをとる．なかでも固体は他の2つに比べて分子間相互作用が強い．このため，その振る舞いが大きく異なっている．例えば，固体の炭素は，ダイアモンド，黒鉛（グラファイト），フラーレンのような物質を構成するが，同じ組成なのに，融点，比重，溶解度などの物理化学的性質が異なる．

　医薬品製剤の多くは固体状態にあるので，その構造上の特徴とこれに伴う物理化学的特性について知ることは薬学の種々の分野において重要である．

　本章では，最も一般的な固体状態である結晶と，X線，赤外線，熱測定による分析法について述べる．

2.1　結　晶

2.1.1　結晶の種類

　結晶 crystal は原子，イオン，分子が規則正しく並んでいる固体状態である．また，不規則に並んだ状態を**非晶質** noncrystalline, amorphous と呼ぶ．

　結晶は粒子間に形成される化学結合により，次の4種類に大別することができる．

① **共有結合結晶**

　ダイアモンドなどに代表される**共有結合結晶** covalent crystal は，共有結合により形成される結晶である（図 2.1）．共有結合は強力な化学結合であるため，このタイプには非常に硬いものや融点の高いものが多い．

② **金属結晶**

　一般に金属と呼ばれるものは，**金属結晶** metal crystal である．金属結晶中には三次元に整列

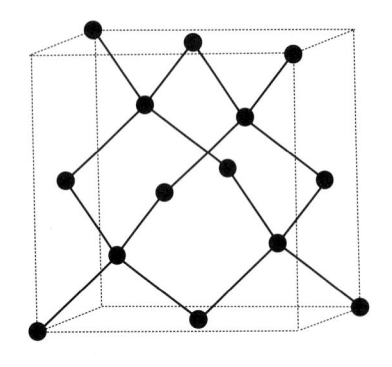

図2.1 ダイアモンドの共有結合結晶
正四面体(点線)の頂点と中心に炭素原子(黒点)が存在して，sp³混成軌道で結合している．黒点から4つの結合の手が伸びている．その4つの先端をつなぎ合わせれば四面体(三角錐)ができる．

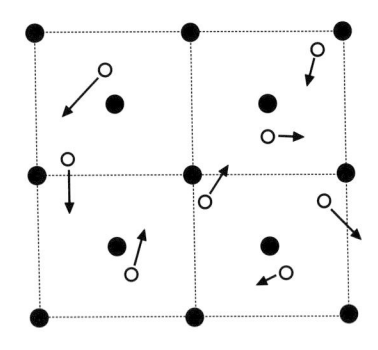

図2.2 金属結晶
配列した原子核（正電荷，黒点）の周りを自由電子（負電荷，白点）が行き来している．

した原子核と，それをとりまく自由電子（正確には電子雲）が存在している（図2.2）．この自由電子のはたらきにより，金属は電気伝導性を有している．

③ **イオン結晶**

　イオン結晶 ionic crystal では，正に帯電した陽イオンと負に帯電した陰イオンが交互に並んでいる．両者の間には強いクーロン引力が働いている（図2.3）．イオン結晶は塩化ナトリウムなどの無機塩類に多くみられる．金属結晶とイオン結晶内には，原子やイオンが密になるように詰めこまれている．詰まり方には，六方最密充てん構造，面心立方格子，体心立方格子などが挙げられる．これらは，結晶の単位格子（2.1.2項参照）に対応している．

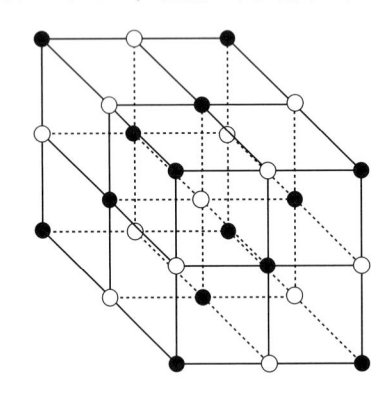

図2.3 イオン結晶
陽イオンと陰イオンが隣り合わせになるように配列している（図は塩化ナトリウムの結晶の例．黒点はNa⁺イオン，白点はCl⁻イオン）．

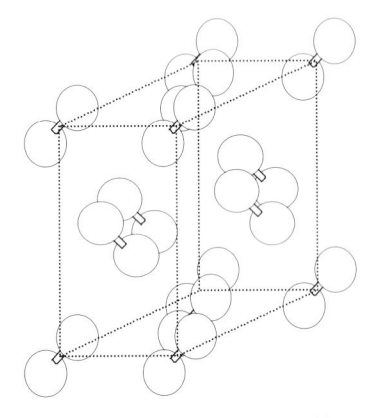

図2.4 ヨウ素分子の分子結晶

④ 分子結晶

分子結晶 molecular crystal は，ファンデルワールス力，水素結合，静電相互作用などの比較的弱い**分子間相互作用** molecular interaction により形成される結晶であり，医薬品分子など多くの有機分子でみられる（図2.4）．分子どうしを結び付けている結合力が弱いために，結晶構造は柔らかく変化しやすい．分子結晶の結晶構造はX線回折などの測定により明らかにされる．

2.1.2 単位格子と結晶系

結晶は，ある決まった単位が三次元的にくり返されることにより形成される（図2.5）．このくり返し単位を**単位格子（単位胞）** unit cell と呼ぶ．単位格子は，6つの**格子定数** cell parameter（格子を形成する3辺の長さ a, b, c とそれにより形成される角度 α, β, γ）によって形状を表すことができる．単位格子はそのくり返しパターンから7種類の**結晶系** crystal system に分類される（表2.1）．さらに単位格子は，格子自身がくり返し単位である場合（**単純格子** primitive lattice）と，格子の中央や面の中心にも格子点があるもの（これらは**複合格子** nonprimitive lattice と呼ばれる）に分類することもでき，結晶系と複合格子を組み合わせて14種類の単位格子を定義することができる．これを**ブラベ格子** Bravais lattice と呼ぶ（図2.6）．

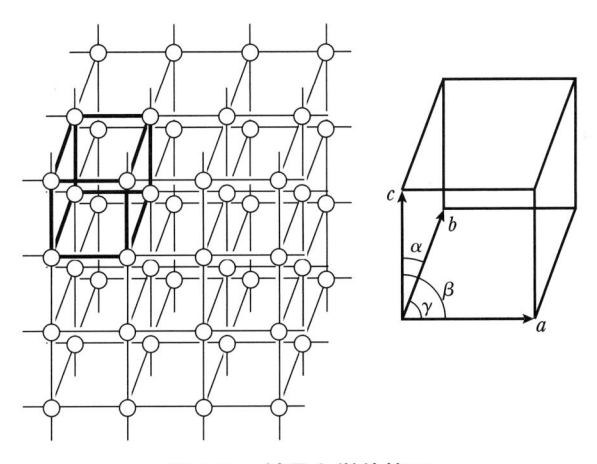

図2.5　結晶と単位格子

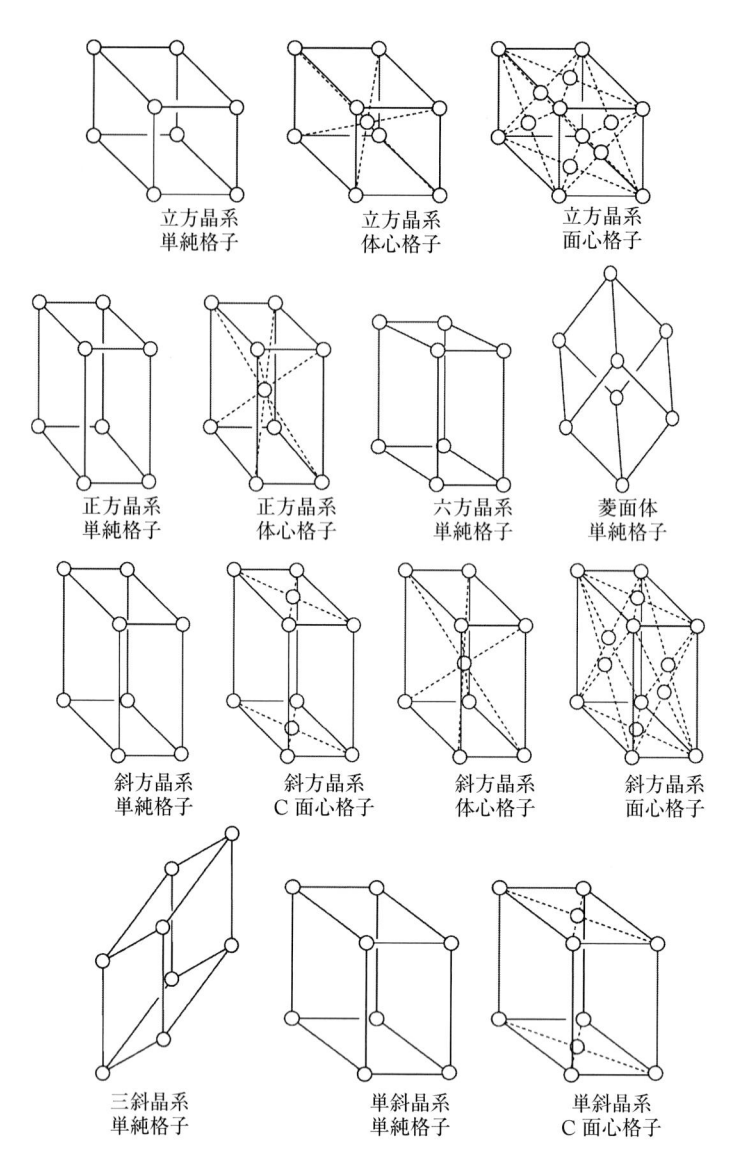

図 2.6　14 種類のブラベ格子

表 2.1　単位格子の結晶系による分類

結晶系	格子定数による条件
三斜晶系 triclinic	$a \neq b \neq c,\ \alpha \neq \beta \neq \gamma \neq 90°$
単斜晶系 monoclinic	$a \neq b \neq c,\ \alpha = \beta = 90°,\ \gamma \neq 90°$
斜方晶系 orthorhombic	$a \neq b \neq c,\ \alpha = \beta = \gamma = 90°$
正方晶系 tetragonal	$a = b \neq c,\ \alpha = \beta = \gamma = 90°$
菱面体 rhombohedral	$a = b = c,\ \alpha = \beta = \gamma \neq 90°$
（三方晶系 trigonal）*	$(a = b \neq c,\ \alpha = \beta = 90°,\ \gamma = 120°)$
六方晶系 hexagonal	$a = b \neq c,\ \alpha = \beta = 90°,\ \gamma = 120°$
立方晶系 cubic	$a = b = c,\ \alpha = \beta = \gamma = 90°$

* 菱面体は変形して，三方晶系に変形することもできる（六方晶系との区別は結晶学的対称による）．

2.1.3　結晶面とミラー指数

　結晶はサイコロや多面体のような形態をとるが，その外形は結晶内部の構造を反映することが多い．このために，結晶の表面である**結晶面** crystal face は，一般的に単位格子を用いて定義される．単位格子の辺 a，辺 b，辺 c にそれぞれ対応するように整数 h，k，l を与えると，辺 a を h 分割，辺 b を k 分割，辺 c を l 分割して，切り取られる切断面の組合せが $(h,\ k,\ l)$ 面と定義される．図 2.7 は，点線で示した単位格子に対する $(2,\ 3,\ 1)$ 面の組合せを実線で表している．図 2.7 からもわかるように，結晶全体についていえば，$(2,\ 3,\ 1)$ 面は無数にある．単位格子の

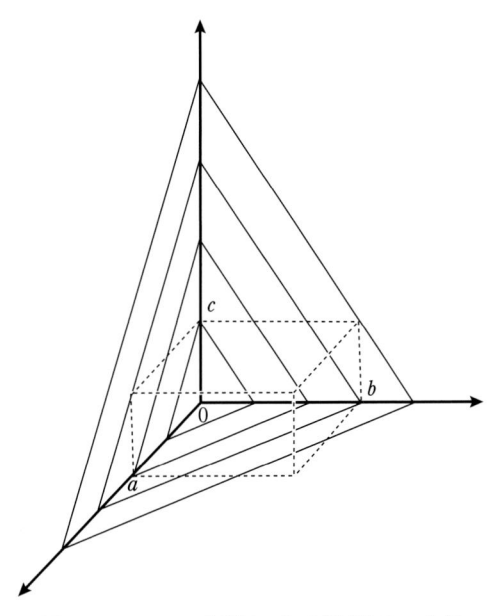

図 2.7　ミラー指数による結晶面の定義

辺に平行な面を表す場合には整数には 0 が与えられる．h, k, l の組合せの中でも 1 以外の公約数をもたないものは**ミラー指数** Miller index と呼ばれ，結晶面を表すために用いられる．

2.1.4 晶癖，結晶多形，溶媒和結晶

同じ化学物質であっても，結晶を作製する際の条件（純度，温度，濃度，溶媒など）によってでき上がる結晶の外形が大きく異なる場合がある．この現象を**晶癖** crystal habit と呼ぶ．晶癖には，結晶面の成長速度が違うために生じる場合と，結晶構造内部の構造が異なるために生じる場合（結晶多形）とがある．前者は，塩化ナトリウムの結晶などで観察することができる．後者の結晶多形は，分子間相互作用の弱い分子結晶で多くみられる．医薬品の多くは固体状態で，しかも分子結晶をとることが多いため，多くの結晶多形が報告されている（表 2.2）．

結晶多形 polymorphism は，同一の化学物質によりつくられる複数の結晶構造のことである．結晶多形においては，分子の並び方が変化するために単位格子も変化する（図 2.8）．この結果，結晶の溶解度，溶解速度，融点，密度などの物理的・化学的特性が多形によって異なる．医薬品では溶媒に対する溶解度や溶解速度が異なると薬効に大きく影響するため，結晶多形は薬学において重要な研究課題である．一般には，エネルギー的に準安定な結晶のほうが，安定な結晶よりもモル融解熱が小さく溶解度が高い．このため，医薬品の場合は準安定結晶のほうが溶解性やその他の点において実用性にすぐれている．よく知られた例としては，抗潰瘍薬であるシメチジンや，クロラムフェニコールパルミチン酸エステルがある．ただし本来は同一の化学物質であるので，結晶が融解または昇華して液体や気体になった場合には，結晶多形は消失して全く同一の物理的・化学的特性を示す．結晶多形を調べるためには，X 線回折法，赤外吸収スペクトル法，熱分析法等が用いられる．

溶媒中で化学物質の結晶を作製すると，溶媒分子を含んだ結晶が得られることがある．これは結晶多形と区別して**溶媒和結晶** solvate crystal と呼ばれる．なかでも，水分子を含む**水和結晶** hydrate crystal は，通常の結晶と比べて安定性が高く溶解度や溶解速度が小さいことが多い．

表 2.2　結晶多形を示す医薬品

ウレイド系睡眠薬（ブロムワレリル尿素 等）
　グリセリド（グリセリンの脂肪酸エステル）
　抗潰瘍薬（シメチジン，ファモチジン 等）
　抗ヒスタミン薬（ジフェンヒドラミン塩酸塩，プロメタジン塩酸塩 等）
　脂肪酸（パルミチン酸，ステアリン酸 等）
　ステロイドホルモン（コルチゾン酢酸エステル，プロゲステロン，プレドニゾロン 等）
　スルホンアミド薬（スルファメチゾール，スルファチアゾール 等）

その他の代表的な医薬品
　アスピリン（アセチルサリチル酸），インドメタシン，チアミン塩化物塩酸塩，テトラカイン塩酸塩，サリチル酸フェニル，クロラムフェニコールパルミチン酸エステル，ピラジナミド，リボフラビン 等

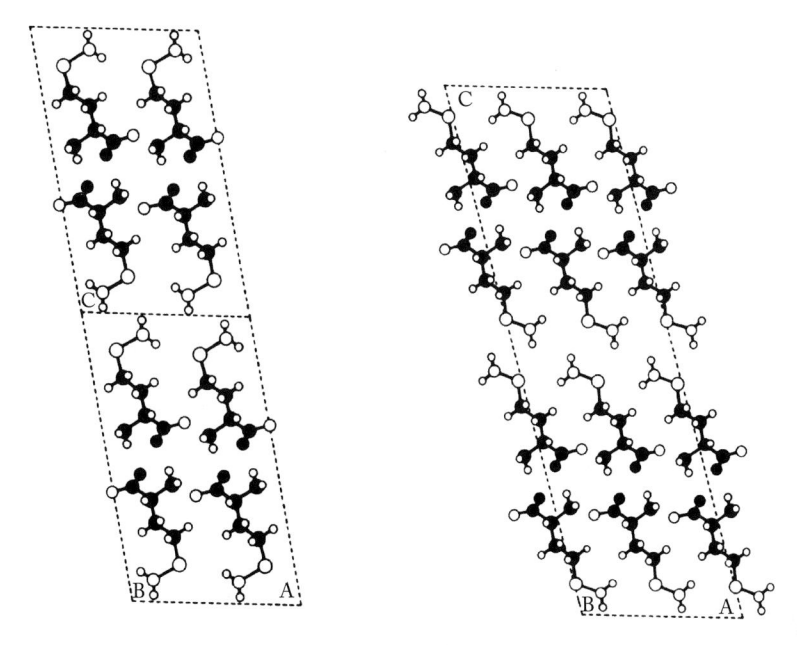

図 2.8 結晶多形による DL-メチオニンの結晶構造の変化（左が α 形，右が β 形）
（松岡正邦：結晶化工学，2. 結晶化現象の基礎，図 2.9，培風館）

2.2 X 線結晶回折

　結晶内部の構造を調べる最も有力な方法は **X 線結晶回折** X-ray crystal diffraction である．X 線は波長が $10^{-12} \sim 10^{-8}$ m の電磁波であり，結晶に照射すると結晶内部の原子がもつ電子雲により散乱される．その中の干渉性散乱（入射した X 線と同じ波長と位相関係をもつ散乱）により生じた散乱波は互いに干渉しあって，電子雲の状態を反映した回折波を生じる．この回折波を観測することにより結晶内部の構造を調べる方法が X 線結晶回折である．ここでは，X 線結晶回折の原理と応用について述べていくことにする．

2.2.1　ブラッグの法則と単結晶 X 線構造解析

　結晶による X 線の回折現象は格子内の面による反射として取り扱うことができる．これは発見者の名前から**ブラッグの法則** Bragg's law と呼ばれる．ここでミラー指数が (h, k, l) の面の組合せによるブラッグの法則について考えてみる．面に対して入射角 θ で波長 λ の X 線が入射すると仮定する．この場合，図 2.9 に示すように，面 A に対しては点 O で，面 B に対しては

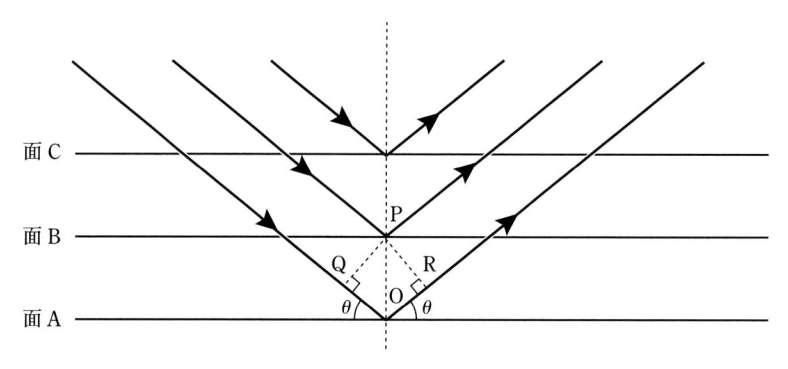

図 2.9　X 線の結晶面による反射

点 P で X 線が反射することになる．このとき，点 O の反射波（反射した X 線）は点 P からの反射波に対して |OQ| + |OR| だけ遅れることになる．この遅れが X 線の波長の整数倍と等しくなると，2 つの反射波は位相が同じになり，互いに強め合うことになる．(h, k, l) 面の面間隔（図中の |OP|）を d_{hkl} とすると，遅れは，

$$|OQ| + |OR| = 2 \times (|OP| \sin\theta) = 2 d_{hkl} \sin\theta \tag{2-1}$$

と表すことができる．ここで，$\theta = \angle QPO = \angle RPO$ である．この遅れの距離が波長 λ の整数倍であるとすると，

$$|OQ| + |OR| = n\lambda \quad (n は整数) \tag{2-2}$$

両式より，反射が強めあう条件は，

$$2 d_{hkl} \sin\theta = n\lambda \tag{2-3}$$

となる．この式は**ブラッグの反射条件** Bragg condition と呼ばれ，X 線回折における最も重要な式である．結晶内には多くの (h, k, l) 面が存在するが，ブラッグの反射条件を満たさないと反射波は互いに干渉し合って打ち消されてしまう．結果的に，ブラッグの反射条件を満たす回折 X 線のみが観測されることになる．

　結晶により回折された反射波の強度は，結晶内部の電子雲の情報を反映している．このことに基づき，試料から 1 つの十分な大きさの結晶（**単結晶** single crystal）を作製して，この単結晶の各 (h, k, l) 面の X 線回折強度を測定すると，結晶構造を決定できる．この手法を**単結晶 X 線構造解析** single crystal X-ray analysis と呼ぶ．単結晶 X 線構造解析では，各 (h, k, l) 面からの反射波が回折斑点として観測される（図 2.10）．この回折斑点を 4 軸自動回折計や二次元 X 線検出器で観測して，フーリエ変換により結晶構造を決定する．医薬品の結晶の X 線回折実験では，原子間結合距離に近い波長の特性 X 線が得られる Cu または Mo をターゲット（対陰極）に用いた X 線が用いられることが多い．

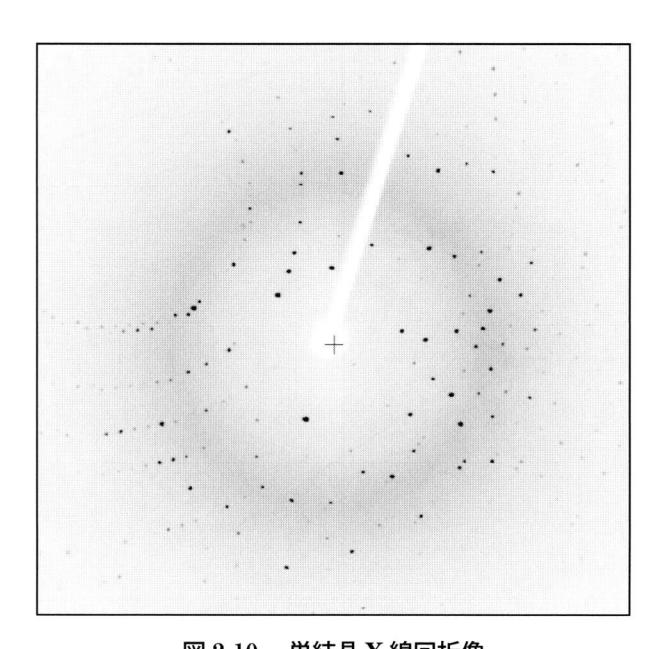

図 2.10　単結晶 X 線回折像
ニワトリ卵白リゾチームの振動写真（単結晶 X 線回折計 R-AXIS VII（RIGAKU 製）を用いて撮影）．

2.2.2　粉末 X 線回折法

　X 線回折において，回折点はミラー面で反射する方向に観測される．このために，単結晶 X 線構造解析で回折を観測するためには，4 軸自動回折計や二次元 X 線検出器のような，いろいろな方向に移動できる X 線検出器を使用する必要がある．また，結晶構造を調べるために十分な大きさの単結晶が得られない場合もある．これに対して，より簡便に X 線回折を測定する方法が**粉末 X 線回折法** X-ray powder diffraction method である．

　粉末 X 線回折法では，結晶を乳鉢などで粉砕して微小な**多結晶** polycrystal の集まりにし，でき上がった粉末状の試料に X 線を照射して回折像を収集する．多結晶は単位格子を保持しているが，それぞれ単位格子はあらゆる方向を向いている．このために (h, k, l) 面に照射された X 線は，ブラッグの条件（式 2-3）を満たすすべての方向へ回折されることになる（図 2.11）．

$$2 d_{hkl} \sin\theta = n\lambda \tag{2-3}$$

したがって，式（2-3）より反射角 θ は，

$$\theta = \sin^{-1}\left(\frac{n\lambda}{2 d_{hkl}}\right) \tag{2-4}$$

となり，波長 λ や d_{hkl} が一定であるときには，θ も定数となる．この結果，(h, k, l) 面に対応する回折像は X 線フィルム上で X 線の入射方向を中心とした円として観測される．最終的に，

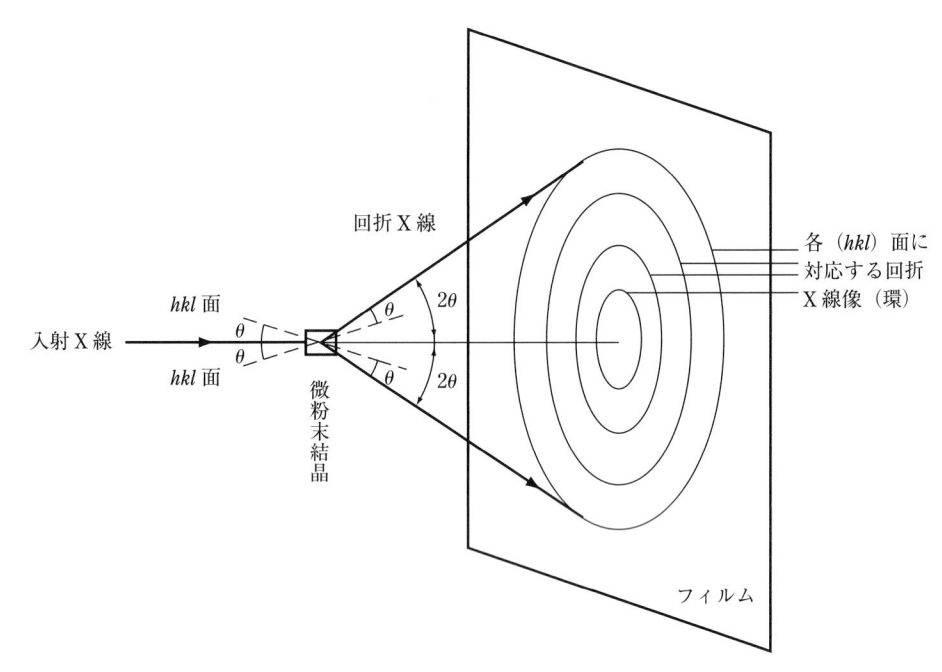

図 2.11　粉末 X 線回折の原理

多結晶からの X 線回折像は同心円の集まりとなる．

　粉末 X 線回折の測定は，(1) X 線フィルム（あるいは X 線イメージングプレート）を用いて同心円状の X 線回折像を測定する方法と，(2) 結晶中心に X 線検出器を動かして反射角 θ に沿った回折強度を測定する方法（図 2.12）がある．現在は，後者の (2) の手法が主に用いられている．粉末 X 線回折では入射 X 線の方向が固定されているので，反射角 θ の代わりに回折角 2θ がよく用いられる．典型的な例として，クロラムフェニコールパルミチン酸エステルの X 線強度パターンを図 2.13 に示す．結晶内の (h, k, l) 面の面間隔 d_{hkl} に対応する回折角 2θ で強いピークが観測されている．もし試料が異なる結晶多形をとっている場合には，観測されるピークの位置がずれることになる（例えば，図 2.13 のタイプⅠとタイプⅡ）．また，試料が非晶質の場合には，結晶面が存在しないためにピークも観測されない（図 2.13 のタイプⅢ）．

　粉末 X 線回折法では化学物質と結晶形に特有の X 線強度パターンが得られるため，すでに測定された X 線強度パターンと比較することによって物質の同定を行うことができる．粉末 X 線回折のデータは，国際回折データセンターが運営しているデータベース The Powder Diffraction File に登録されている．また，最近は**リートベルト法** Reitveld refinement により，結晶構造自体を解析する手法も用いられるようになってきている．しかしながら，最初に結晶の構造モデルを与える必要があるので，粉末 X 線回折法だけで未知の立体構造を解析することは困難である．

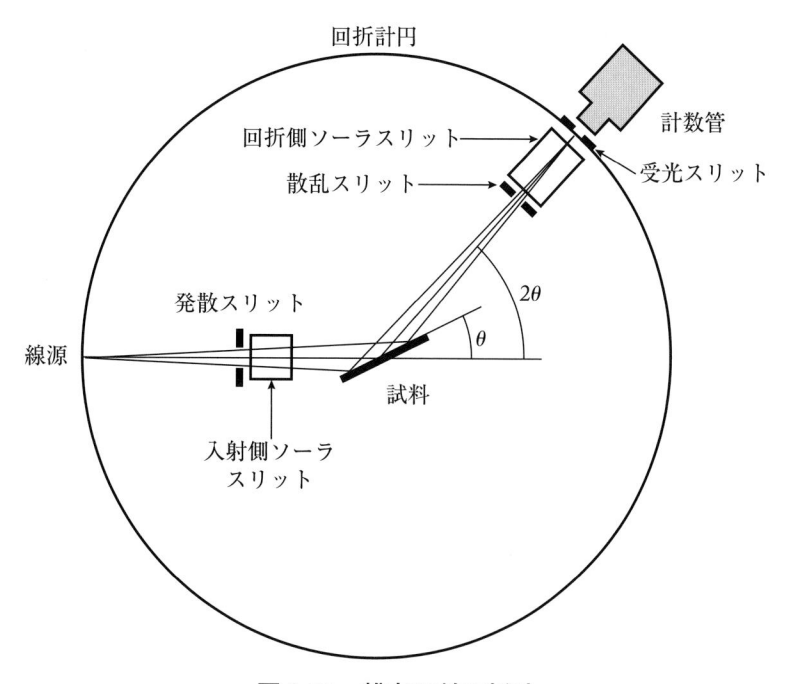

図 2.12　粉末 X 線回折計
(日本結晶学会編：結晶解析ハンドブック, 図 1.5, 共立出版)

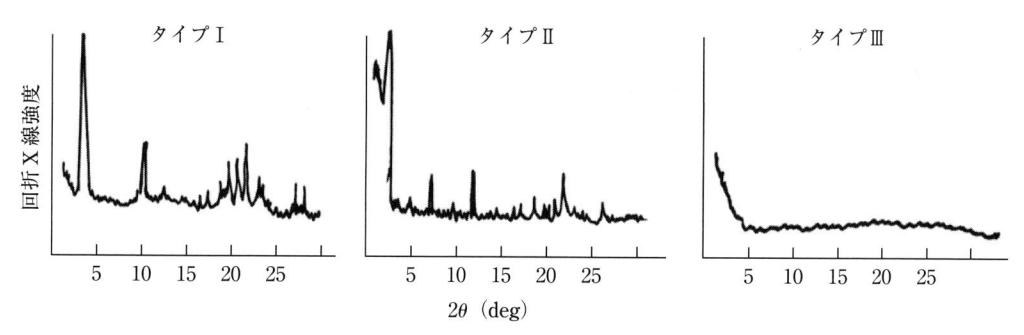

図 2.13　クロラムフェニコールパルミチン酸エステルの粉末 X 線回折図
タイプ I：結晶質（α 型），タイプ II：結晶質（β 型），タイプ III：非晶質．

2.3 固体の密度

2.3.1 密度の測定

密度とは単位体積当たりの物質の質量であり，単位は SI 単位で表せば kg m^{-3} あるいは g cm^{-3} である．結晶固体の密度は結晶格子中の原子や分子の充てんの度合いによって決まり，たとえ同じ化合物でも，斜方晶系や六方晶系といった結晶型により密度は異なってくる．また，密度は物質に固有の値をとるため，物質の同定や純度の判定に用いられる．固体の密度の測定方法には**液相置換法** liquid displacement method や**浮遊法** flotation method などがある．

（1）液相置換法

一定温度下で，比重瓶（図 2.14）を用いて固体試料の体積を，密度既知の固体試料を溶かさない液体（浸漬液）の体積で置き換えて測定し，固体試料の密度を求める方法．

容積 V_1 の比重瓶を質量 W_1 の浸漬液で満たし，浸漬液の密度 ρ_1 を測定する．次に質量 W_2 の固体試料を比重瓶に入れてから，浸漬液で比重瓶を満たし，固体試料と浸漬液の合計の質量 W_3 を測定する．質量 W_2 の固体試料の体積 V_2 は，比重瓶に加えた浸漬液の体積を V_3 とすると，

$$V_2 = V_1 - V_3 = [W_1/\rho_1] - [(W_3 - W_2)/\rho_1] \tag{2-5}$$

で示されるので，固体試料の密度 ρ_2 は

$$\rho_2 = W_2/V_2 = W_2\rho_1/(W_1 + W_2 - W_3) \tag{2-6}$$

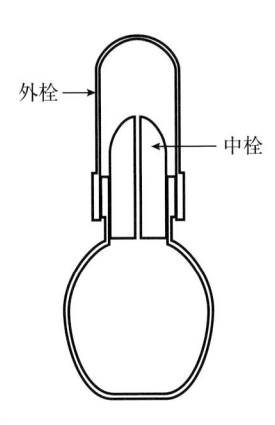

図 2.14　ゲイ-リュサック Gay-Lussac 型比重瓶

で求められる．

（2）浮遊法

互いに混ざり合うことができ，一方は固体試料より密度が高く，もう一方は密度が低いという2種類の液体を準備する．この2種類の液体を混合し混合液の密度が固体試料の密度と等しくなると，アルキメデス Archimedes の原理により，固体を混合液中に入れても浮上したり，沈降したりせず液中で静止したままで浮遊する．これを利用したのが浮遊法である．溶液の組成を調節し，固体試料の浮遊状態が認められるときの混合液の密度を測定することにより，固体試料の密度を求めることができる．

2.3.2 結晶の単位格子と密度

結晶において密度と単位格子の体積がわかれば，その結晶の単位格子中に含まれる原子や分子などの数を知ることができる．ここではタンパク質の結晶を例に挙げる．タンパク質の結晶中にはタンパク質分子だけではなく，多くの溶媒分子を含んでおり，そのほとんどが水分子である．その水分子の一部はタンパク質の表面に水素結合などで固定されているが，大部分は液体状態にあると考えられている．したがって，タンパク質結晶の密度 D_X は結晶の単位格子の体積を V_C，タンパク質のモル質量を M，単位格子中に含まれるタンパク質分子の数を Z，結晶中の溶媒の密度を D_S，結晶中の溶媒の体積分率を V_S，アボガドロ数を N_A とすると，

$$D_X = \frac{V_C V_S D_S + Z\dfrac{M}{N_A}}{V_C} = V_S D_S + \frac{ZM}{N_A V_C} \tag{2-7}$$

で表される．この式から単位格子中の分子の数 Z を計算することができる．一般に，タンパク質の結晶は V_S が 0.3～0.7 なので非常に壊れやすい．

2.4 固体と赤外線吸収スペクトル

2.4.1 赤外分光法

　分子内で結合している原子は，**伸縮振動** stretching vibration や**変角振動** deformation vibration といった規則的な分子固有の振動（**基準振動** normal vibration）をしている（図 2.15）．赤外線を波長 2.5 〜 25 μm（**波数** wave number（波長の逆数）では 400 〜 4,000 cm^{-1}）の範囲で変化させながら分子に当てていくと，その分子の基準振動に対応する特定の波長の赤外線が吸収され，吸収したエネルギーにより分子内の結合している原子は励起される．分子に照射した赤外線の波長（または波数）に対する赤外線の吸収強度の関係をグラフに表すと，官能基や原子団など分子の構造に応じた**赤外線吸収スペクトル** infrared absorption spectrum（IR スペクトル）が得られる．IR スペクトルを測定し，物質の構造情報を得る方法を**赤外分光法** infrared spectroscopy という．

　IR スペクトル測定により①既知物質のスペクトルと比較することで試料分子の同定や純度確認ができたり，②多重結合や官能基の種類，*cis-trans* 異性，水素結合などといった試料分子の構造の情報を得ることができたり，③ランベルト-ベール Lambert-Beer の法則に基づいて赤外線吸収の吸光度から試料の定量分析などができる．また，結晶多形の確認において IR スペクトル測定は粉末 X 線回折法（2.2.2 項）や熱分析（2.5 節）とともに有効な手段の 1 つである．

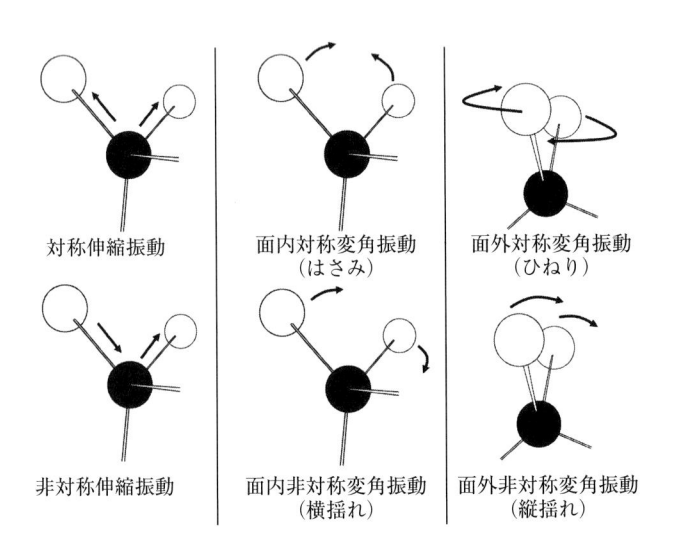

対称伸縮振動　　面内対称変角振動　　面外対称変角振動
　　　　　　　　　（はさみ）　　　　　（ひねり）

非対称伸縮振動　面内非対称変角振動　面外非対称変角振動
　　　　　　　　　（横揺れ）　　　　　（縦揺れ）

図 2.15　伸縮振動と変角振動

2.4.2 特性吸収帯と指紋領域

過去に測定された数多くのIRスペクトルのデータから，分子の特定の結合あるいは官能基に対応するスペクトル吸収が**特性吸収帯** specific absorption band と呼ばれる波数領域において観測されることがわかっており，分子のもつ化学結合や官能基の特定に用いることができる（図2.16）．

一方，多種類の官能基を含むような多原子分子のIRスペクトルには多くの吸収ピークが現れ，どのピークにどの振動が対応するのか判別が難しい．しかし波数 600 ~ 1500 cm^{-1} の**指紋領域** fingerprint region と呼ばれる範囲において吸収を高感度測定すると，その分子に固有のピークパターンが得られる．したがって，この指紋領域のスペクトルによって特性吸収帯では判別できなかった類似化学構造をもつ試料分子がそれぞれ同定できる（図2.17）．

2.4.3 IRスペクトルによる分子間相互作用の研究

分子間相互作用のうち，水素結合は最も基本的でかつ重要な相互作用であり，特に生体分子のような複雑な分子の機能において重要な役割を担っている．水素結合は，電気陰性度の大きい原子XとYの間にプロトンが存在してつくられ，形式的にはX–H……Yのように表される．水素が結合した原子Xを**プロトン供与体** proton donor, Yを**プロトン受容体** proton acceptor と呼ぶ．

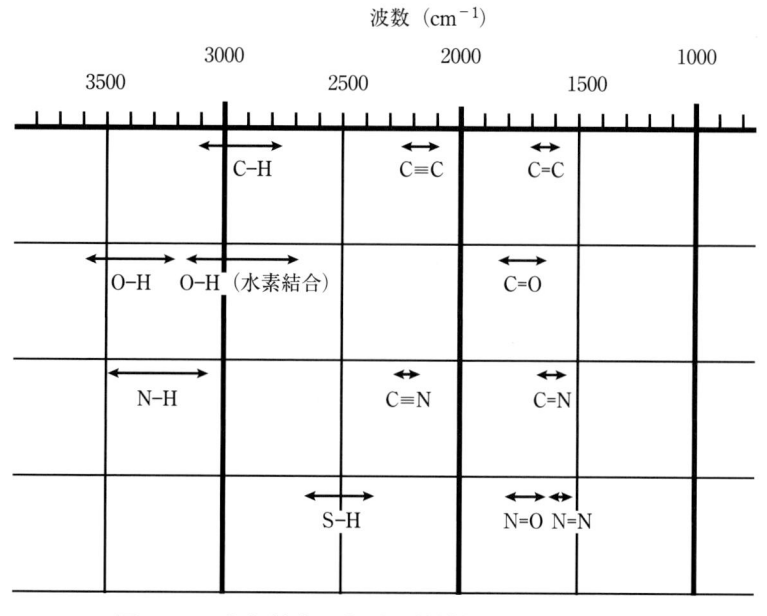

図2.16 主な結合における伸縮振動の特性吸収帯

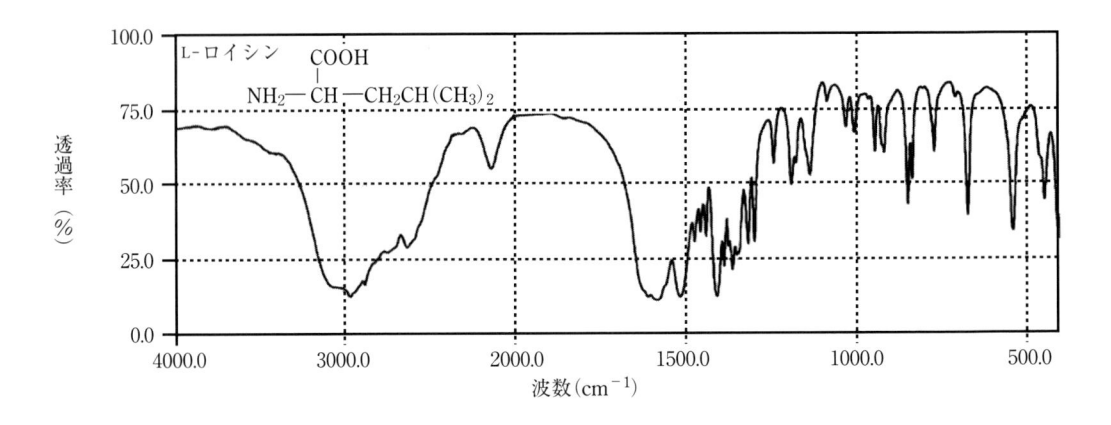

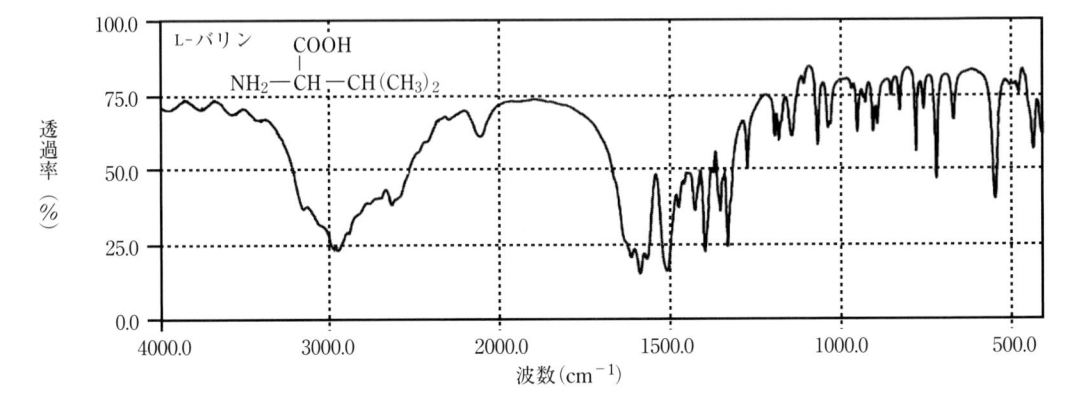

図 2.17　L-ロイシンと L-バリンの赤外線吸収スペクトル
類似構造をしているので特定吸収帯には大きな違いはみられないが，1600 cm^{-1} 以下の指紋領域においてはピークの形が異なっているのがわかる．
(JP16，参照赤外吸収スペクトル)

　水素結合を調べる方法には X 線回折によるものと赤外分光法によるものがある．後者の IR スペクトルを用いる方法では，OH または NH 基の伸縮振動によって吸収される特定吸収帯は，著しく低波数側（長波長側）にずれる．これは水素結合していると O–H または N–H 間の結合力が弱まり振動励起に必要な赤外線吸収エネルギーが低下するためである．また振動励起の際，水素結合があると，振動の基底状態のままのものや励起状態に移動するものがあったりと変化の挙動が一様でないので，吸収スペクトルの幅は広がり，吸収強度は増す．試料を薄めると，OH の吸収帯がずれたりすることもあり，分子内水素結合か分子間水素結合かが区別できる．以上のように，赤外線吸収はもっとも簡単に水素結合を検出する方法の 1 つである．

2.5 固体の熱分析

熱分析 thermal analysis は，物質の温度を連続的に変化させながら，固体であればその物質の融解や熱分解，水和物の脱水といった物理的性質を温度に対して測定する方法である．熱分析には**熱重量測定** thermogravimetry（TG）や**示差熱分析** differential thermal analysis（DTA），**示差走査熱量測定** differential scanning calorimetry（DSC）などがある．

結晶多形において，準安定形結晶から安定形結晶へ結晶構造が変化するというように，結晶多形間で相転移が起こることがある．これを**多形転移** polymorphic transition と呼び，そのときの温度を**転移点** transition temperature と呼ぶ．この相転移に伴って出し入れされる熱量の変化を DTA や DSC で観測し，結晶多形の確認ができる．

2.5.1 熱重量測定

物質の温度を連続的に変化させながら，物質の質量変化を温度に対する関数として測定する方法である．水和物の脱水や昇華，熱分解などに伴う質量変化を測定でき，水和結晶の区別をしたり，物質の熱に対する安定性を調べることができる．典型的なパターンを図 2.18，19 に示した．

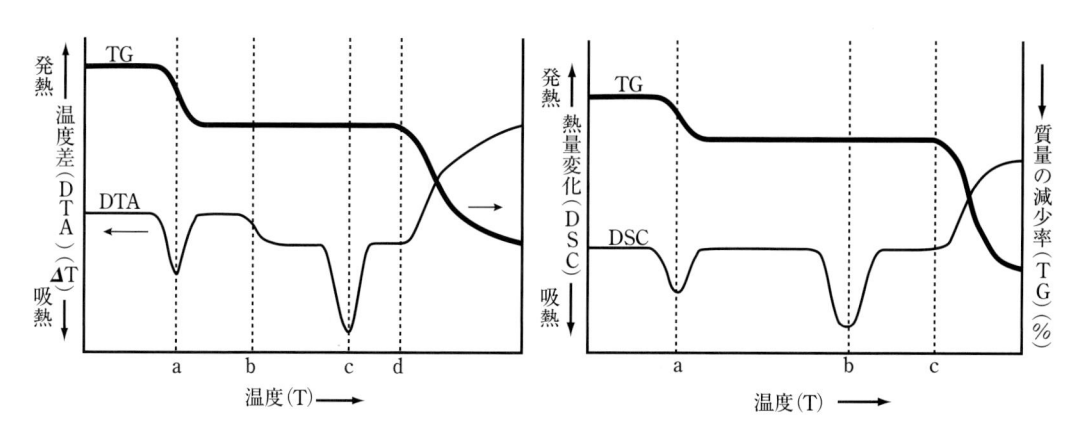

図 2.18　水和結晶の TG 曲線と DTA 曲線の例
a：脱水，b：転移，c：融解，d：熱分解

図 2.19　TG 曲線および DSC 曲線

2.5.2　示差熱分析

　試料と基準物質の温度を連続的に変化させ，両者の温度差を温度に対する関数として測定する方法である．基準物質には α-アルミナ Al_2O_3 粉末など，測定温度の範囲内で融解などの熱的変化を起こさないものを用いる．試料と基準物質を加熱していくと，基準物質のほうは安定した温度上昇が測定されるが，試料のほうは脱水や融解などが起こると吸熱が起こり，温度変化が止まり，反応が終わると再び温度が上昇していく．このように加熱過程において試料と基準物質との間の温度差を記録していく際に得られるのがDTA曲線である．吸熱などによって観測されるDTA曲線のピークの面積から試料のエンタルピー変化量を求めることができる．DTAを行うことにより，相転移熱の測定による結晶多形の確認や融解，蒸発などの相変化の測定による不純物の確認ができる．典型的なDTAパターンを図2.18に示した．

2.5.3　示差走査熱量測定

　試料と基準物質の温度を連続的に変化させ，両者の温度が同じになるまで両者それぞれに加えられた単位時間当たりのエネルギーの差を温度に対する関数として測定する方法である．DTAと同じく，基準物質にはアルミナなどが用いられる．測定によって得られるDSC曲線のピーク面積から融解エンタルピーや相転移熱をDTAよりも定量的に求めることができる．また，試料と基準物質に加えられた単位時間当たりの熱量差は両者の温度差に比例することから，比熱を求めることもできる．図2.19にはTG曲線とDSC曲線の同時測定の模式図を示した．図2.18，図2.19を比較すれば，TGで質量の変化を，DTAで温度差を，DSCでは熱量変化を測定しており，相互のデータ間には密接な関連があることがわかる．

練習問題

問題2.1　結晶多形と晶癖に関する次の記述について，正誤を答えよ．
　　a　結晶多形の存在は，赤外吸収スペクトル法，熱分析法，X線回折法で確認できる．
　　b　クロラムフェニコールパルミチン酸エステルには結晶多形が存在する．
　　c　結晶多形において，溶解性にすぐれる準安定形のほうが安定形よりモル融解熱が大きい．
　　d　晶癖が異なる結晶では，その結晶構造が異なる．
　　e　結晶多形間では溶解性が大きく異なる場合があり，薬効に影響を与える可能性が

ある．

問題 2.2 X線回折に関する次の記述について，正誤を答えよ．

a X線回折では，物質中の原子核の強制振動より生ずる干渉性散乱X線による回折強度を測定する．

b 波長 λ のX線が面間隔 d の結晶に入射角 θ で入射するとき，$2d \sin\theta = n\lambda$ が満たされる方向のみに回折像が現れる．ただし，n は整数である．

c 有機物の回折実験に用いられるX線源のターゲットには，Cu または Mo が用いられることが多い．

d X線の振動数は赤外線の振動数よりも小さい．

問題 2.3 粉末X線回折法に関する次の記述について，正誤を答えよ．

a 粉末X線回折では，回折角 2θ に対する回折X線の強度のグラフを得ることができ，結晶多形や溶媒和結晶などを同定することができる．

b 粉末X線回折のみで，未知化合物の立体構造を一意的に決定することができる．

c 粉末X線回折では，測定試料を乳鉢などで微粉末にして測定する．

d 粉末X線回折において同心円状の回折像が得られるのは，粉末試料内で各結晶面がいずれの方向にも向いた結晶の集合体となっているからである．

e 非晶質の粉末X線回折で観測されるX線強度パターンは，結晶のものと比べてピークが得られる回折角 2θ が異なっている．

問題 2.4 赤外分光法に関する次の記述について，正誤を答えよ．

a 赤外線吸収は，一定濃度範囲内では，Lambert–Beer の法則に従わない．

b 赤外線吸収スペクトルは一般に波数 4,000 cm^{-1} ～ 400 cm^{-1} の範囲で測定され，その波長は 2.5 μm ～ 25 μm に対応する．

c 有機化合物の水酸基の伸縮振動による赤外線吸収帯は，水素結合すると高波数側にシフトする．

d 赤外吸収スペクトルは，特定吸収帯（約 1,500 cm^{-1} 以上）と指紋領域（約 1,500 cm^{-1} 以下）に分けられる．前者からは，そのスペクトル吸収位置より官能基を特定でき，後者からは，いくつもの吸収が重なりあいその分子固有の複雑なスペクトルが現れるため，試料の同定に利用される．

e 固体試料は測定できない．

問題 2.5 熱分析に関する次の記述について，正誤を答えよ．

a 熱重量測定（TG）では，試料と基準物質を加熱あるいは冷却したときに生じる

両者間の温度差（吸熱または発熱）を測定する．
b　TG では，医薬品中の付着水や結晶水を定量できない．
c　示差熱分析（DTA）では，温度に対する試料の重量変化を測定する．
d　DTA は，医薬品の純度測定や結晶多形の確認に利用される．
e　熱分析法では，通例基準物質として熱分析用 α-アルミナが用いられるが，これは通常の測定温度範囲内で熱変化しないことによる．

問題 2.6　結晶形の違いは医薬品のバイオアベイラビリティに影響を与えることがある．結晶多形の存在を確認する方法として，正しいものを 2 つ選べ．
a　液体クロマトグラフィー
b　X 線回折法
c　原子吸光光度法
d　熱分析法
e　旋光度測定法

解答・解説

問題 2.1　**正解**　a 正，b 正，c 誤，d 誤，e 正
解説　c　準安定形はモル融解熱が小さい．
　　　　d　結晶面の成長速度が異なる場合にも晶癖は生じる．

問題 2.2　**正解**　a 誤，b 正，c 正，d 誤
解説　a　X 線回折は X 線と電子との間の相互作用により生じる．
　　　　d　X 線は赤外線（$7 \times 10^{-7} \sim 10^{-3}$ m）よりも短波長の電磁波だから振動数は大きくなる．

問題 2.3　**正解**　a 正，b 誤，c 正，d 正，e 誤
解説　b　一意的に決定できるのは単結晶 X 線構造解析．
　　　　e　非晶質では，ピークは観測されない．ピークの位置が異なるのは結晶多形．

問題 2.4　**正解**　a 誤，b 正，c 誤，d 正，e 誤
解説　a　Lambert–Beer の法則によると光の吸光度は試料濃度とセル長に比例するもので，赤外線も希薄溶液の範囲ではこれに従う．
　　　　c　N–H や O–H 間の原子の結合力は，H 原子が他の原子との間に水素結合を形成すると弱まり，よりエネルギーの低く，波長の長い赤外線を吸収するようになるため，低波数側にシフトする．
　　　　e　赤外分光法は気体，液体，固体試料すべて測定可能である．

問題 2.5　**正解**　a 誤，b 誤，c 誤，d 正，e 正

解説　a　TG は連続的な温度変化に対する試料の質量変化を測定する．
　　　　b　TG では水和物結晶を加熱すると脱水が起こり，質量減少を測定できる．これにより付着水や結晶水が定量できる．
　　　　c　DTA は試料と熱的変化を起こさない基準物質の温度を変化させ，温度に対する両者の温度差を測定する．

問題 2.6　**正解**　b, d
解説　結晶多形を確認する方法として X 線回折法，NMR スペクトル測定法，赤外分光法，熱分析法，密度測定法，溶解度測定法などがある．結晶を溶液化してから測定する液体クロマトグラフィーや旋光度測定法，結晶を分解してから測定する原子吸光光度法では結晶多形を確認できない．

参考書
1) 桜井敏雄（1967）物理科学選書 X 線結晶解析，裳華房
2) 松岡正邦（2002）結晶化工学，培風館
3) S. J. Drenth, 竹中章郎訳（1998）蛋白質の X 線結晶解析法，シュプリンガー・フェアラーク東京
4) 日本化学会編（1992）実験化学講座 10 回折，丸善
5) 日本薬学会編（2005）物理系薬学 I. 物質の物理的性質，東京化学同人
6) 泉美治，小川雅彌，加藤俊二，塩川二朗，芝哲夫（1996）機器分析のてびき①，化学同人
7) 泉美治，小川雅彌，加藤俊二，塩川二朗，芝哲夫（1996）機器分析のてびき③，化学同人
8) 千原秀昭，徂徠道夫編（2000）基礎物理化学実験，東京化学同人
9) 飯田隆，澁川雅美，菅原正雄，鈴鹿敢，宮入伸一編（2004）イラストで見る化学実験の基礎知識，丸善

3 粉体

　粉体とは多数の微細な固体粒子が気体（主に空気）中に分散あるいは堆積したもので，固体であるとともに流動するという液体のような性質も有している．

　粉体を構成する固体粒子が粗結晶の場合は容易に流動するが，微結晶粒子からなる粉体では各結晶粒子（一次粒子という）の単位としては流動しにくく，複数個の結晶粒子の凝集体（二次粒子）として挙動する．

　そのため，粉体を扱う場合には，個々の粒子そのものの物性（粒子径，粒子形状，表面積など）のみでなく，粒子の集合体としての物性も考慮しなければならない．製剤学的に重要な粉体の物性には充てん性，流動性，付着凝集性，吸湿性，ぬれ，飛散性，水への溶解性などがある．医薬品製剤には散剤のように粉体そのものを用いる場合もあるが，粉体を造粒（細粒剤，顆粒剤），充てん（カプセル剤），圧縮（錠剤）等の加工を行う場合も多く，これらの剤形の医薬品を扱うには原料粉体の物性についての知識が必要となる．

　本章では，粉体の種々の物性について概説する．

3.1 粒子径

　粉体 powder を構成する粒子の形は一般に不規則で，大きさも一定でない場合が多い．このため，個々の粒子の大きさ（粒子径）をどのように定義し，測定し，その値から粉体全体の粒子径の代表値をどのように算出するかが問題となる．

3.1.1 粒子径の定義

（1）相当径

粒子のある物理量を測定して，それと等しい物理量を有する規則粒子の大きさに換算したものを**相当径**という．一般的には粒子を球とみなしてその球の直径を粒子の大きさとするため，球相当径という．これには，粒子と同じ体積の球の直径である等体積球相当径（体積相当径）equivalent volume diameter，同じ表面積の球の直径である等表面積球相当径 equivalent surface diameter，同じ比表面積の球の直径である比表面積球相当径（比表面積径）equivalent specific surface diameter 等がある．また，流体中を粒子と等しい速度で沈降する球の直径である等沈降速度球相当径（沈降速度相当径，**ストークス径** Stokes diameter）も球相当径である．

（2）三軸径 diameter of the three dimensions

粒子が外接する直方体を考え，図 3.1 のような長径 l，短径 b，厚み t を測定する．これらの値を三軸径といい，表 3.1 のように平均を算出する．

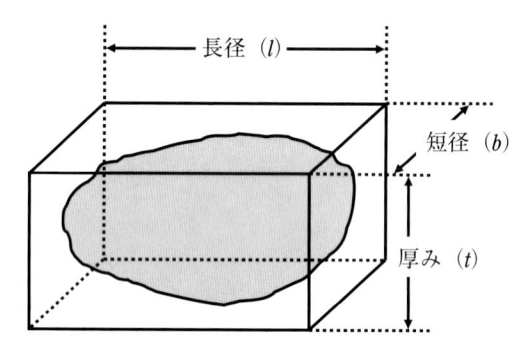

図 3.1　粒子に外接する直方体

表 3.1　三軸径の平均の算出法

名　称	計算式	物理的意味
三軸平均径	$(l + b + t)/3$	l, b, t の算術平均
長短平均径 （二軸平均径）	$(l + b)/2$	l, b の算術平均（平面図形についての長径と短径の算術平均）
三軸幾何平均径	$\sqrt[3]{l \cdot b \cdot t}$	l, b, t の幾何平均（外接直方体と同じ体積の立方体の一辺の長さ）
長短幾何平均径	$\sqrt{l \cdot b}$	l, b の幾何平均（平面図形についての長径と短径の幾何平均，外接長方形と同じ面積の正方形の一辺の長さ）

（3）投影径 projected area diameter

顕微鏡写真等により 2 次元平面に投影した粒子像から図 3.2 のように粒子径を定義する．

a）フェレー径 Feret diameter

定方向平行径であり，グリーンが提案したので**グリーン径 Green diameter** とも呼ばれる．一定方向の 2 本の平行線で粒子をはさんだときのその 2 本の平行線間の距離である．

b）マーチン径 Martin diameter

定方向で粒子の投影面積を 2 等分する線分の長さであり，定方向等分径とも呼ばれる．

c）クルムバイン径 Krumbein diameter

定方向で最大の幅となる箇所の長さで，定方向最大径とも呼ばれる．一般的に同一試料ではフェレー径＞クルムバイン径＞マーチン径の関係が成り立つ（図 3.2B）．

フェレー径，マーチン径，クルムバイン径ともに，方向を一定にして測定するため定方向径と総称される．定方向径を用いる場合には，画面上の粒子の配置に方向性がなく，ランダムに配位していなければならない．液中に分散した粒子が液流により配向している場合には，計測する方向により数値が変動する．

d）ヘイウッド径 Heywood diameter

粒子と投影面積が等しい円の直径で，投影面積円相当径（円相当径）とも呼ばれる．一般的に

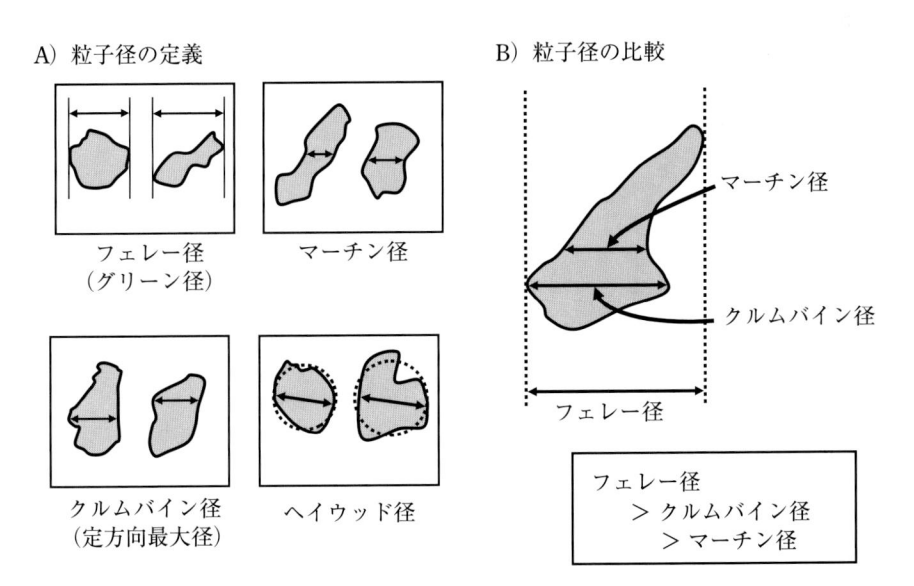

図 3.2　光学顕微鏡法の粒子投影像における（A）粒子径の定義と（B）各粒子径の比較

フェレー径＞ヘイウッド径＞マーチン径の関係になることが知られている．

3.1.2 粒度分布

（1） 粒度分布の代表値

粉体は程度の差はあるが粒子径が不均一で，多数の粒子から構成されている．その粒子径の分布（粒度分布）の代表値として，**平均粒子径（平均径）** mean diameter，**モード径** modal diameter，**メジアン径** median diameter が挙げられる．モード mode とは最頻値，すなわち最大頻度の値であり，メジアン median とは中央値（測定値を大きさの順にならべたときの中央の順位の値，中位数）のことで，それぞれに対応する粒子径がモード径およびメジアン径である．

平均粒子径は，計算時の重みのつけ方によって表 3.2 のような種々の式により表される．この表では，粒子径 d_1 の粒子が n_1 個，d_2 の粒子が n_2 個，d_3 の粒子が n_3 個，・・・からなる粒子群を想定している．一般に，$D_4 > D_3 > D_2 > D_s > D_1 > D_h$ の関係が成り立つ．

平均粒子径（平均径），モード径，メジアン径ともに，個数基準（各粒子径 d_i に対応する粒子数についての分布）あるいは質量基準（各粒子径 d_i に対応する粒子の質量についての分布）のいずれの基準で測定するかにより値が異なり，質量基準の値のほうが個数基準の値よりも大きくなる．

（2） 正規分布と対数正規分布

x を連続的な確率変数，$f(x)$ をその確率密度関数とする．$f(x)$ が式（3-1）で与えられるとき，x は**正規分布** normal distribution $N(m, \sigma^2)$ に従うという．

$$f(x) = \frac{\exp\{-(x-m)^2/(2\sigma^2)\}}{\sqrt{2\pi}\,\sigma} \tag{3-1}$$

m は平均値，σ は**標準偏差**を表す．

表 3.2 平均粒子径の表し方

名称	記号	計算式
重みつき平均径		
算術平均径（個数平均径）	D_1	$\Sigma(n_i d_i)/\Sigma(n_i)$
面積長さ平均径（長さ平均径）	D_2	$\Sigma(n_i d_i^2)/\Sigma(n_i d_i)$
体面積平均径（面積平均径）	D_3	$\Sigma(n_i d_i^3)/\Sigma(n_i d_i^2)$
質量平均径（体積平均径）	D_4	$\Sigma(n_i d_i^4)/\Sigma(n_i d_i^3)$
平均表面積径	D_s	$\sqrt{\Sigma(n_i d_i^2)/\Sigma n_i}$
平均体積径	D_v	$\sqrt[3]{\Sigma(n_i d_i^3)/\Sigma n_i}$
調和平均径	D_h	$\Sigma n_i/\Sigma(n_i/d_i)$

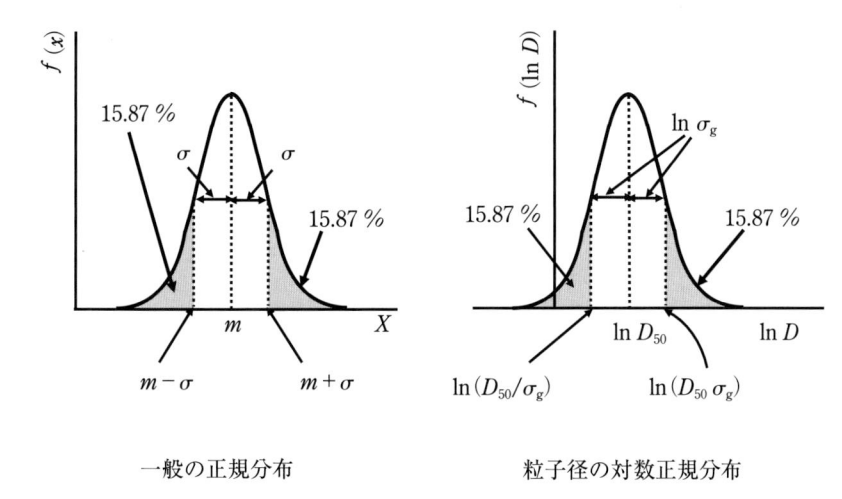

図 3.3　一般の正規分布と粒子径の対数正規分布

$y = f(x)$ のグラフは，直線 $x = m$ に対して対称で，$x = m \pm \sigma$ において変曲点をとる．その曲線下面積で表される確率について，式（3-2）〜（3-4）の関係が成り立つ（図 3.3）．

$$\{x < m である確率\} = \{x > m である確率\} = 0.5 \quad (3\text{-}2)$$

$$\{x < m - \sigma である確率\} = \{x > m + \sigma である確率\} = 0.1587 \quad (3\text{-}3)$$

$$\{x > m - \sigma である確率\} = \{x < m + \sigma である確率\} = 0.8413 \quad (3\text{-}4)$$

一般に粉体の粒子径 D の分布は，粗い粒子側に長いすそを引くので左右不対称な分布をとる．このため，正規分布の式（3-1）は $x = D$ よりも $x = \ln D$ を代入したほうがよく当てはまり，式（3-5）が成立する．このような粒度分布を**対数正規分布** log-normal distribution という．

$$f(\ln D) = \frac{\exp[-(\ln D - \ln D_{50})^2 / \{2(\ln \sigma_g)^2\}]}{\sqrt{2\pi} \ln \sigma_g} \quad (3\text{-}5)$$

ここで，D_{50} は **50％粒子径**，すなわちメジアン径であり，σ_g を**幾何標準偏差**という．

その値よりも小さい粒子の存在する割合が a％となる粒子径を積算ふるい下 a％粒子径，その値よりも大きい粒子の存在する割合が b％となる粒子径を積算ふるい上 b％粒子径という．D_{50} = 積算ふるい下 50％粒子径 = 積算ふるい上 50％粒子径である．

横軸に粒子径を対数目盛で，縦軸にその粒子径の積算ふるい下（またはふるい上）の粒子の割合を確率目盛でプロットする（対数確率紙）と図 3.4 のような直線関係が得られる．この直線の縦軸の値が 50％になるときの粒子径が D_{50} である．σ_g は式（3-6）により求められる．

$$\sigma_g = 積算ふるい下 84.13％径/50％粒子径$$
$$= 積算ふるい上 15.87％径/50％粒子径$$

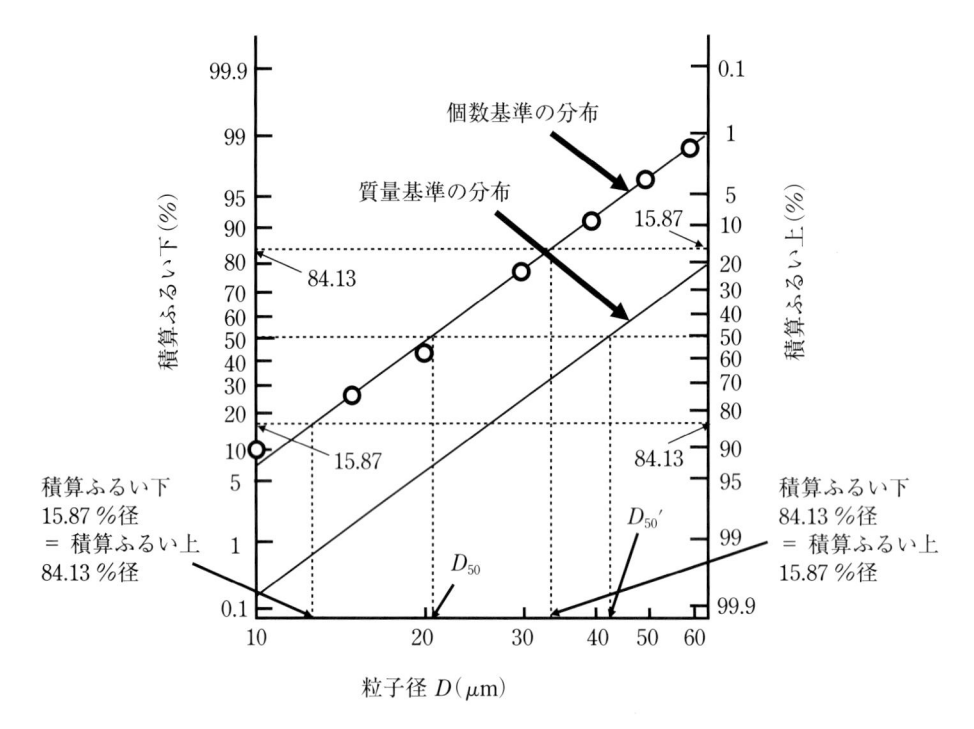

図3.4 対数確率紙上にプロットした対数正規分布

$$= 50\,\%粒子径/積算ふるい上84.13\,\%径$$
$$= 50\,\%粒子径/積算ふるい下15.87\,\%径 \qquad (3\text{-}6)$$

個数基準の50%粒子径 D_{50}，幾何標準偏差 σ_g と，質量基準の50%粒子径 $D_{50}{}'$，幾何標準偏差 $\sigma_g{}'$ との間には式 (3-7) および (3-8) の関係が成り立つ（これらをハッチ Hatch の式という）．

$$D_{50}{}' = D_{50}\exp\{3(\ln\sigma_g)^2\} \qquad (3\text{-}7)$$

$$\sigma_g{}' = \sigma_g \qquad (3\text{-}8)$$

3.1.3 粒子径の測定

（1） ふるい分け法（篩別法） sieving method

　一連のふるいを用いて試料粉体をふるい分けして，各ふるいおよび受器の上の粉体質量を測定する．これにより細孔通過相当径の質量分布が得られる．なお，局方一般試験法の計量器・用器の項に，ふるいの番号，呼び寸法および規格が規定されている．

（2）顕微鏡法 microscope method

　顕微鏡（光学顕微鏡あるいは電子顕微鏡）により粒子を観察し，その大きさ（投影径の個数分布）や形状を測定する方法である．平均粒子径を求めるためには多数の粒子について径を測定する必要があるが，近年の画像処理装置等の利用により効率よく測定できるようになった．

　日局16一般試験法の粒度測定法には，第1法として光学顕微鏡法，第2法としてふるい分け法が記載されている．

（3）コールターカウンター法 Coulter counter method（細孔通過法）（図3.5）

　粉体を電解質溶液中に分散させ，両端に電圧をかけた隔壁の細孔の一方の側からその分散液を吸引する．粉体粒子が細孔を通過すると，細孔中の電気抵抗が瞬間的に増加するため電圧パルスが生じる．パルスの個数が通過粒子の数に，パルスの大きさが粒子の体積に比例して変化するため，パルスの解析により粉体粒子の等体積球相当径（体積相当径）の個数分布がわかる．

（4）沈降法 sedimentation method

　媒体中を粉体粒子が等速沈降するときの速度から粒子径を測定する方法で，これにより沈降速度相当径（ストークス径）が得られる．すなわち，粘度 η，密度 ρ_0 の液体中に粉体粒子（密度 ρ）を沈降させて，距離 h だけ落下するのに要する時間 t を求めることにより，粉体の粒子径 d を求める方法である．

　液中を速度 v で粒子が沈降するとき，粒子に上向きにはたらく粘性抵抗力 F_1 はストークス Stokes の法則より $F_1 = 3\pi d \eta v$ で表される．一方，下向きに粒子に作用する重力 F_2 は浮力を考

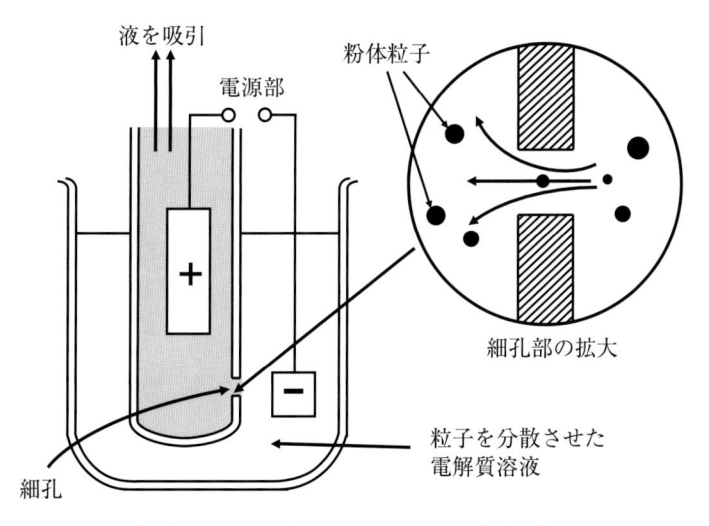

図3.5　コールターカウンター法の原理

慮すれば，$F_2 = \pi d^3(\rho - \rho_0)g/6$ となり（g は重力加速度），これが F_1 とつりあう．そこで $F_1 = F_2$ とすれば，沈降速度 v は式 (3-9) より求められる．式 (3-9) より，v は粒子径 d の 2 乗に比例する，いい換えれば，d は v の平方根に比例することがわかる．

$$v = \frac{d^2(\rho - \rho_0)g}{18\eta} \tag{3-9}$$

この式に $v = h/t$ を代入すれば，d は式 (3-10) より求められる．

$$d = \sqrt{\frac{18\eta h}{(\rho - \rho_0)gt}} \tag{3-10}$$

したがって，一定の距離を粒子が沈降する時間を測定すれば粒子径が得られ，一定時間ごとに粉体の沈降量を測定すれば粒度分布が求められる．沈降法による主な測定装置を図 3.6 に示す．

アンドレアセンピペット Andreasen pipet では，粉体懸濁液を基線の位置からサンプリングして，その中の粉体の質量を求める．沈降天秤は，沈降管中の秤量皿上に沈降する粒子の質量を天秤で測定する．光透過法では，粒子を分散させた沈降管に側面から光を照射して濁り度の変化を調べる．

式 (3-10) より，d は t の平方根に反比例するため，微粒子ほど沈降しにくく測定時間が長くなる．そのため，重力の代わりに遠心力をかけて測定することもあり（遠心沈降法），これにより 1 μm 以下の微粒子でも粒子径が測定できる．

なお，沈降法は粒子が一定速度で沈降し，その流体抵抗がストークスの法則に従うことを前提としている．そのため 100 μm 以上の粒子が加速沈降する場合には適用できない．

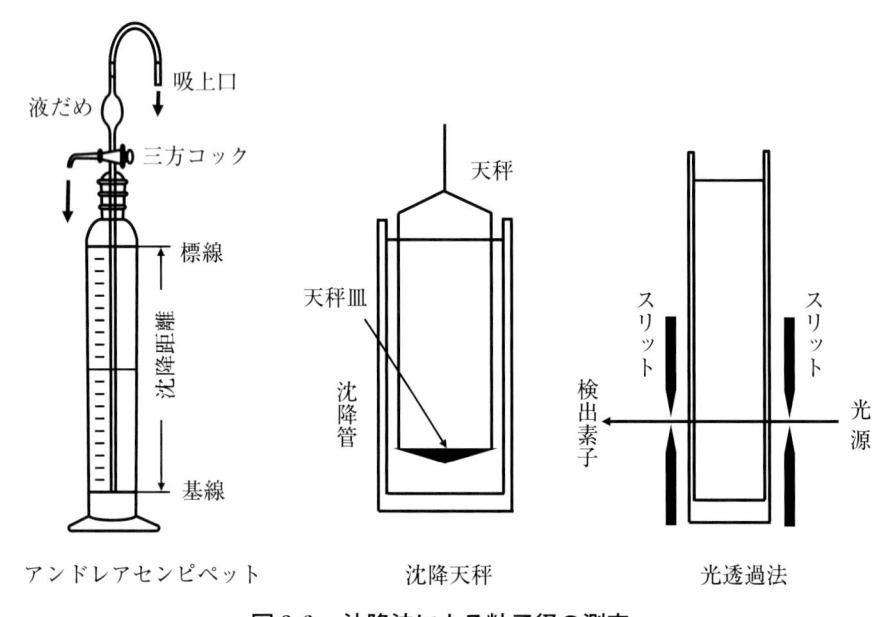

図 3.6 沈降法による粒子径の測定

（5）比表面積法 specific surface area method

　一辺 d の立方体が n 個存在するとき，全立方体の表面積の総和 S は $S = 6nd^2$ であり，全立方体の体積の総和 V は $V = nd^3$ である．それゆえ，$d = 6V/S$ となり，V が一定であれば d は S に反比例する．直径 d の球が n 個存在するときも，球の表面積の総和 S は $S = n\pi d^2$，球の体積の総和 V は $V = n\pi d^3/6$ であるため $d = 6V/S$ が成立する．

　一般の粉体においても $d = 6V/S$ が成立する（ただし，不規則粒子では定数 6 がそれより大きくなる）．粉体の比表面積（単位質量当たりの表面積）を S_w，密度を ρ とすれば S は $S = \rho V S_w$ で表されるので，式（3-11）が成立する．

$$d = \frac{6}{\rho S_w} \tag{3-11}$$

d は粒子の比表面積球相当径（比表面積径）で，その平均径は体面積平均径である．d の値は粉体の比表面積と密度がわかれば式（3-11）から算出できる．比表面積の測定は，吸着法または透過法により行う．

a）吸着法 adsorption method

　粉体は粒子径が小さいため比表面積が大きく，気体を多量に吸着しうる．気体の固体への吸着には，ファン・デル・ワールス力のような弱い力による**物理吸着** physical adsorption と，化学結合のような強い力による**化学吸着** chemical adsorption がある．物理吸着は可逆的で吸着速度は速く，蒸発熱程度のエネルギーで容易に脱着するが，化学吸着はエネルギーが大きく不可逆の場合が多い．粉体の表面積の測定には物理吸着が用いられる．

　一定温度で固体により気体を吸着させたときの，気体の平衡圧力（または濃度）と気体の吸着量との関係を表す式を**吸着等温式** adsorption isotherm，その曲線を吸着等温線という（吸着等温式については第 9 章参照）．

　粉体に気体を吸着させ，吸着等温式により粉体単位質量当たりの単分子飽和吸着量 V_m を求め，式（3-12）を使って比表面積 S_w を求める．

$$S_w = ANV_m/M_v \tag{3-12}$$

ここで，A は吸着した気体 1 分子が覆う面積（= 気体 1 分子の断面積），N はアボガドロ数，M_v は気体のモル体積（1 mol の気体が占める体積）である．粉体に吸着させる気体としては，A の値が既知である窒素あるいはアルゴン等を使用する．

b）透過法 permeability method

　粉体を充てんした層中を流体（気体または液体）が通過するときの速度と圧力差から表面積を求める方法である．流体が通過する粒子間隙を毛細管の集合体と仮定した**コゼニー-カーマン式**

Kozeny–Carmann equation（式（3-13））を用いて比表面積 S_w を算出する．

$$S_w = \frac{1}{\rho}\sqrt{\frac{gA\Delta Pt\epsilon^3}{K\eta LQ(1-\epsilon)^2}} = \frac{14}{\rho}\sqrt{\frac{A\Delta Pt\epsilon^3}{\eta LQ(1-\epsilon)^2}} \tag{3-13}$$

ここで，g は重力加速度，ΔP は粉体層の両端における流体の圧力差（圧力降下），K はコゼニー定数（一般に5.0），η は流体の粘度，Q は時間 t の間に粉体層（長さ L，断面積 A，空隙率 ϵ）を通過する流体の体積，ρ は粒子の密度である．

空気を流体とした空気透過法が一般的に行われている．透過法により得られる比表面積は粒子の外部表面積であり，多くの細孔を有する粒子では比表面積の測定には適さない．

（6）その他の粒子径の測定法

ふるい分け法，光学顕微鏡法，コールターカウンター法，沈降法（遠心沈降法を除く）等の方法では一般に数 μm 以上の径の粒子を測定の対象としている．それよりも小さな粒子の径を測定するにはレーザー光を利用することが多い．

レーザー回折・散乱法では，レーザー光の粒子による回折や散乱のパターンを光センサーで測定し，コンピュータで解析する方法で，これにより 1 μm 前後の粒子径が測定可能である．動的光散乱法（光子相関法）では，ブラウン運動している粒子にレーザー光を照射し，散乱した光の周波数のゆらぎから粒子径を測定する方法で，1 μm 以下の微小粒子の測定が可能である．

3.2 粉体の物性

粉体の充てん性や流動性は製剤学的に重要な力学的性質で，付着性，凝集性とも密接な関連がある．また，吸湿性も粉体を扱ううえで考慮すべき重要な物性の1つである．

3.2.1 充てん性

粉体の充てん性は，原料粉体のカプセル容器への充てん，錠剤製造時の臼への充てんなど製剤工程で重要な物性の1つである．粉体の充てん性およびかさばり度を表す用語を表3.3に示す．

"密度 = 質量 / 体積"であるが，粉体の体積の評価方法の違いにより粉体の密度も異なる．以下に代表的な粉体の密度の定義を示す．

1) **真密度 true density（ρ_0），結晶密度 crystal density**
物質そのものの密度である．

2) **粒子密度 particle density（ρ_p）**
物質そのものの体積に加えて開口部のない空隙（閉じた空隙）や気体（あるいは液体）が浸入

表3.3 粉体の充てん性およびかさばり度の表し方

名　称	物理的意味	式による表現
かさ比容積，みかけ比容積 apparent specific volume	粉体単位質量（1 g）のかさ体積	$v = V/W$
かさ密度，みかけ密度 apparent density	粉体単位かさ体積（1 cm³）の質量	$\rho = W/V$
空隙率，空間率 porosity	粉体のかさ体積中で空隙の占める体積の割合	$\epsilon = (V - V_p)/V = 1 - (V_p/V)$
空隙比 void ratio	粉体の正味の体積に対する空隙の体積の割合	$(V - V_p)/V_p = (V/V_p) - 1$
充てん率 packing fraction	粉体のかさ体積に対する粉体の正味の体積の割合	$V_p/V = 1 - \epsilon$

V_p：粉体の実体積，V：粉体のかさ体積，W：粉体の質量

できない粒子内の細孔も粒子の体積として評価し，これと質量から算出した密度である．日局16の粉体の粒子密度測定法では，気体置換型ピクノメーターを用いる粒子の体積の測定法が記載されている．この方法では気体として主にヘリウムが用いられる．

3）かさ密度 bulk density（ρ_b）

粒子内および粒子間の空隙を含んだ体積から算出した粉体の密度である．目盛付きシリンダー内に粉体を充てんしたときのかさ体積と質量から算出する．

3.2.2　流動性

粉体の流動性は，散剤や顆粒剤などの服用や調剤，製剤工程（原料粉体のカプセル容器への充てん，錠剤製造時の臼への充てん，粉体の輸送）などに大きな影響を及ぼす重要な物性である．粉体の流動性の指標としては，**安息角** angle of repose，内部摩擦係数，オリフィス（小孔）からの流出速度などがある（図3.7）．

（1）**安息角** angle of repose

粉体を重力により自然堆積させたときに形成される粉体層の表面が水平面となす角で，その値が小さい試料ほど流動しやすい．図3.7（a）は注入法による安息角の測定で，水平面上に上方から粉体を注入してできた斜面の角（θ）を測定する方法である．その他の安息角の測定法として，傾斜法（粉体を充てんした容器を傾斜させていき，粒子がすべり始めるときの傾斜角を測定）もある．

（2）**内部摩擦係数**

粉体層のある面に一定の垂直応力 σ を与え，その面に沿ってせん断力 τ を加えていく（図3.7

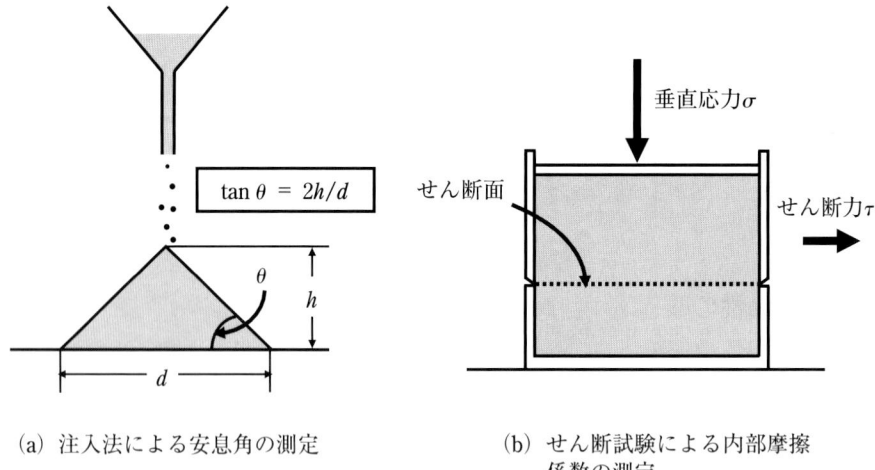

(a) 注入法による安息角の測定　　(b) せん断試験による内部摩擦係数の測定

図 3.7　粉体の流動性の評価

(b)).τがある値より大きくなると粉体層がすべり始める.σとこのときのτの関係をプロットしたものを破壊包絡線といい,その関係が式(3-14)(クーロンの式 Coulomb equation)にあてはまる粉体をクーロン粉体という.

$$\tau = \mu\sigma + C \tag{3-14}$$

ここで,μを内部摩擦係数,Cを粘着力あるいはせん断付着力という.付着性のある粉体では$C>0$で,付着性のない粉体では$C=0$である.μやCの値が小さいほど流動性がよい.

(3) オリフィスからの流出速度

円筒容器の底の中心部に,粒子径に比べて十分大きなオリフィスをつけた容器に粉体を入れ,オリフィスからの粉体の流出速度を測定する.流出速度が大きいほど流動性がよい.

(参考)　圧縮性指数とハウスナー比

粉体の流動性と密接な関係がある物性値として圧縮性指数やハウスナー比 Hausner ratio がある.

容器中に粉体をゆるやかに充てんしたときのかさ体積(ゆるみかさ体積)をV_0とする.

粉体を充てんした容器を一定高さから一定速度で繰り返し落下させ,容器中のかさ体積が一定となるまで密に充てん(タップ充てん)した粉体のかさ体積(最終タップ体積)をV_fとする.

圧縮性指数およびハウスナー比はV_0とV_fから式(3-15)および(3-16)を用いて計算される.

$$圧縮性指数 = 100 \times \frac{V_0 - V_\mathrm{f}}{V_0} \tag{3-15}$$

$$ハウスナー比 = \frac{V_0}{V_\mathrm{f}} \tag{3-16}$$

流動性の乏しい粉体では粒子間相互作用が大きく,ゆるみかさ体積と最終タップ体積の間に大きな差があるため,圧縮性指数およびハウスナー比ともに大きくなる.

(4) 粉体の流動性の改善

流動性の悪い粉体では以下のような方法によりそれを改善することが多い.
① 造粒して粒子径を大きくする.
② 滑沢剤として 0.1 ～ 2 ％程度のタルク,ステアリン酸マグネシウムなどを添加し,粒子間摩擦力や付着凝集性を低下させる.
③ 吸湿により付着水や凝縮水が粒子間付着力を増大させている粉体では,乾燥することにより流動性を改善することができる.
④ 静電気を帯びている場合は,静電気除去剤を添加したり,放電装置を用いたりする.

3.2.3 付着性と凝集性

微粒子では容器壁に付着したり,粒子どうしが凝集したりする.この付着性・凝集性の原因としては,分子間力(ファン・デル・ワールス力)や静電帯電,水分などがあげられる.

粒子間にはたらくファン・デル・ワールス力は,分子間の場合(1.3節)と異なり,粒子間距離あるいは粒子と壁面との距離の2乗に反比例する.静電帯電による付着力も,粒子径≫粒子間距離のときは粒子間距離の2乗に反比例し,それぞれの粒子の帯電量の積に比例する.粉体が吸湿すると粒子に水分が付着して,粒子間あるいは粒子と壁面との間に液体架橋が形成され,付着力・凝集力を生じる.

微粒子では,これらの付着性や凝集性の影響により,流動性や充てん性が低下することが多い.

3.2.4 吸湿性

粉体は吸湿により,流動性の低下,固結,湿潤,液化が生じることがある.

水に不溶性の物質からなる粉体の吸湿は,固体表面に対する水蒸気の吸着と考えられる.

粉体が水溶性物質の場合では,ある**相対湿度** relative humidity (＝空気中の水蒸気分圧 / 飽和水蒸気圧 × 100 ％)までは吸湿はほとんど生じないが,それ以上になると急激に多量に吸湿する.このときの相対湿度を**臨界相対湿度** critical relative humidity (CRH) といい,この値が大きいほど吸湿しにくい粉体である.空気中の湿度が粉体の CRH より高ければ吸湿が生じ,ついには

潮解 deliquescence するようになる．

　2種以上の水溶性物質の粉体を混合した場合は，一般に各組成の CRH より低い湿度で吸湿が生じ，吸湿量も増大する．粉体 A と粉体 B の混合物の CRH（CRH_{AB}）は，A，B それぞれの CRH（CRH_A および CRH_B）の積に近似的に等しくなる（式（3-17））．これを**エルダーの仮説** Elder's hypothesis という．

$$CRH_{AB} = CRH_A \times CRH_B \tag{3-17}$$

　エルダーの仮説は，2種の粉体が共通のイオンを含有する場合や，複合体を形成して溶解度が変化する場合には適用できない．

3.2.5　粉体のぬれ

　固形医薬品が液中で懸濁，溶解，崩壊するためには，まずその液体にぬれなければならない．
　図 3.8 のように，粉体を圧縮成形した表面に液滴を置いたときの液滴と固体表面との接触点における液滴の接線と固液界面とのなす角（液面への向きで測定する）を θ とする．この角 θ を**接触角** contact angle といい，この値が粉体の液体へのぬれやすさの指標となり，小さいほどぬれやすい．この接触点にはたらく力のつりあいを考えると式（3-18）が成立する（**ヤングの式** Young's equation）．

$$\gamma_S = \gamma_{SL} + \gamma_L \cos\theta \tag{3-18}$$

ここで，γ_S は固体の表面張力，γ_{SL} は固体と液体との界面張力，γ_L は液体の表面張力である．

　液滴が固体内部に吸収されて θ が測定できない場合には，図 3.9 のような毛管上昇法により θ を求める．すなわち，粉体をガラス管につめ，管の下端をろ紙などでふさいで液につけると，粉体層中の間隙を液が浸透する．時間 t において液面から液が上昇した高さを h とすると，液の浸

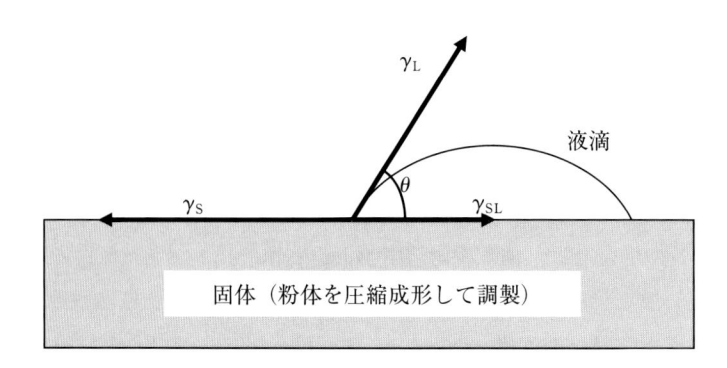

図 3.8　固体表面上の液滴にはたらく力

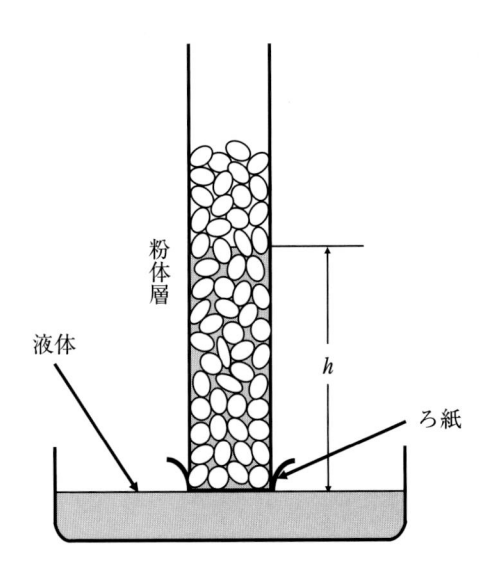

図 3.9　毛管上昇法による粉体のぬれの測定

透する速度 dh/dt は式（3-19）により，h は式（3-19）を積分した式（3-20）により与えられる．これらの式を**ウォッシュバーンの式** Washburn's equation という．

$$\frac{dh}{dt} = \frac{r\gamma_L \cos\theta}{4\eta h} \tag{3-19}$$

$$h = \sqrt{\frac{r\gamma_L (\cos\theta) t}{2\eta}} \tag{3-20}$$

ここで，η は液の粘度，r は粒子間隙を毛細管とみなしたときの平均半径である．

3.3　散剤と顆粒剤

　医薬品のみ，あるいは医薬品と添加剤とを混和して製した散剤は，流動性，充てん性，飛散性（発塵性）等に問題があり，調剤や服用において難点が多い．これらの問題を解決するため，なるべく均一な大きさや形状の粒子である造粒散剤や顆粒剤が製造されている（**造粒** granulation）．この造粒操作により，付着・凝集性が低下して流動性・充てん性が向上し，飛散性（発塵性）が軽減できる．

　日局 16 では，経口投与する粉末状の製剤を散剤，経口投与する粒状に造粒した製剤を顆粒剤と規定している．また，顆粒剤のうち，目開き 850 μm のふるいを全量通過し 500 μm のふるい

上に残留するものが全量の10％以下のものを細粒剤と称することができ，目開き850 μmのふるいを全量通過し500 μmのふるい上に残留するものが全量の5％以下のものも散剤と称することができると規定されている．

練習問題

問題 3.1 粉体に関する次の記述について，正誤を答えよ．
 a 粉体の内部摩擦係数と付着力が小さいほど，流動性はよい．
 b エルダー Elder の仮説が成立する場合，2種類以上の水溶性粉体の混合物の臨界相対湿度（CRH）は，個々の粉体の CRH よりも大きくなる．
 c 一般に，粉体のかさ密度は粒子密度に比べて大きい．
 d コールターカウンター法では，個々の粒子の粒子径と同時に粒子形状の情報が得られる．
 e 沈降法では質量基準の粒子径分布が得られる．

(第94, 95, 96回薬剤師国家試験より抜粋)

問題 3.2 医薬品の懸濁剤を調製したところ，粒子が速やかに沈降して使用しにくかった．そこで，沈降速度を調整するため，医薬品粉末の粒子径を1/4の大きさとし，分散媒を粘度が1.5倍で密度が同一の液体に変更した．このとき，沈降に要する時間はもとの何倍になるか．最も近い数値を選べ．ただし，医薬品は同一粒子径の球形粒子からなり，分散媒には溶解しない．また，粒子の沈降過程はストークスの式に従うものとする．
 1 4 2 6 3 9 4 16 5 24 6 36

(第92回薬剤師国家試験)

問題 3.3 真密度1.6 g/cm^{3}で，空隙率0.20の特性をもつ粉体がある．いまこれを1 kg秤量し，容器に移し替えたい．粉体のみかけ体積の20％増を容器の容積として見込むとすると，必要最低限の内容積（cm^3）として最も適当な値はどれか．ただし，容器内での充てん状態は，空隙率測定時の状態と同じとする．
 1 630 2 940 3 1,600 4 2,000 5 2,400

(第95回薬剤師国家試験)

解答・解説

問題 3.1 **正解** a 正，b 誤，c 誤，d 誤，e 正

解説
b　エルダーの仮説が成り立つ場合には，2種類以上の粉体の混合物の CRH は，それぞれの成分粉体の CRH の積に近似的に等しい（各成分の混合比には無関係である）．各成分の CRH は 1 より小さいため，粉体の混合物の CRH は個々の粉体の CRH より低くなる．

c　一般に，密度 = 質量 / 体積 である．粉体のかさ密度を算出するときにはかさ体積を体積とするが，これには粒子間の空隙も含まれている．一方，粒子密度を求めるときには物質そのものの体積に加えて開口部のない空隙や気体（あるいは液体）が浸入できない粒子内の細孔も粒子の体積として評価するが，粒子間の空隙は含まれない．そのため，かさ密度を算出するときの体積のほうが，粒子密度を算出するときの体積より大きくなり，かさ密度は粒子密度に比べて小さくなる．

d　コールターカウンター法は粉体粒子の等体積球相当径（体積相当径）の個数分布がわかるが，このとき粒子を球と仮定して粒子径を算出しているため粒子形状はわからない．

問題 3.2 **正解** 5

解説
最初の時の粉体の粒子径を d_1，密度を ρ，分散媒の粘度を η_1，密度を ρ_0，重力加速度を g とすると，粉体の沈降速度 v_1 は式（3-9）より，$v_1 = d_1^2(\rho - \rho_0)g/(18\eta_1)$ となる．

条件変更後の粉体の粒子径は $d_1/4$，分散媒の粘度は $1.5\eta_1$ であるから，このときの粉体の沈降速度 v_2 は，$v_2 = (d_1/4)^2(\rho - \rho_0)g/(18 \times 1.5\eta_1) = v_1/24$ となる．

つまり，沈降速度は粉体の粒子径の 2 乗および粒子と分散媒の密度差に比例し，分散媒の粘度に反比例するため，粒子径が 1/4 倍，粘度が 1.5 倍になれば，沈降速度は $(1/4)^2 \times (1/1.5)$ 倍，すなわち 1/24 倍になる．

以上より，粉体の沈降速度が 1/24 倍になるため，条件変更後の粒子の沈降に要する時間はもとの 24 倍になる．

問題 3.3 **正解** 2

解説
粉体の実体積を V_p，みかけ体積を V，空隙率を ϵ とすると，
　　$1000 = 1.6 V_p$ より，$V_p = 625 \text{ cm}^3$ である．
　　$\epsilon = (V - V_p)/V$ より $0.20 = (V - 625)/V$ だから，$V = 781.25 \text{ cm}^3$ である．
粉体のみかけ体積の 20 % 増を容器の容積として見込むため，
　　容器の内容積 = $781.25 \times 1.20 = 937.5 \text{ cm}^3$ となる．

参考書
1) 砂田久一，寺田勝英，山本恵司編（1999）マーチン物理薬剤学，廣川書店
2) 高山幸三，寺田勝英，宮嶋勝春（2008）基礎から学ぶ製剤化のサイエンス，エルゼビア・ジャパン
3) 上釜兼人，川島嘉明，竹内洋文，松田芳久編（2011）最新製剤学，廣川書店

熱力学 4

熱力学 thermodynamics は，物質の巨視的な挙動や性質を熱，仕事，力学的エネルギー（運動エネルギー，ポテンシャルエネルギー）などの概念をもとに明らかにする学問である．原子や分子レベルの微視的な情報を用いなくても身近な自然現象を簡単に理解できるので，化学，生物学，物理学，工学など多くの分野で基礎となっている．タンパク質が変性するか否か，くすりが吸収されるか否かなど，薬学の分野においても役に立つことが多い．そこで本章では熱力学の基本概念と諸法則について説明する．なお，熱力学は反応が進む方向を予測するが，反応がどれくらいの速さで進むかは教えない．反応速度については，第 12 章で学習する．

4.1 気体

4.1.1 気体の性質

（1）ボイルの法則

注射器に入れて密閉した空気を，強く押せば押すほどその体積は小さくなる．温度一定のもとでは気体の体積は圧力に反比例する．これを**ボイルの法則** Boyle's law という．すなわち，圧力 p と体積 V との間には，式（4-1）および図 4.1 に示す関係がある．

$$pV = 定数 \quad （ただし，気体の物質量一定，温度一定） \tag{4-1}$$

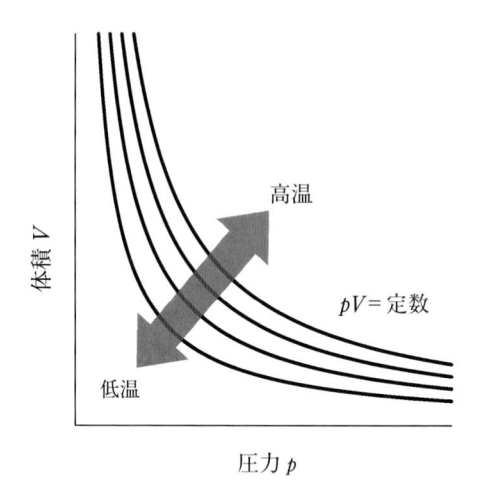

図 4.1 ボイルの法則
温度を一定に保って，圧力を増加させれば，体積は双曲線的に減少する．一定温度における双曲線を等温線という．温度とともに式（4-1）の定数は増大するので，高温になるほど等温線は右上にずれる．

（2）シャルルの法則

一定の物質量の気体の体積は，圧力一定のもとでは温度に比例する．この関係を**シャルルの法則** Charles' law，あるいは**ゲイ-リュサックの法則** Gay-Lussac's law という．図 4.2 に示すように体積 V と摂氏温度 t との関係は直線となり，$t = -273.15\,°C$ で $V = 0$ になる．したがって温度の目盛間隔をそのままにし，基準点を $0\,°C$ から $-273.15\,°C$ に変更した温度を用いると便利である．これを**熱力学温度** thermodynamic temperature（**絶対温度** absolute temperature）という．

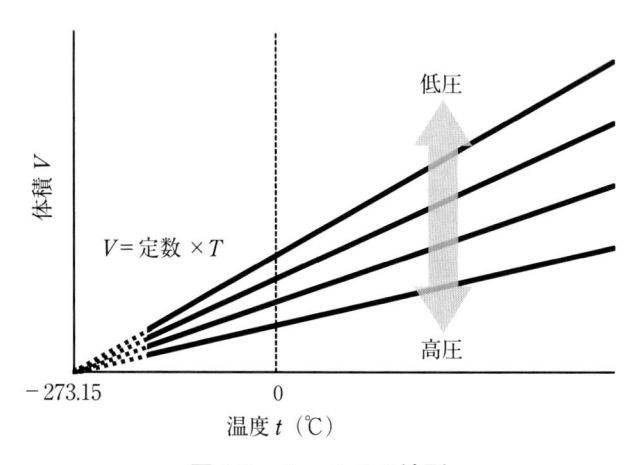

図 4.2 シャルルの法則
圧力を一定に保つと，温度 t の上昇とともに体積 V は直線的に増加する．一定圧力における直線を等圧線という．圧力の上昇とともに式（4-3）の定数は減少するので，等圧線は下に（体積の小さい方に）ずれる．

摂氏温度 $t/{}^\circ\mathrm{C}$ のとき，熱力学温度 T/K は，

$$T/\mathrm{K} = 273.15 + t/{}^\circ\mathrm{C} \tag{4-2}$$

となる．熱力学温度 T を用いると，シャルルの法則は次の式（4-3）のように表される．

$$V = 定数 \times T \quad (ただし，気体の物質量一定，圧力一定) \tag{4-3}$$

ボイルの法則（式（4-1））とシャルルの法則（式（4-3））から，

$$\frac{pV}{T} = 定数 \quad (ただし，気体の物質量一定) \tag{4-4}$$

という関係式が得られる．これを**ボイル-シャルルの法則** Boyle-Charles' law という．

（3）アボガドロの法則

すべての気体は，同温，同圧，同体積中に，同数の分子を含む．これを**アボガドロの法則** Avogadro's law という．この法則によれば，温度と圧力が一定のとき，気体1分子の平均の体積は，分子の種類によらず一定である．したがって，温度と圧力を定めれば，気体の体積は分子数に比例する．分子数は物質量に比例するので，気体の体積 V は物質量 n を用いて，

$$V = 定数 \times n \quad (ただし，気体の温度一定，圧力一定) \tag{4-5}$$

と表せる．1 mol の気体に含まれる分子数を**アボガドロ定数** Avogadro's constant（$N_\mathrm{A} = 6.022 \times 10^{23}\,\mathrm{mol}^{-1}$）という．

4.1.2　理想気体と実在気体

（1）理想気体の状態方程式

ボイル-シャルルの法則（式（4-4））およびアボガドロの法則（式（4-5））を合わせると，

$$pV = nRT \tag{4-6}$$

という関係式が得られる．このような関係式が成り立つ気体のことを**理想気体** ideal gas といい，式（4-6）を**理想気体の状態方程式** ideal gas equation of state という．R は気体の種類によらない物理定数で，**気体定数** gas constant と呼ばれる（$R = 8.3145\,\mathrm{J\,K^{-1}\,mol^{-1}}$）．のちに 4.1.3 項で示すように，理想気体の状態方程式は，分子の体積と分子間力を無視するという近似のもとで，ミクロな運動論から導かれる．このため，理想気体では，いかに高圧かつ低温になっても，すなわち体積が小さく分子同士の距離が短くなっても，分子間力によって液体や固体になるということはない．

（2）ファン・デル・ワールスの状態方程式

実在気体の挙動は理想気体の状態方程式に完全には従わない．図4.3のように，実在気体では分子には体積があるために，分子が運動できる体積は容器の体積より小さくなり，分子間力の影響により圧力も小さくなる．実在気体では，圧力が高くなるに従い，また，図4.4に示すように低温になるに従い，理想気体からのずれが大きくなる．これは，高圧・低温下では分子同士の距離が短くなり，分子間力の影響が無視できなくなるためである．特に低温においては，分子の体積の影響も大きくなる．

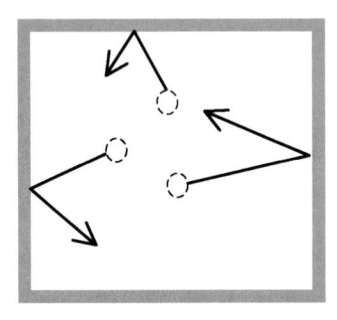

理想気体
分子の体積がない．
分子間力がはたらかない．

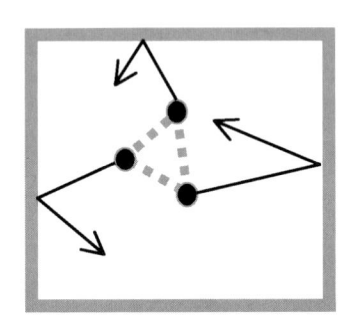

実在気体
分子の体積がある．
分子間力（点線）がはたらく．

図4.3　理想気体と実在気体の違い

実在気体にふさわしい状態方程式は多数提案されているが，その中でも**ファン・デル・ワールス状態方程式** van der Waals equation of state は特に有名である．理想気体の状態方程式に対して，（ⅰ）分子は有限の体積をもち，（ⅱ）分子間に引力がはたらくという2つの補正が加えられている．いま，分子があることで他の分子が占めることができなくなる体積（排除体積）を，気体1 molあたりbとする．体積Vの容器の中に物質量nの気体が入っていると，実際に分子が運動できる体積V_{id}は$V - nb$となる．また，分子間に引力がはたらくときに分子が壁に衝突する速度は，引力がはたらかないときよりも小さくなる．比例定数をaとすると，理想気体の圧力p_{id}を補正した圧力pは，

$$p = p_{id} - a\left(\frac{n}{V}\right)^2 \tag{4-7}$$

となる．これらp_{id}とV_{id}を理想気体の状態方程式（式（4-6））のpやVの代わりに用い，式を整理すると

$$\left\{p + a\left(\frac{n}{V}\right)^2\right\}(V - nb) = nRT \tag{4-8}$$

が得られる．これがファン・デル・ワールス状態方程式である．aとbはファン・デル・ワー

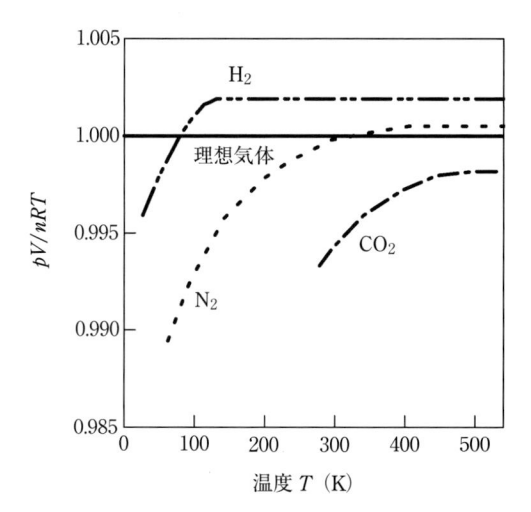

図 4.4　温度変化に伴う理想気体と実在気体の違い
（圧力 p = 1 atm = 0.1 MPa）
温度の低下とともに理想気体からのずれが大きくなる．

ルス定数と呼ばれ，分子ごとに実測データに合うように定められた実験パラメータである．

（3）ドルトンの分圧の法則

これまでは単一成分の気体を対象としていたが，ここでは混合気体を取り扱う．混合気体全体の圧力（全圧）は各成分の圧力（分圧）の和に等しい．すなわち，全圧を p とし，成分1, 2, …の分圧を p_1, p_2, …とすると，

$$p = p_1 + p_2 + \cdots \tag{4-9}$$

の関係が成立する．これを**ドルトンの分圧の法則** Dalton's law of partial pressure という．

4.1.3　気体分子運動論

気体分子が絶えず空間を飛びまわる運動を並進運動という．並進運動しながら他の分子や壁と衝突をくりかえす気体について，次の3つの仮定
　① 分子の体積は容器の体積に比べて十分小さく，無視できる
　② 分子同士の引力や斥力は無視できる
　③ 分子と容器の壁との衝突は弾性的であり，分子の運動エネルギーが失われない
のもとで気体の性質を考察する理論を，**気体分子運動論** molecular kinetic theory of gases という．

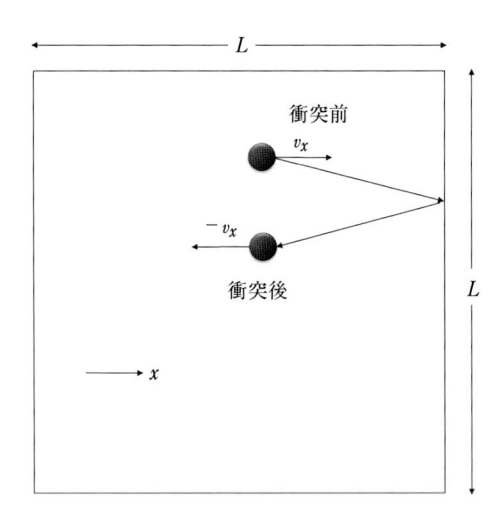

図 4.5　容器内壁と衝突した分子の速度の変化

（参考）気体分子運動論

　一辺の長さ L，体積 V（$= L^3$）の立方体の容器の中に質量 m の分子が 1 個入っているとする（図 4.5）．この分子が x 軸方向に速度 v_x で進み，x 軸に垂直な壁と弾性的に衝突すると，分子の衝突後の x 軸方向の速度は $-v_x$ となる．1 回の衝突で壁が受ける力積（= 力 × 時間）は $mv_x - (-mv_x) = 2mv_x$ である．x 軸に垂直な 2 枚の壁の間を分子が往復するには $2L/v_x$ だけの時間を要するので，1 つの壁に単位時間に $v_x/2L$ 回衝突することになる．したがって，壁が単位時間あたりに受ける力積，すなわち力は，$(2mv_x) \times (v_x/2L) = mv_x^2/L$ となる．壁の単位面積あたりにはたらく力，すなわち圧力は，この力を壁の面積 L^2 で割った $mv_x^2/L^3 = mv_x^2/V$ となる．分子が N 個ある場合には，各分子の v_x の 2 乗を足し合わせたものを N で割った平均値 $\overline{v_x^2}$ を用いて，圧力は，

$$p = \frac{mN\overline{v_x^2}}{V} \tag{4-10}$$

と表せる．なお，分子の速度 v の x, y, z 成分の 2 乗平均 $\overline{v_x^2}, \overline{v_y^2}, \overline{v_z^2}$ と分子の 2 乗平均速度 $\overline{v^2}$ との間には，$\overline{v^2} = \overline{v_x^2} + \overline{v_y^2} + \overline{v_z^2}$ の関係がある．さらに気体分子の運動の方向に区別はないので，$\overline{v_x^2} = \overline{v_y^2} = \overline{v_z^2} = \overline{v^2}/3$ としてよい．この関係式を用いると，

$$p = \frac{mN\overline{v^2}}{3V} \quad \text{つまり} \quad pV = \frac{mN\overline{v^2}}{3} \tag{4-11}$$

となる．

　一方，分子の運動エネルギーは 1 分子あたり $E = \frac{1}{2}m\overline{v^2}$ であるので，式 (4-11) と組み合わせると，

$$pV = \frac{N}{3}\left(m\overline{v^2}\right) = \frac{N}{3}(2E) = \frac{2}{3}NE \tag{4-12}$$

が得られる．

理想気体の状態方程式（4-6）において物質量 n を気体の分子数 N およびアボガドロ定数 N_A を用いて表すと，

$$pV = nRT = \frac{N}{N_A} RT \tag{4-13}$$

であるので，式（4-12），（4-13）から，気体の1分子あたりの運動エネルギーは，

$$E = \frac{3}{2} \frac{RT}{N_A} = \frac{3}{2} k_B T \tag{4-14}$$

となる．ここで k_B（$= R/N_A$）は**ボルツマン定数** Boltzmann constant（$k_B = 1.381 \times 10^{-23}$ J K^{-1}）である．また気体1 mol あたりの運動エネルギーは，

$$E = \frac{3}{2} RT \tag{4-15}$$

となる．このように，気体分子運動論は，巨視的な物質の熱力学温度が，微視的な分子の熱運動に対応することを教えてくれる．

4.1.4　ボルツマン分布

4.1.3項では分子の運動エネルギーの分布を考えず，その平均値のみの議論であった．実際には，速度の大きな分子も小さな分子も存在する．その割合（分布）はどうなるのであろうか．統計力学的考察によれば，温度 T でエネルギー E をもつ分子の数は $e^{-E/k_B T}$ に比例することが知られている．この分布のことを**ボルツマン分布** Boltzmann's distribution という．エネルギーが高い分子ほど，その数は指数関数的に減少する．第1章で述べたように，分子の回転運動や振動運動あるいは分子内の電子状態は量子化されており，それらのエネルギーは連続的ではなくとびとびの値しかとらない．図4.6のように，エネルギーが E_1, E_2 である分子の数をそれぞれ N_1, N_2 とすると，N_1 と N_2 の比 N_2/N_1 は，

$$\frac{N_2}{N_1} = \frac{\exp(-E_2/k_B T)}{\exp(-E_1/k_B T)} = \exp\left(-\frac{E_2 - E_1}{k_B T}\right) \tag{4-16}$$

で与えられる．$T \geq 0$ であるから，$E_2 > E_1$ のもとでは $N_2/N_1 < 1$ となり，エネルギーの高い状態より低い状態の方が分子数は多くなる（図4.6 (a)）．特に $T = 0$（絶対零度）においては $N_2/N_1 = 0$ となる．これは，すべての分子が基底状態にあることを示している（図4.6 (b)）．

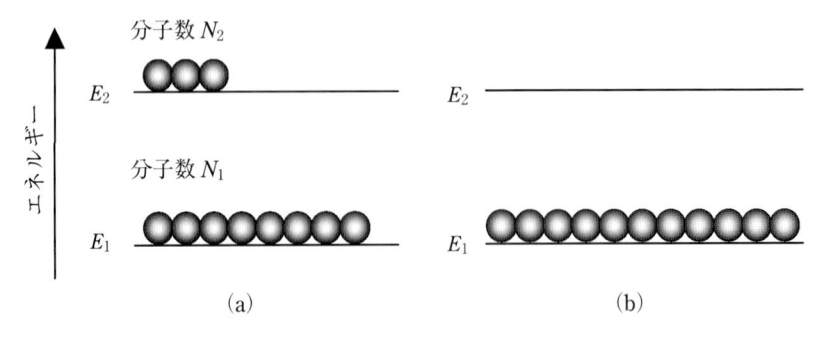

図 4.6　2 つのエネルギー準位間の分子の分布

4.2 熱力学の法則

4.2.1　熱力学第 1 法則とエネルギー保存則

（1）孤立系，閉鎖系，開放系

　熱力学では，物質の巨視的な性質を取り扱う．考えようとする物質の集団を**系** system として取り上げ，境界によって外界と区別する（図 4.7）．このとき，系と外界の間における物質やエネルギーのやり取りの有無によって，表 4.1 のように，系を 3 種類に分類することができる．系と外界との間で物質，エネルギーいずれの出入りもないものを**孤立系** isolated system，物質の出入りはないがエネルギーの出入りがあるものを**閉鎖系** closed system，物質，エネルギー両方とも出入りのあるものを**開放系** open system という．

図 4.7　系と外界，境界

表 4.1　熱力学における系の種類

		物質の出入り	エネルギーの出入り	例
孤立している系	孤立系	×	×	魔法瓶
孤立していない系	閉鎖系	×	○	栓付きのフラスコ
	開放系	○	○	栓なしのフラスコ

（2）エネルギー，熱，仕事

a）熱力学第 0 法則

温度が高い物質と低い物質が接触すると，熱は温度が高い方から低い方へと移動する．一方，時間が十分に経過して 2 つの物質の温度が同じになると，もはや熱の移動は起こらない．このような状態を**熱平衡** thermal equilibrium の状態という．このとき「3 つの物質 A, B, C について，A と B が熱平衡であり，B と C が熱平衡であるならば，A と C も接触によって熱の移動が起こらない熱平衡である」ということが知られている．これを**熱力学第 0 法則** zeroth law of thermodynamics という．

b）熱力学第 1 法則

蒸気機関では水を沸騰させて動力を取り出すことができる．これは，**熱** heat を加えると系から**仕事** work が取り出せることを意味する．一方，断熱材で覆った水槽の中で羽根車を回すと，摩擦により水の温度が上昇する．系になした仕事が熱に変わったことを意味している．これらの例からわかるように，熱と仕事とは互いに変換することが可能である．両者はエネルギーという概念でまとめられる．そして「エネルギーは，熱や仕事といった異なった形態をとることができるが，その総量は一定である」という法則が導かれる．これを**熱力学第 1 法則** first law of thermodynamics あるいは**エネルギー保存の法則** law of energy conservation という．

外界から系に熱 q と仕事 w が加えられたとする．系全体の運動エネルギーやポテンシャルエネルギーが変化しない場合には，これらは系の内部の物質のもつエネルギーである**内部エネルギー** internal energy U を変化させることのみに使われる．内部エネルギーの変化量を ΔU とすると，

$$\Delta U = q + w \tag{4-17}$$

という関係が成り立つ．ここで q や w の符号は，外界から系にエネルギーや仕事が加えられるときに正とする．

（3）状態関数

それまでの経路にかかわらず，系の状態[*]が決まると一義的に決まる量を**状態関数** state

---

[*] 一定量の物質からなる系の場合，系の状態は，圧力 p，温度 T，体積 V で指定される．3 者には状態方程式という関係式があるので，このうちの 2 つで系の状態を指定するのが普通である（図 4.8）．

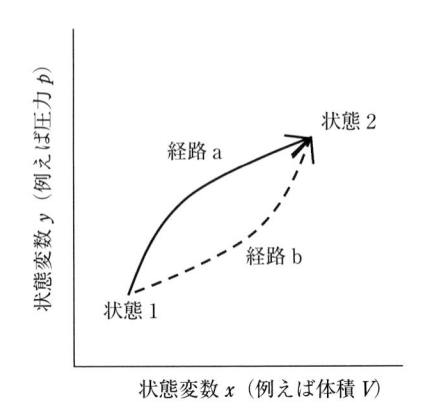

図 4.8　内部エネルギーの状態変化

function または**状態量** quantity of state という．状態関数は，物質の量に依存する**示量性状態関数**（内部エネルギー，体積，質量など）と，物質量が変わっても変化しない**示強性状態関数**（温度，圧力，密度，濃度など）に大別される．

式（4-17）では，熱 q や仕事 w は状態変化の経路によって異なり，状態関数でない．しかし，内部エネルギー U は状態関数であって，状態変化の経路によらない．

（4）気体の膨張圧縮と仕事

気体が膨張あるいは圧縮するときの仕事について考える．仕事は力 × 変位である．さらに，力 × 変位 =（力／面積）× 体積変化 = 圧力 × 体積変化と書き換えられる．いま図 4.9 のように，ピストンに一定圧力 p をかけ，ピストン内に閉じ込められた気体を体積 $\Delta V < 0$ だけ圧縮する場合，気体がなされる仕事は $-p\Delta V$ となる．負号があることから仕事は正の値となり，エネルギーが系に加えられることがわかる．体積が V_1 から V_2 まで変化するときの仕事 w は，

$$w = -\int_{V_1}^{V_2} p\,dV \tag{4-18}$$

となる．

（5）エンタルピー

次に系における熱の出入りについて考える．圧力一定のもとで系に熱 q を加えると，式（4-17）から，

$$q = \Delta U + p\Delta V \tag{4-19}$$

となり，内部エネルギーの変化 ΔU と体積変化による仕事 $p\Delta V$ に使われることがわかる．もし体積一定（定積過程，$\Delta V = 0$）ならば式（4-19）は，

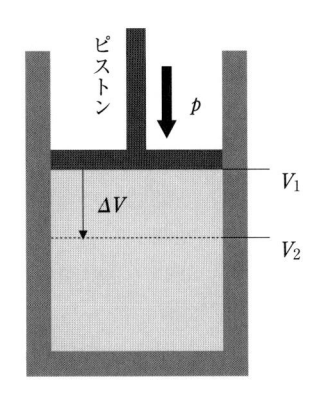

図 4.9 気体の圧縮

$$q = \Delta U \tag{4-20}$$

となり，加えた熱はすべて内部エネルギーの変化に使われる．

圧力一定（定圧過程）のもとでは，

$$q = \Delta U + p\Delta V = \Delta U + p\Delta V + V\Delta p = \Delta(U + pV) \tag{4-21}$$

と書き換えることができる（$\Delta p = 0$ なので）．このような場合，新しい状態関数**エンタルピー** enthalpy

$$H = U + pV \tag{4-22}$$

を定義すると便利である．エンタルピーを用いると，定圧下で系に加えた熱は，

$$q = \Delta H \tag{4-23}$$

となり，すべてエンタルピーの変化に使ったとみなせる．定圧で系のエンタルピーが増加（$\Delta H > 0$）する場合を**吸熱過程** endothermic process，減少（$\Delta H < 0$）する場合を**発熱過程** exothermic process という．表 4.2 に，様々な物質 1 mol について，大気圧（$p = 1$ bar）のもとでの融解，蒸発に伴うエンタルピー変化（標準エンタルピー；それぞれ ΔH_{fus} および ΔH_{vap}）を示す．いずれも融解，蒸発に伴うエンタルピー変化は正であり，エンタルピーは固体，液体，気体の順に大きくなる（$H_{\text{固体}} < H_{\text{液体}} < H_{\text{気体}}$）ことがわかる．

a) エンタルピーの変化

化学反応に伴うエンタルピーの変化を考える．25℃において，気体の水素と酸素が反応して液体の水 1 mol が生成する反応は，

$$\text{H}_{2(\text{気})} + \frac{1}{2}\text{O}_{2(\text{気})} = \text{H}_2\text{O}_{(\text{液})}; \quad \Delta H = -285.84 \text{ kJ mol}^{-1} \tag{4-24}$$

と表される．この式のように，反応に伴って発生する反応熱（反応エンタルピー ΔH）を合わせて記した化学反応式のことを**熱化学方程式** thermochemical equation という．通常，圧力 1 bar

表 4.2　融解および蒸発に伴う標準エンタルピー
ΔH_{fus} および ΔH_{vap} (kJ mol^{-1})

	融点 (K)	ΔH_{fus}	沸点 (K)	ΔH_{vap}
H_2	14.0	0.12	20.4	0.90
He	3.5	0.021	4.2	0.084
N_2	63.2	0.72	77.3	5.59
O_2	54.4	0.44	90.2	6.82
NH_3	195.4	5.65	239.7	23.4
H_2O	273.2	6.01	373.2	40.7

（日本化学会編（1993）化学便覧 II 第 4 版，丸善，国立天文台編（2009）理科年表，丸善）

における反応エンタルピーのことを**標準反応エンタルピー** standard reaction enthalpy という．また，標準状態において，構成元素の最も安定な状態から化合物 1 mol を生成するのに必要な熱量を**標準生成エンタルピー** standard enthalpy of formation と呼ぶ．なお，標準状態の温度については 25 ℃（= 298.15 K）とすることが多い．

エンタルピーは状態量であるため，一連の化学反応における反応熱（反応エンタルピー）の総和は，その反応の始めと終わりの状態だけで定まり，その途中の経路には依存しない．これを**ヘスの法則** Hess' law という．この法則によれば，複数の反応経路がある反応においても，それぞれの経路に沿った反応エンタルピーの合計は同じ値になる．例えばグラファイト（固体）と水素（気体）からメタン（気体）を生成する際の標準生成エンタルピーを，それぞれの燃焼反応の熱化学方程式

$$C_{(固,グラファイト)} + O_{2(気)} = CO_{2(気)}; \quad \Delta H = -393.51 \text{ kJ mol}^{-1} \quad ①$$

$$H_{2(気)} + \frac{1}{2}O_{2(気)} = H_2O_{(液)}; \quad \Delta H = -285.84 \text{ kJ mol}^{-1} \quad ②$$

$$CH_{4(気)} + 2O_{2(気)} = CO_{2(気)} + 2H_2O_{(液)}; \quad \Delta H = -890.36 \text{ kJ mol}^{-1} \quad ③$$

から求めることができる．① + 2 × ② − ③ より

$$C_{(固,グラファイト)} + 2H_{2(気)} = CH_{4(気)}; \quad \Delta H = -74.83 \text{ kJ mol}^{-1}$$

が得られ，メタンの標準生成エンタルピーは −74.83 kJ mol^{-1} であることがわかる．

b) 熱容量

物質の温度を 1 K 上昇させるために必要な熱のことを**熱容量** heat capacity（単位：J K^{-1}）という．熱容量が小さいものほど，温めやすく冷めやすい．いま，温度を T から $T + \Delta T$ まで上げるのに必要な熱を q とすると，熱容量 C は，

$$C = \lim_{\Delta T \to 0} \frac{q}{\Delta T} \tag{4-25}$$

で定義される．熱容量は加熱する過程によって値が異なる．定積過程では式（4-20）より q は ΔU に置き換えられるので，

$$C_V = \lim_{\Delta T \to 0} \frac{\Delta U}{\Delta T} = \left(\frac{\partial U}{\partial T}\right)_V \quad (\text{定積}) \tag{4-26}$$

で与えられる．C_V のことを**定積熱容量** heat capacity at constant volume という．定圧過程では式（4-23）より q は ΔH に置き換えられるので，

$$C_p = \lim_{\Delta T \to 0} \frac{\Delta H}{\Delta T} = \left(\frac{\partial H}{\partial T}\right)_p \quad (\text{定圧}) \tag{4-27}$$

となる．C_p のことを**定圧熱容量** heat capacity at constant pressure という．定積過程では系に加えられた熱はすべて温度の上昇に用いられるが，定圧過程では熱の一部は体積変化に消費されてしまうので，定積過程の方が小さな熱で温度が上昇し，熱容量が小さくて済む（$C_p > C_V$）．また，n mol の理想気体の場合，

$$C_p = C_V + nR \quad (\text{ただし，} n \text{ は物質量}) \tag{4-28}$$

という関係がある［式(4-6)，(4-22)，(4-26)，(4-27)参照］．なお，物質の単位質量あたりの熱容量のことを**比熱** specific heat（単位：J K^{-1} kg^{-1}）という（ただし，日常では 1 kg ではなく 1 g のときの値を用いることが多い）．

4.2.2　エントロピーと熱力学第 2 法則

　常温で氷の融解は自然に起こるが，水が凝固することはない．このように一方向にしか起こらない変化を**自発的変化** spontaneous change あるいは**不可逆変化** irreversible change という．熱力学第 1 法則は，吸収されて減った熱は氷の融解熱に等しいこと，すなわちエネルギーは生成，消滅することなく，総量は不変であることを教えてくれた．しかしながら，変化の方向については，何の知見も与えてくれない．そこで，変化の自発的な方向を定める**熱力学第 2 法則** second law of thermodynamics について考える．そのために，新たな状態関数として**エントロピー** entropy を導入する．

（1）エントロピー

　氷が熱によって融解する場合を考える．氷が解け終わるまで，温度は 0 ℃ のままである．氷が融解した後，温度は上がり始める．では，氷が融解している間に加えた熱は，どこへ行った（何に変化した）のであろうか．氷が融解している間，系の温度は変化しない．そこで，そのとき加えた熱 q は，温度 T で，S と呼ばれる量を変化させたと考える（$q = T \cdot \Delta S$）．S のことを

エントロピーと呼ぶ（後述の式（4-30）を参照）．

（参考）エントロピーの意味

エントロピーはどのような意味をもつ量だろうか．

小学校の座席を考えてみよう．座席は先生に指定されるので，図4.10左図のように，端から順にAさん，Bさん・・・Fさんが座る座り方（状態の数W）は1通りである（$W = 1$）．一方，大学生（図4.10右図）の場合は，どの席に座ってもよい．このとき，Aさん，Bさん・・・Fさんの座り方Wは何通りもある（$W \geqq 2$）．エントロピーはこのような状態の数Wと関係しており，統計熱力学的には，

$$S = k_B \ln W \quad (k_B はボルツマン定数) \tag{4-29}$$

と表される．この式から，Wが大きいほどエントロピーSが大きいことがわかる．Wは並べ方の「自由度」，「規則性のなさ」とも言い換えられるので，エントロピーSは「**無秩序さ** disorder」，「**乱雑さ** randomness」を表す量であると理解される．なお，式（4-29）で定義されるエントロピーSは，熱力学的に定義（後述の式（4-30））されるSに対応づけることができるが，その説明は本書の範ちゅうを超えるので省略する．

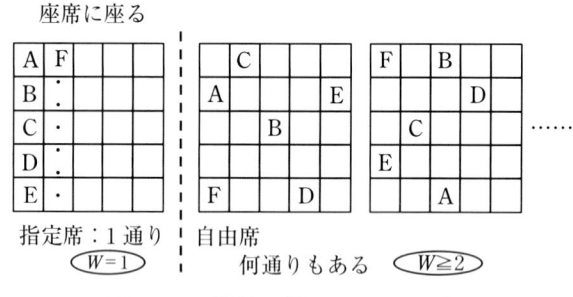

図4.10 状態の数とエントロピー

（2）熱力学第2法則

「孤立系において自発的な変化が起こると，エントロピーは増大する」これを**熱力学第2法則**という．この法則は，**エントロピー増大の法則** principle of increase of entropy とも呼ばれる．熱力学第2法則は，「熱源から得た熱を，ほかに何の結果も残さずに全部仕事に変えることは不可能である」など，本質的には等価のいくつかの表現で表すこともできる．

（参考）熱力学第 2 法則の意味

　座席に座る場合を考えてみよう．図 4.11 例 1）のように，指定席では，A さん，B さん・・・F さんは左端のほうから座ることになる．右のほうが空いていても左側の席のみが埋まり，窮屈な感じがする．これに対して自由席の場合は，適当な間隔をあけて座ることができ，見た目にも自然で，居心地もよさそうである．指定席の場合，窮屈であれば，空いた座席に移る人もいるだろう（逆に，空いたところから混みあったところに座る人はいないだろう）．さらに例 2）のように，A・・・F を分子に置き換えた場合，液体や気体に濃度差があると，この濃度差を解消するように分子が自然に拡がっていく（拡散）．また，例 3）のように，コーヒーに砂糖を入れると，砂糖は自然に溶けだして，最終的に甘みが一様のコーヒーができるが，いったん溶けた砂糖は，温度が下がらない限り，再び結晶として析出することはない．これらは身の回りの一例であるが，いずれも図 4.11 の左から右に向かう方向が自然であることを，私たちは経験的に知っている．これを先ほどのエントロピー S を使って考えると，図 4.11 の右向きの矢印は，いずれの場合も，エントロピーが大きくなる方向である．すなわち，エントロピーが増大する方向の変化が自然に起こることがわかる．これが熱力学第 2 法則である．

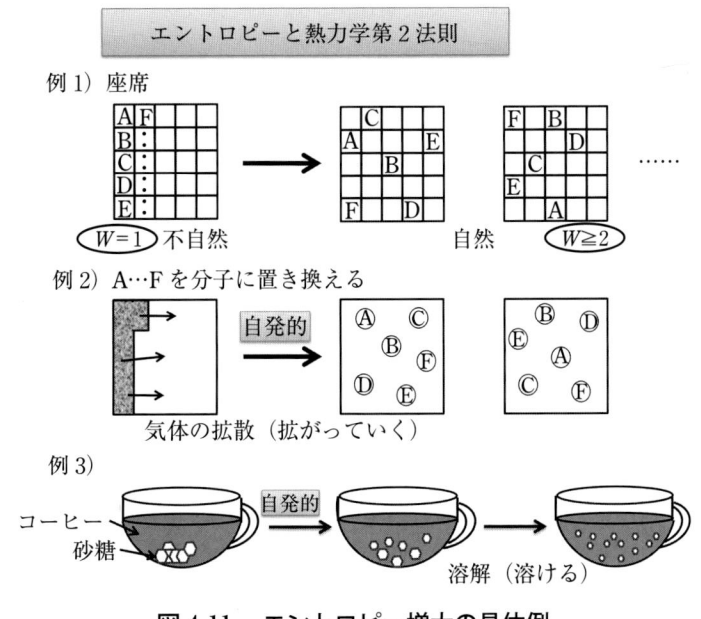

図 4.11　エントロピー増大の具体例

（3）エントロピーの変化

　エントロピーは可逆的な過程で系が受けとる熱から計算することができる．ある温度 T において系が外界から dq の熱を受けとるとき，系のエントロピー変化 dS は，$dS \geq \dfrac{dq}{T}$ という不等式をみたす．特に可逆的な変化の場合のみ，

$$dS = \frac{dq}{T} \tag{4-30}$$

と等式になる．ここで dq は可逆的過程で系が外界から受けとった熱である．この式は熱力学におけるエントロピーの定義である．系が同じ熱を受けとったとしても，より低温で受けとった方がエントロピー増大への効果は大きい．エントロピーは，それまでの変化の過程によらない状態量である．

a) 相転移に伴うエントロピー変化

定圧条件のもとでは，$q = \Delta H$（式（4-23））なので，融解や蒸発など相転移（相変化）に伴うエントロピー変化は，融解熱や蒸発熱 $\Delta H_{転移}$ を相が変化する温度 T（融点，沸点）で割った

$$\Delta S_{転移} = \frac{\Delta H_{転移}}{T} \tag{4-31}$$

で与えられる．融解や蒸発の場合，熱が吸収される（$\Delta H_{転移} > 0$）ので，エントロピーが大きくなる（$\Delta S_{転移} > 0$）．凝固や凝縮（凝結）では，熱を放出する（$\Delta H_{転移} < 0$）ので，エントロピーは小さくなる（$\Delta S_{転移} < 0$）．したがって，固体よりは液体の方が，液体よりは気体の方が，エントロピーが大きくなる（$S_{固体} < S_{液体} < S_{気体}$）．

b) 温度変化に伴うエントロピー変化

体積一定で 1 mol の物質に熱を与えて，温度を T_1 から T_2 まで可逆的に変化させる場合のエントロピー変化を考える．式（4-26）の両辺に温度の微小変化 dT をかけると，内部エネルギーの微小変化 dU が $C_V dT$ に等しいことがわかる．また式（4-20）は，熱の微小変化 dq と dU との間にも成り立つ．したがって，$dq = C_v dT$ となり，エントロピーの微小変化については，式（4-30）より，

$$dS = \frac{dq}{T} = \frac{C_V}{T} dT \tag{4-32}$$

が得られる．これを温度 T_1 から T_2 まで積分することにより，定積過程における全エントロピー変化は，

$$\Delta S = \int_{T_1}^{T_2} \frac{C_V}{T} dT = C_V \ln \frac{T_2}{T_1} \tag{4-33}$$

となる（ここで C_V は温度 T によらないとした）．定圧過程においても同様に，式（4-23）および（4-27）から $dq = C_p dT$ であり，

$$dS = \frac{dq}{T} = \frac{C_p}{T} dT \tag{4-34}$$

したがって温度 T_1 から T_2 まで積分することにより，定圧過程における全エントロピー変化

$$\Delta S = \int_{T_1}^{T_2} \frac{C_p}{T} dT = C_p \ln \frac{T_2}{T_1} \tag{4-35}$$

が得られる（ここでも C_p は一定とした）．

c）混合によるエントロピー変化

図 4.12 のように，2 種類の理想気体の混合を考える．成分 1 および成分 2 の気体がそれぞれ体積 V_1，V_2 の容器に物質量（単位：mol）n_1，n_2 だけ入っており，定圧条件のもとで混合すると，体積が $V_1 + V_2$ になるものとする．このとき，気体を混合する前後のエントロピーの変化は，

$$\Delta S = -R(n_1 \ln X_1 + n_2 \ln X_2) \tag{4-36}$$

で与えられる．なお $X_1 = V_1/(V_1 + V_2)$ および $X_2 = V_2/(V_1 + V_2)$ は，それぞれ成分 1 と 2 の混合後のモル分率である．$0 < X < 1$ であるから，$\Delta S > 0$ となることに注意せよ．

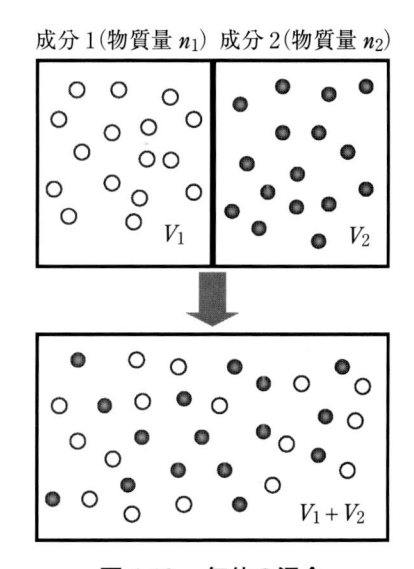

図 4.12　気体の混合

（参考）式（4-36）の導出

エントロピー S は状態量であるから，実際の状態変化の経路に関係なく，計算が容易な経路で考えればよい．図 4.12 の混合過程は，(i) それぞれの気体の体積を $V_1 + V_2$ まで等温膨張させ，(ii) それらを温度一定で混合する，という 2 つの経路に分けて考えると理解しやすい．(i) について，理想気体の等温変化（$\Delta T = 0$）であるので $\Delta U = 0$．したがって，式 (4-17) より $q = -w$ であり，エントロピー変化は $\Delta S = q/T = -w/T$．理想気体の等温膨張であるので

$$-w = \int_{V_1}^{V_1+V_2} p \, dV = \int_{V_1}^{V_1+V_2} \frac{n_1 RT}{V} dV \tag{4-37}$$

となることから，(i) における成分 1 のエントロピー変化は

$$\Delta S_1 = -n_1 R \ln \frac{V_1}{V_1 + V_2} = -n_1 R \ln X_1 \tag{4-38}$$

となる．成分2についても同様である．一方，(ii)の過程は理想気体の場合には熱の出入りがなく $\Delta S = 0$ である．よって(i)，(ii)の過程でのエントロピー変化を加え合わせると式(4-36)となる．

4.2.3　熱力学第3法則

　内部エネルギーやエンタルピーでは2つの状態の間の変化量を議論したが，変化量のみが必要で，値そのもの（絶対値）を考える（あるいは，ゼロとなる基準を定める）必要はなかった．一方，エントロピーについては，「絶対零度ですべての分子の運動が凍結される（4.1.4参照）ため，エントロピーはゼロとなる」という**熱力学第3法則** third law of thermodynamics を用いることによって，その絶対値を定めることができる．量子論的には，すべての分子が基底状態にある（$W = 1$）とき，エントロピーがゼロである（$S = k_B \ln 1 = 0$）．完全な結晶性の純物質においても，絶対零度ではエントロピーがゼロになる．これで熱力学第0から第3までの4つの法則がでそろった．表4.3に，これらをまとめておく．

表4.3　熱力学の諸法則

第0法則	熱平衡の定義．AとBとが熱平衡にあり，BとCが熱平衡にあれば，AとCと接触させると必ず熱平衡になる．
第1法則	エネルギー保存則．$\Delta U = q + w$
第2法則	エントロピー増大の法則．孤立系のエントロピーは不可逆過程では常に増大する．
第3法則	熱力学温度 $T \to 0$ においてエントロピー $S \to 0$ になる．

4.3　ギブズ自由エネルギーと化学ポテンシャル

4.3.1　ギブズ自由エネルギー

（1）自発的な変化

　孤立系における自発的な変化は，系のエントロピーが増大する方向に起こる（熱力学第2法則）．一方，我々の興味の対象となる系は，圧力が一定の閉鎖系であることが多い．閉鎖系にお

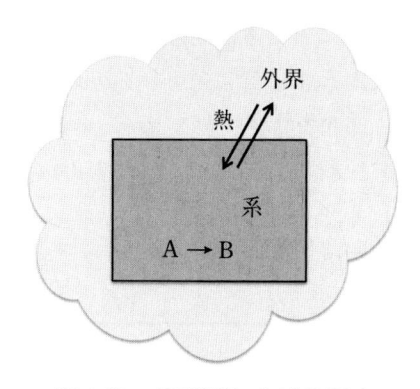

図 4.13　閉鎖系における反応

いて変化が自発的に起こるかどうかを判断する方法を考えてみよう．

図 4.13 のような場合，全エントロピー変化は，系の内外におけるエントロピーの変化を足し合わせて，

$$\Delta S_{全} = \Delta S_{系} + \Delta S_{外界} \tag{4-39}$$

となる．ただし，式（4-30）から，$\Delta S_{外界} = \dfrac{q_{外界}}{T}$ である．一方，系と外界の熱のやり取りを考えると，エネルギーの保存則より，系の熱量変化 $q_{系}$ と外界の熱量変化 $q_{外界}$ の総和は 0（$q_{系} + q_{外界} = 0$）であるから，

$$q_{系} = -q_{外界} \tag{4-40}$$

系の内外の温度 T が等しいとき，$\Delta S_{外界} = \dfrac{-q_{系}}{T}$ となるので，全エントロピー変化は，

$$\Delta S_{全} = \Delta S_{系} - \dfrac{q_{系}}{T},$$

あるいは，$T\Delta S_{全} = T\Delta S_{系} - q_{系}$ \qquad(4-41)

となり，系に関する物理量だけで表すことができる．定圧では，式（4-23）より，$q_{系} = \Delta H_{系}$ であるから，式（4-41）は，

$$T\Delta S_{全} = T\Delta S_{系} - \Delta H_{系} \tag{4-42}$$

と書くことができる．いま，**ギブズ自由エネルギー** Gibbs free energy を

$$G = H - TS \tag{4-43}$$

と定義すると，

$$\Delta G_{系} = -T\Delta S_{全} \tag{4-44}$$

と書ける．熱力学第 2 法則によれば，エントロピーが増大する（$\Delta S_{全} > 0$）とき，図 4.13 におい

てA→Bの変化は自発的に起こる．このとき，式（4-44）から，$\Delta G_系 < 0$ であることがわかる．

これを定温定圧における可逆反応 A $\rightleftharpoons$ B に適用してみよう．反応が順方向 A→B に進むことに伴うギブズ自由エネルギー変化を ΔG とする（反応の進行に伴う G の変化については，4.3.3項参照）．このとき反応が進む方向と ΔG との間には表4.4の関係がある．

表4.4 定温定圧下での可逆反応 A $\rightleftharpoons$ B に伴うギブズ自由エネルギー変化 ΔG の正負と反応の進行方向

$\Delta G < 0$	順反応 A→B が自発的に起こる．
$\Delta G = 0$	順反応 A→B と逆反応 B→A が同時に起こる（平衡状態）．
$\Delta G > 0$	順反応 A→B の反応は自発的に起こらない．逆反応 B→A が自発的に起こる．

式（4-43）より，ΔG はエンタルピー変化 ΔH およびエントロピー変化 ΔS を用いて

$$\Delta G = \Delta H - T\Delta S \tag{4-45}$$

と表される．式（4-45）から，ΔH と $T\Delta S$ の大小関係によって，ΔG の正負すなわち反応の進行方向が決まることがわかる．これをまとめると表4.5のようになる．

表4.5 定圧下での化学反応 A→B に伴う ΔH，ΔS，ΔG と反応の方向

発熱反応	$\Delta S < 0$	低温で $\Delta G < 0$	低温で自発的に反応（エンタルピー駆動）
$\Delta H < 0$	$\Delta S > 0$	常に $\Delta G < 0$	自発的に反応
吸熱反応	$\Delta S < 0$	常に $\Delta G > 0$	反応しない
$\Delta H > 0$	$\Delta S > 0$	高温で $\Delta G < 0$	高温で自発的に反応（エントロピー駆動）

（参考）

表4.5は次のように説明される．まず，反応 A→B に伴い，$\Delta H < 0$ となる発熱反応を考える．反応に伴うエントロピー変化が $\Delta S > 0$ であれば $\Delta G < 0$ となるので，反応は自発的に起こる．一方，$\Delta S < 0$ であれば，$|\Delta H|$ と $|T\Delta S|$ の大小関係が重要となる．温度 T が低ければ $|\Delta H| > |T\Delta S|$ となるので，エンタルピーの寄与が効いて $\Delta G < 0$ となり，反応が進む．これをエンタルピー駆動という．逆に，温度が高く $|\Delta H| < |T\Delta S|$ のときは $\Delta G > 0$ となり，反応は進まなくなる．次に，吸熱反応（$\Delta H > 0$）では，$\Delta S < 0$ であれば $\Delta G > 0$ となるので，反応は進まない．$\Delta S > 0$ の場合は，温度が高くなり $|\Delta H| < |T\Delta S|$ となると，エントロピーの項の寄与が効いて $\Delta G < 0$ となり，反応が自発的に進む．これをエントロピー駆動という．

ギブズ自由エネルギー変化 ΔG は，例えば次のように計算できる．

例1）二酸化炭素（気体）と水（液体）から，グルコース（固体）ができる反応を考える．

第4章　熱力学

$$6CO_{2(気)} + 6H_2O_{(液)} \longrightarrow C_6H_{12}O_{6(固)} + 6O_{2(気)} \tag{4-46}$$

この反応の $\Delta H = 2801\ \text{kJ mol}^{-1}$, $\Delta S = -259.2\ \text{JK}^{-1}\text{mol}^{-1}$ であるから，1 bar, 25 °C（標準状態）では，

$$\Delta G = 2801\ \text{kJ mol}^{-1} - (273 \times 25)\text{K} \times (-0.2592\ \text{kJ k}^{-1}\text{mol}^{-1})$$
$$= 2878\ \text{kJ mol}^{-1} > 0$$

となり，反応は自然には起こらない．しかし，植物では，太陽の光を利用して式（4-46）の反応がいとも簡単に行われている（光合成）．

例2）水の蒸発を考える．

$$H_2O_{(液)} \rightleftharpoons H_2O_{(気)} \tag{4-47}$$

この変化の $\Delta H = 40.66\ \text{kJ mol}^{-1}$, $\Delta S = 109\ \text{JK}^{-1}\text{mol}^{-1}$ であるから，$\Delta G = \Delta H - T\Delta S$ に代入して計算すると，$T = 373$ K（= 100 °C）のとき $\Delta G = 0\ \text{kJ mol}^{-1}$ となる．このとき，水と水蒸気の自由エネルギーは等しく，両者が共存する平衡状態となる．一方，100 °C 以上（$T > 373$ K）では，$\Delta G < 0$ となり，右方向への変化，すなわち，水の蒸発が自発的に起こる．また，100 °C 以下（$T < 373$ K）では，$\Delta G > 0$ となり，左方向への変化，すなわち，水の凝縮（凝結）が自発的に起こる．

このように，すべての変化はギブズ自由エネルギーが小さくなる方向に起こる（図 4.14 a）．

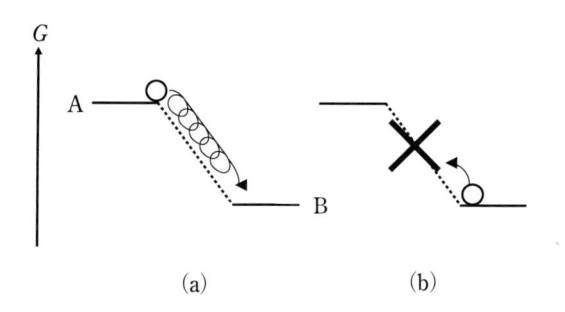

図 4.14　ギブズ自由エネルギーと反応の方向
反応は，ギブズ自由エネルギー G が小さくなる方向（A → B）に起こる（a）．

（2）ギブズ自由エネルギーの圧力依存性と温度依存性

a) 定温過程でのギブズ自由エネルギー

ギブズ自由エネルギー G は，

$$G = H - TS = U + pV - TS \tag{4-48}$$

と書くことができる．両辺を微分すると，

$$dG = dU + pdV + Vdp - TdS - SdT \tag{4-49}$$

となる．熱力学第 1 法則より，$dU = dq - pdV$，また，第 2 法則より，$dq = TdS$ であるから，

$$dU = TdS - pdV \tag{4-50}$$

である．したがって，式（4-49）は，

$$dG = Vdp - SdT \tag{4-51}$$

となる．温度一定（$dT = 0$）では $dG = Vdp$ となり，さらに体積はつねに $V > 0$ であるので，

$$\left(\frac{\partial G}{\partial p}\right)_T = V > 0 \tag{4-52}$$

という関係が得られる．これより，圧力が増加すると，ギブズ自由エネルギー G が増大することがわかる（図 4.15a）．

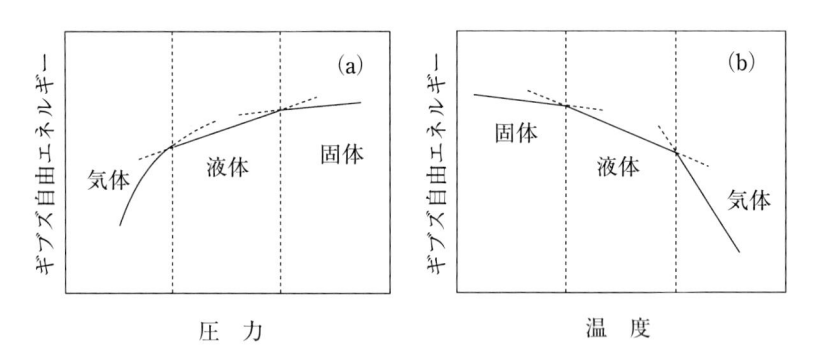

図 4.15 圧力（a）と温度（b）に対するギブズ自由エネルギーの変化

（参考）

温度一定の下で理想気体の圧力が p_1 から p_2 へと変化するのに伴い，ギブズ自由エネルギーが G_1 から G_2 に変化したとしよう．このとき式（4-52）を積分することにより，圧力とギブズ自由エネルギーの間に，

$$\begin{aligned}\Delta G = G_2 - G_1 &= \int_{p_1}^{p_2}\left(\frac{\partial G}{\partial p}\right)_T dp = \int_{p_1}^{p_2} Vdp = \int_{p_1}^{p_2} \frac{nRT}{p} dp \\ &= nRT \ln \frac{p_2}{p_1}\end{aligned} \tag{4-53}$$

の関係が成り立つ．標準状態の圧力 $p^\circ = 1\,\mathrm{bar}$ におけるギブズ自由エネルギーを $G^{\circ *}$ とする

---

* 標準状態のときの状態量には，$^\circ$（プリムソル Plimsoll）をつけることとする．

と，任意の圧力 p におけるギブズ自由エネルギー G は，式 (4-53) において $p_1 \to p^\circ$, $G_1 \to G^\circ$, $p_2 \to p$, $G_2 \to G$ として，

$$G = G^\circ + nRT \ln \frac{p}{p^\circ} \tag{4-54}$$

で与えられる（p° (= 1 bar) は，慣例上，省略して書かれることもある）．

b) 定圧過程でのギブズ自由エネルギー

圧力一定（$dp = 0$）では，式 (4-51) は $dG = -SdT$ となる．エントロピーは $S > 0$ であるので，

$$\left(\frac{\partial G}{\partial T}\right)_p = -S < 0 \tag{4-55}$$

となる．したがって，温度が上昇するにつれてギブズ自由エネルギー G は減少する（図 4.15b）．

（参考）ギブズ-ヘルムホルツの式

ギブズ自由エネルギーの定義式より，$G = H - TS$，また，圧力一定で G の温度微分は，式 (4-55) より $-S$ に等しいので，S を消去して

$$G = H + T\left(\frac{\partial G}{\partial T}\right)_p \tag{4-56}$$

と書くことができる．この関係式を，**ギブズ-ヘルムホルツの式** Gibbs–Helmholtz equation という．式 (4-56) は，

$$\left(\frac{\partial}{\partial T}\frac{G}{T}\right)_p = -\frac{H}{T^2} \tag{4-57}$$

と表すこともできる．

4.3.2 化学ポテンシャル

複数の成分からなる系のギブズ自由エネルギー G を考えるときは，それぞれの成分からの寄与を明らかにする必要がある．そこで成分 i の 1 mol 当たりのギブズ自由エネルギーとして**化学ポテンシャル** chemical potential を

$$\mu_i = \left(\frac{\partial G}{\partial n_i}\right)_{T, p, n_{j \neq i}} \tag{4-58}$$

で定義する．G は温度 T，圧力 p および物質量 n_i の関数であり，化学ポテンシャル μ_i は，これらの変数のうち，注目する成分 i の物質量 n_i 以外を一定としたときの n_i の微小変化に対するギブズ自由エネルギー G の変化を表す．

4.3.3 化学平衡

（1）標準反応ギブズ自由エネルギーと平衡定数

化学反応に伴うギブズ自由エネルギー変化と平衡定数との関係を考えてみよう．まずはじめに，理想気体の化学反応を考える．4種類の気体A，B，C，Dの反応

$$a\mathrm{A} + b\mathrm{B} \rightleftharpoons c\mathrm{C} + d\mathrm{D} \tag{4-59}$$

では，反応物A，Bが反応して，生成物C，Dを生成する．a, b, c, d は係数である．化学反応の進行は，反応の進行の程度を表す反応進度 λ（$0 \leq \lambda \leq 1$）を用いて説明することができる．反応の進行に伴う成分A〜Dの物質量 n_A, n_B, n_C, n_D の微小変化 $\mathrm{d}n_\mathrm{A}$, $\mathrm{d}n_\mathrm{B}$, $\mathrm{d}n_\mathrm{C}$, $\mathrm{d}n_\mathrm{D}$ は，

$$\mathrm{d}n_\mathrm{A} = -a\mathrm{d}\lambda, \quad \mathrm{d}n_\mathrm{B} = -b\mathrm{d}\lambda, \quad \mathrm{d}n_\mathrm{C} = c\mathrm{d}\lambda, \quad \mathrm{d}n_\mathrm{D} = d\mathrm{d}\lambda \tag{4-60}$$

となる．温度および圧力一定で反応が進行し，反応進度が λ から $\lambda + \mathrm{d}\lambda$ まで進んだとする．この変化に伴う系のギブズ自由エネルギー変化は，成分A〜Dの化学種の化学ポテンシャル μ_A 〜 μ_D を用いて，

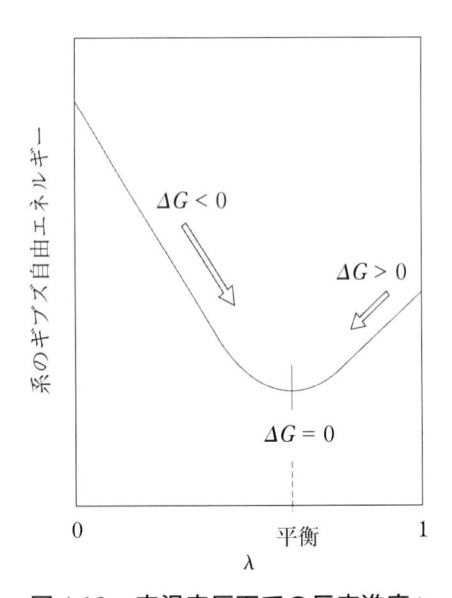

図4.16 定温定圧下での反応進度 λ とギブズ自由エネルギーとの関係
平衡状態では系のギブズ自由エネルギーが最小になる．

$$dG = \mu_A dn_A + \mu_B dn_B + \mu_C dn_C + \mu_D dn_D$$
$$= \{-(a\mu_A + b\mu_B) + (c\mu_C + d\mu_D)\}d\lambda \quad (4\text{-}61)$$

となる．ここで，成分 i の化学ポテンシャルは，理想気体の場合，式（4-54）で与えられるギブズ自由エネルギーを式（4-58）に代入することにより得られる

$$\mu_i = \mu_i^\circ + RT \ln(p_i/p^\circ) \quad (4\text{-}62)$$

を用いる．図 4.16 のように，反応が平衡状態に達するとギブズ自由エネルギーがもはや変化しないため，

$$\frac{\partial G}{\partial \lambda} = \{-(a\mu_A + b\mu_B) + (c\mu_C + d\mu_D)\} = 0 \quad (4\text{-}63)$$

となる．式（4-63）に各成分の化学ポテンシャル（式（4-62））を代入することにより，

$$-(a\mu_A^\circ + b\mu_B^\circ) + (c\mu_C^\circ + d\mu_D^\circ) + RT \ln \frac{p_C^c p_D^d}{p_A^a p_B^b} = 0 \quad (4\text{-}64)$$

という関係が得られる．$p_A \sim p_D$ は，平衡状態にあるときの成分 A～D の圧力である．ここで $-(a\mu_A^\circ + b\mu_B^\circ) + (c\mu_C^\circ + d\mu_D^\circ)$ を標準反応ギブズ自由エネルギー ΔG° とおくと，式（4-64）より ΔG° は，

$$\Delta G^\circ = -RT \ln K_p \quad (4\text{-}65)$$

と表すことができる．式（4-65）において K_p，すなわち

$$K_p = \frac{p_C^c p_D^d}{p_A^a p_B^b} \quad (4\text{-}66)$$

は圧平衡定数と呼ばれる．

溶液中の化学平衡においても，上で述べた気体の場合と類似の取り扱いができる．反応種の濃度 [A]～[D] を用いた平衡定数

$$K = \frac{[C]^c [D]^d}{[A]^a [B]^b} \quad (4\text{-}67)$$

に対しても式（4-65）と同様の式

$$\Delta G^\circ = -RT \ln K \quad (4\text{-}68)$$

が成り立つ．

（2）ル・シャトリエの法則

「可逆反応が平衡状態にあるときに外部から条件（温度，濃度，圧力など）を変化させると，その影響を小さくするように平衡が移動する．」この法則を**ル・シャトリエの法則** Le Châtelier's law（またはル・シャトリエの原理）と呼ぶ．例えば，平衡状態にある系に圧力を加えると，圧力を減らす方向に平衡が移動する．また，加熱すると，熱を吸収する方向に平衡が移動する．具体例でみてみよう．

例1）酢酸にエタノールを加えると，酢酸エチルと水が生じて平衡に達する．

$$CH_3COOH + C_2H_5OH \rightleftharpoons CH_3COOC_2H_5 + H_2O \tag{4-69}$$

平衡定数からル・シャトリエの法則を説明してみよう．この反応の平衡定数は，

$$K = \frac{[CH_3COOC_2H_5][H_2O]}{[CH_3COOH][C_2H_5OH]} \tag{4-70}$$

いま，エタノールを加えると，式（4-70）の分母が大きくなる．平衡定数 K が一定であるためには，式（4-70）の分子，$[CH_3COOC_2H_5][H_2O]$ も大きくならなければならない．したがって，式（4-69）の平衡は右に移動する．

例2）二酸化窒素が四酸化二窒素に変換する反応

$$2NO_2 \rightleftharpoons N_2O_4 \quad \Delta H = -58.04 \text{ kJ mol}^{-1} \tag{4-71}$$

では，反応が右に進むと発熱する．したがって，温度を下げると，この効果が小さくなるように，平衡は右に移動する．逆に，温度を上げれば，平衡は左に移動する．

（3）ファント・ホッフの式

平衡定数と温度との間には次の関係がある．

$$\frac{d \ln K}{dT} = \frac{\Delta H°}{RT^2} \tag{4-72}$$

平衡定数の温度依存性から，反応に伴う標準反応エンタルピー $\Delta H°$ を求めることができる．この式を**ファント・ホッフの式** van't Hoff equation という．式（4-72）を温度について積分することにより，$\ln K$ の温度依存性が与えられる．なおギブズ自由エネルギーについての関係式

$$\Delta G° = \Delta H° - T\Delta S° \tag{4-73}$$

を組み合わせることにより $\ln K$ について次の式を得ることができる．

$$\ln K = -\frac{\Delta H°}{RT} + \frac{\Delta S°}{R} \tag{4-74}$$

縦軸に平衡定数の自然対数 $\ln K$，横軸に温度の逆数 $1/T$ をプロットすると（ファント・ホッフプロット）直線関係が得られ（図4.17），直線の傾きから標準反応エンタルピー $\Delta H°$ が求められる．プロットは，図4.17に示すように，吸熱反応（$\Delta H° > 0$）の場合は右下がりの，発熱反応（$\Delta H° < 0$）の場合は右上がりの直線となる．

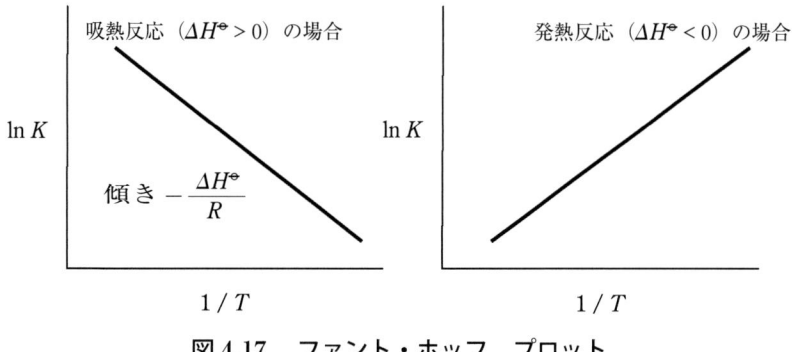

図 4.17 ファント・ホッフ プロット

練習問題

問題 4.1 次の記述について正誤を示せ．
a 自由エネルギーはエンタルピーとエントロピーとの関数であり，温度には依存しない．
b 水がその沸点において気化するとき，水1モルあたりのエントロピーは増大するが，エンタルピーは低下する．
c 液体の水が凝固するとき，水1モルあたりのエンタルピーは増大する．
d 閉鎖系においては，自発的な反応は必ず系のエントロピーが減少する方向に進む．
e 完全結晶性物質のエントロピーは絶対温度ゼロのときゼロである．
（第86回薬剤師国家試験問題 抜粋改変）

問題 4.2 次の記述について正誤を示せ．
a 温度，圧力が一定の閉じた系における平衡状態ではギブズ自由エネルギーは最小である．
b 絶対温度Tにおいて状態AとBが平衡状態にあるとき，平衡定数KはA，B両状態の標準自由エネルギーの差ΔG°によって決まり，$\Delta G^\circ = -RT \ln K$の関係がある．
c 融点において，氷と水の化学ポテンシャルμは等しい．
d 過冷却の状態にある水が同温度の氷へ相変化するとき化学ポテンシャルは低下する．
e 互いに混ざり合わない水相と有機溶媒相間での溶質の分配平衡において，両相における溶質の化学ポテンシャルは等しい．
（第94回薬剤師国家試験問題 抜粋改変）

[図：化学ポテンシャル μ の温度依存性。縦軸 化学ポテンシャル、横軸 温度。μ_s, μ_l, μ_g の曲線が示され、T_f と T_b で交差する。]

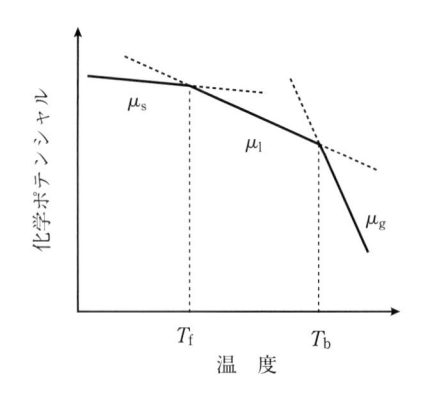

問題 4.3 一定圧力下で，純物質の固相の温度をあげていくと，固相，液相，気相に変化する．図は温度 T の変化に伴う化学ポテンシャル μ の変化を示す．

固相，液相，気相の化学ポテンシャルが μ_s, μ_l, μ_g で示されている．次の記述について，正誤を示せ．

  a 各相の化学ポテンシャルの勾配はエンタルピーを示す
  b 液相の温度を上げていくと，沸点 T_b 以上で $\mu_l > \mu_g$ となり，自発的に気相に変化する
  c 液相の温度を下げていくと，凝固点 T_f 以下では $\mu_s < \mu_l$ となり，自発的に固相に変化しない
  d 凝固点および沸点では二相共存である

(第 91 回薬剤師国家試験問題　抜粋改変)

問題 4.4 ジメチルエーテルを完全に燃焼させたときの標準燃焼エンタルピー（$kJ \cdot mol^{-1}$）に最も近い数値はどれか．ただし，生成する水は気体とし，CH_3OCH_3（気体），CO_2（気体），H_2O（気体）の標準生成エンタルピーは，それぞれ -184，-394，-242 $kJ\,mol^{-1}$ である．

  1 1,330
  2 $-1,330$
  3 665
  4 -665
  5 452
  6 -452

(第 96 回薬剤師国家試験問題　抜粋改変)

第 4 章　熱力学

解答・解説

問題 4.1　正解　a 誤，b 誤，c 誤，d 誤，e 正

解説
a　ギブズの自由エネルギーの式 $G = H - TS$ からわかるように，温度 T も関数として入っている．
b　沸点で気化するときに系は気化熱を吸収し，エンタルピーが増大する．
c　水が凝固するとき融解熱に相当する熱を系から放出するので，エンタルピーは減少する．
d　自発的な反応で減少するのはギブズ自由エネルギーである．

問題 4.2　正解　a 正，b 正，c 正，d 正，e 正

解説
e　溶質が水相・有機相のどちらに多く分配するかは，各相における溶質の標準化学ポテンシャル $\mu°_水$, $\mu°_{有機}$ によって決まる．平衡にあるときの溶質濃度を $c_水$, $c_{有機}$ とすると，その比 K ($= c_{有機}/c_水$) と $\mu°_水$, $\mu°_{有機}$ との間には，
$$\mu°_水 - \mu°_{有機} = RT \ln K$$
ただし，R は気体定数，T は熱力学温度の関係がある．K は分配係数と呼ばれ，

水相中の溶質 $\rightleftarrows$ 有機相中の溶質

の反応の平衡定数である．

問題 4.3　正解　a 誤，b 正，c 誤，d 正

解説
a　各相の化学ポテンシャルの勾配はエントロピーを示す．
c　凝固点 T_f 以下では $\mu_s < \mu_l$ となり，自発的に固相に変化する．

問題 4.4　正解　2

解説　CH$_3$OCH$_3$（気体），CO$_2$（気体），H$_2$O（気体）の生成についての熱化学方程式は

2C（固体） + 3H$_2$（気体） + $\frac{1}{2}$O$_2$（気体） ⟶ CH$_3$OCH$_3$（気体）
$\Delta H = -184$ kJ mol^{-1}　　①

C（固体） + O$_2$（気体） ⟶ CO$_2$（気体）　　$\Delta H = -394$ kJ mol^{-1}　　②

H$_2$（気体） + $\frac{1}{2}$O$_2$（気体） ⟶ H$_2$O（気体）　　$\Delta H = -242$ kJ mol^{-1}　　③

であるので，ジエチルエーテルの燃焼熱は，2 × ② + 3 × ③ − ① より

CH$_3$OCH$_3$（気体） + 3O$_2$（気体） ⟶ 2CO$_2$（気体） + 3H$_2$O（気体）
$\Delta H = -1330$ kJ mol^{-1}

となる．

参考書

1) R. Chang 著，岩澤康裕・北川禎三・濱口宏夫訳（2006）生命科学系のための物理化学，東京化学同人．
2) 日本化学会編（1993）化学便覧 II 第 4 版，丸善．
3) 国立天文台編（2009）理科年表，丸善．

相平衡と相変化 5

　物質は気体，液体，あるいは固体の状態で存在するが，大抵のものは圧力や温度を変えることによってある状態から他の状態に変えることができる．巨視的な立場からとらえて均一な物理的・化学的性質をもち，他の部分と区別できる物質の存在形式を相という．物質が気体，液体，固体であるのに応じて，それぞれ気相，液相，固相と呼ばれる．気相はどのような割合でも混ざり合うので成分の数が2つ以上の混合物であっても，常に1相である．液体の場合，水にメタノールを加えたときのように完全に混ざり合えば1相であるが，水とベンゼンのように溶け合わなければ2相となる．ただ1つの相からなる物質系を**均一系** homogeneous system といい，2つ以上の相からなる物質系を**不均一系** heterogeneous system という．不均一系において平衡状態に達したとき，この系は**相平衡** phase equilibrium にあるという．本章では，相平衡と**相変化**（**相転移**）phase transition，および各種の相図について述べる．

5.1 水の状態図

　相平衡と相律（後述）の一般概念を得るため，ここでは最もよく知られた H_2O の**状態図**（**相図**）phase diagram について考える．図5.1は温度を横軸，圧力を縦軸に示した H_2O の相図を表している．H_2O は氷（固体），水（液体），水蒸気（気体）の3状態で存在しうるが，その状態をとりうる領域は温度と圧力で規定される．この相図においてTb，TcおよびTa曲線上においてのみそれぞれ氷と水，水と水蒸気，および氷と水蒸気とが共存できる．これらをそれぞれ**融解曲線**，**蒸発曲線**（蒸気圧曲線）および**昇華曲線**（昇華圧曲線）という．我々が住んでいる大気圧（1 atm = 1.013×10^5 Pa）においては，氷は0℃で水と共存し，100℃で水と水蒸気が平衡状態にある．気圧の低い高山では，水は100℃以下で沸騰する．これは蒸発曲線Tcに沿って水と水蒸気との平衡が低圧・低温側へと移動するためである．蒸発曲線Tcは水の**臨界点** critical point まで伸びている．臨界点（**臨界圧** critical pressure, p_c = 215.95×10^5 Pa），**臨界温度**

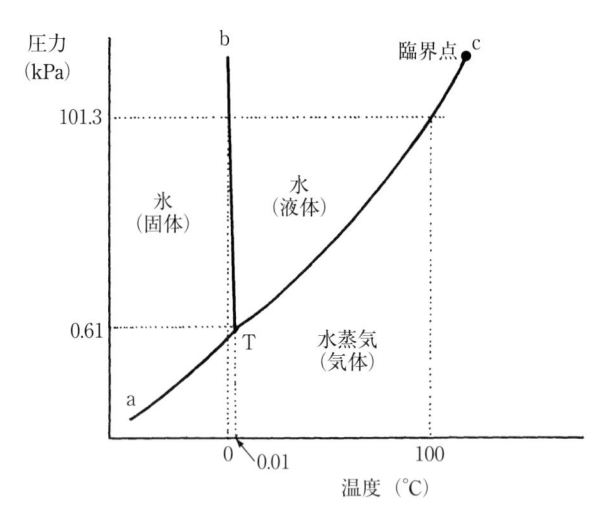

図5.1　H₂Oの状態図（相図）

critical temperature, T_c = 647.3 K) を超えると液体と気体の区別がつかない**超臨界流体** supercritical fluid となる．氷-水-水蒸気が同時に共存する点Tでは，これら3つの相の平衡を保ったまま温度や圧力を変えることはできない．このTは**三重点** triple point と呼ばれ，物質固有の値で，H₂Oの場合 p = 610 Pa，T = 0.01℃（= 273.16 K）である．

融解曲線の負の傾きは，圧力の増加と共にわずかに融点が下がることを示している．スケートが氷上で滑らかに滑るのは，エッジの圧力によって氷が水になり，摩擦係数が小さくなるためである．これは，水のモル体積が氷のそれより小さいという H₂O の特異な性質に由来する．他の多くの物質では，液体のモル体積は固体のそれより大きく，融解曲線の傾きは正となる．つまり，圧力と共に融点は上昇する．

5.2　相律

J. W. Gibbs は，1818年に平衡状態にある系に関して次の**相律** phase rule が成立することを示した．すなわち，相平衡が重力や電場・磁場等の外的要因に影響されず，温度，圧力および系を構成している各成分の濃度に支配される場合，**自由度** degree of freedom，F は，**成分の数**を C，**相の数**を P とすれば

$$F = C - P + 2 \tag{5-1}$$

の関係にある．ここで，自由度とは平衡状態にある相の数を変えることなく，独立に変化させることができる示強性変数（温度や圧力など，物質量によらない変数）の数である．

図 5.1 の H_2O の状態図（相図）にこの相律を適用すると，H_2O のみの系なので $C = 1$ であり，したがって相律は $F = 3 - P$ と表される．この関係より，

氷，水あるいは水蒸気のみの場合（$P = 1$）は $F = 2$

氷–水，水–水蒸気あるいは氷–水蒸気の 2 相平衡の場合（$P = 2$）は $F = 1$

氷–水–水蒸気の 3 相平衡の場合（$P = 3$）は $F = 0$

となる．$F = 2$ とは，3 状態変数のうち温度と圧力を同時にかつ任意に変えても，氷，水あるいは水蒸気のみの 1 相状態を保つことができることを意味し（相図でいえば曲線を含まない平面領域），$F = 1$ とは状態変数の 1 つは任意に変えられるが残りはその値によって自動的に定まってしまうことを（相図では Ta，Tb，Tc 曲線），$F = 0$ とは特定の一組の示強性変数でのみ定まる物質に固有な点（相図では三重点）であることを示している．

（参考）成分の数（C）について

成分の数は，すべての相の組成を記述するために特定されねばならない化学的に独立な物質の最小数と定義される．成分の数を考える場合，系内に存在する種々の化学種（例えば，H_2O，H^+，OH^-，$NaCl$，Na^+，Cl^-）の詳細な情報を考慮する必要はなく，物質（例えば H_2O，$NaCl$）の数だけに注目すればよい．

成分の数は，以下の 2 つの段階を経て決めることができる．

- まず個々の相について考える．各相を構成している，あるいは各相に含まれている物質を見いだす．このとき，各相において独立な物質だけに注目する．
- 次にすべての相について考える．すべての相における物質のリストをつくり，系全体における独立な物質の数を数える．

方法を以下の系で具体的に示す．

1. スクロース水溶液

1 つの相しかないから，第一の段階だけを行えばよい．系を構成している物質はスクロースと水の 2 つである．したがって，$C = 2$ である．

2. スクロース水溶液，これと平衡にある気体の水蒸気，および液相と平衡にある固体スクロース

個々の相を記述するために必要な物質は次のように書ける．

気相：H_2O　　液相：H_2O とスクロース　　固相：スクロース

すべての相を記述するために必要な物質は，水とスクロースである．したがって，個々の，そしてすべての相の組成を特定することができる物質の最小数は 2 であり，$C = 2$ となる．

3. 固体 NaCl およびそれと平衡にある NaCl 水溶液

固相：$NaCl$　　液相：H_2O，$NaCl$

水中では NaCl が電離し，Na^+ および Cl^- の 2 つの化学種として存在している．しかし，これらは NaCl から生じたものなので，液相を記述するために必要な物質は H_2O と NaCl の 2 つである．したがって，この系全体では 2 つの成分（H_2O と NaCl）を有することになり，$C = 2$．

5.3 相平衡

5.3.1 一成分系

（1）相　図

　一成分系の相図は，図5.1で示したH$_2$Oの例のように，その物質がある温度および圧力においてどのような状態（固体，液体あるいは気体）になるかを知ることができる点で利用価値は高い．水以外の物質について相図を表す場合には図5.1の氷，水，水蒸気を固体solid，液体liquid，気体gasと読みかえればよい．すでに述べたように，H$_2$O以外の物質では，一般的に曲線Tbは正の傾斜（右上り）となる．

　温度一定における体積と圧力との関係を図5.2に示す．この図では温度T_eが臨界温度（5.1節参照）であり，これ以上の温度では液相と気相の区別がなくなる．

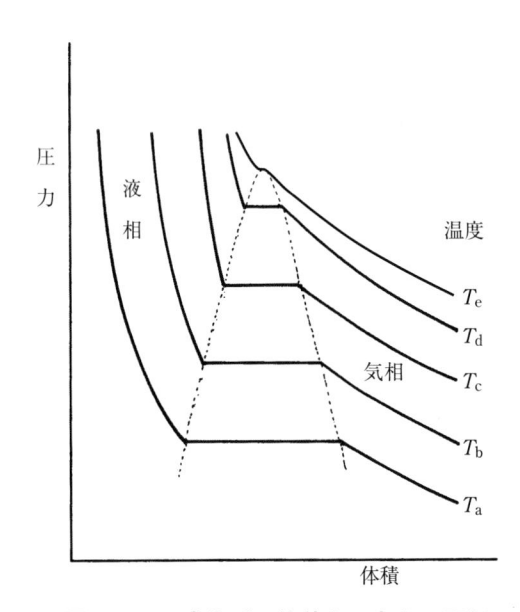

図5.2　一成分系の体積と圧力との関係
点線より下側の領域では気相と液相が平衡状態にあり，両者が共存している．

（2）多形が見られる場合の相図

　一成分系では，気相と液相では1つの相しか存在しない．しかし，固相については2つ以上の相が存在する場合がある．このような現象あるいはその物質を**多形** polymorphism という．このような場合の相図には図5.3に示す2つのタイプが知られている．すなわち，2つの固相のいずれもが安定で，ある温度（**転移点** transition point）を境に可逆的な相転移を起こす**互変二形** enantiotropy（図5.3（a））と，一方（s_2）が他方（s_1）に比べて不安定で，放置すれば不可逆的に s_1 に変化する**単変二形** monotropy（図5.3（b））である．前者の代表的な例としてはイオウ（s_1：単斜硫黄，s_2：斜方硫黄）が，後者の例としてはリン（s_1：赤リン，s_2：白リン）が知られている．

　互変二形においては温度上昇とともに $s_2 \to s_1$，温度低下とともに $s_1 \to s_2$ と変化する．一方，単変二形においては温度上昇とともに $s_2 \to s_1$ と変化するが，温度低下とともに $s_1 \to s_2$ と変化することはない．準安定相である s_2 を得るためには別の方法が必要となる．

（3）2相平衡の熱力学的考察

　相 α と相 β の2相が共存するとき，両者の平衡を保ちつつ微小変化させたとする（相図における各相の境界線上を微小移動させることに相当する）．この時，各相の化学ポテンシャルの変化には $d\mu_\alpha = d\mu_\beta$ の関係があるので，化学ポテンシャルの温度 T と圧力 p への依存性（4.3.1項参照）より，次のような関係が成立する．

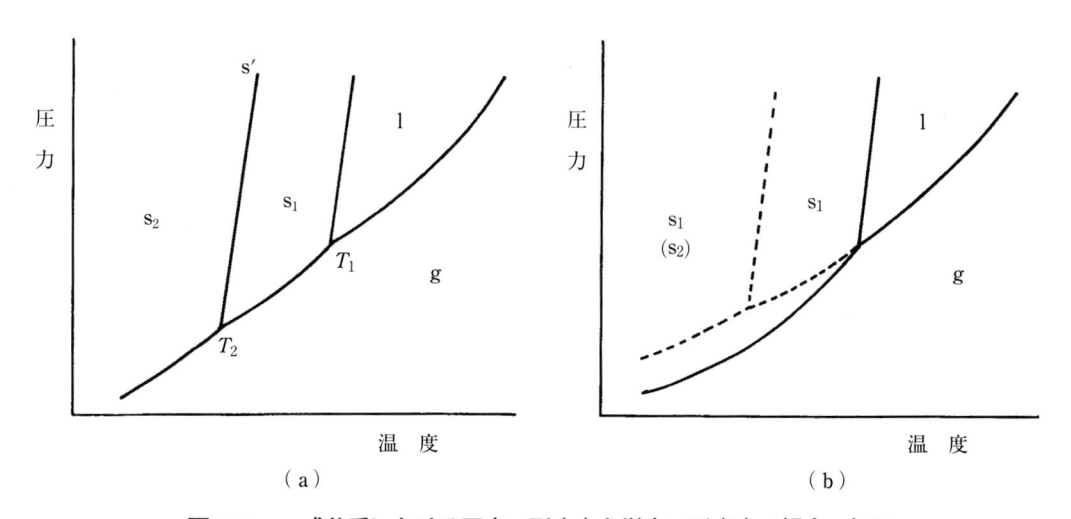

図5.3　一成分系における互変二形（a）と単変二形（b）の場合の相図
（a）の場合には s_1, s_2 ともに安定相であり，両者の間で可逆的に相転移できる．（b）の場合，s_2 は準安定相であるため s_1 へ不可逆的に相転移する．s_2 は準安定相であるため，図中に明確な境界線を引くことはできない（したがって点線で示した）．

$$V_{\alpha,m}dp - S_{\alpha,m}dT = V_{\beta,m}dp - S_{\beta,m}dT \qquad (5\text{-}2)$$

ここで，V_m および S_m は，それぞれの相のモル体積およびモルエントロピーである．式 (5-2) を整理して，$V_{\alpha,m} - V_{\beta,m}$ を $\Delta_{trs}V_m$，$S_{\alpha,m} - S_{\beta,m}$ を $\Delta_{trs}S_m$ とおくと，次の**クラペイロンの式** Clapeyron equation が導かれる．

$$\frac{dp}{dT} = \frac{\Delta_{trs}S_m}{\Delta_{trs}V_m} \qquad (5\text{-}3)$$

式 (5-3) において，モル転移エントロピー $\Delta_{trs}S_m$ は，モル転移エンタルピー $\Delta_{trs}H_m$ および転移温度 T を用いて $\Delta_{trs}S_m = \Delta_{trs}H_m/T$ と表される．これらの関係より式 (5-4) に示す**クラウジウス–クラペイロンの式** Clausius-Clapeyron equation が導かれる．

$$\frac{dp}{dT} = \frac{\Delta_{trs}H_m}{T\Delta_{trs}V_m} \qquad (5\text{-}4)$$

$\Delta_{trs}H_m$ は相 β から相 α に変わるときの 1 mol あたりのエンタルピー変化である．また，$\Delta_{trs}V_m$ は相 β から相 α に変わるときのその物質 1 mol あたりの体積変化を示している．この式は図 5.1 あるいは図 5.3 で示した相の共存を示す線（融解曲線，蒸発曲線，昇華曲線および固相転移曲線）に対して成立する．例えば，H_2O の相図（図 5.1）では，氷から水への相転移では $\Delta_{trs}H_m > 0$，$\Delta_{trs}V_m < 0$ なので $dp/dT < 0$ となり，このことは H_2O の融解曲線が負の傾きをもつことに対応している．水から水蒸気の相転移では $\Delta_{trs}H_m$ および $\Delta_{trs}V_m$ とも正の値なので，H_2O の蒸発曲線は正の傾きをもつ．

5.3.2 二成分系

二成分系の自由度は $C = 2$ より $F = 4 - P$ となるので，温度，圧力および二成分の組成（混合割合）の 3 状態変数*のうち，相の数 P が 1～3 相に応じてその自由度 F は 3～1 に変化する．4 相が共存する場合は，自由度はなくなり（$F = 0$），その二成分系に固有な温度，圧力，組成の組合せのときのみ可能となる．

2 種類の薬物の混合系では，その相図を知ることは重要である．これは，薬物の混合によってその融点が低下したり，あるいは各成分とは異なる性質を示す分子化合物ができたりする場合があるためである．

（1）固相と液相の平衡

二成分系で固相 s と液相 l の 2 相が共存する場合には，圧力の影響は小さい．そこで，以下では状態変数のうち圧力を固定して（自由度 F のうち 1 つを使用したことになる），温度（縦軸）

---

* 巨視的な系の状態により一義的に定まり，履歴や経路に依存しない物理量．示量性変数と示強性変数（4.2 節参照）に分けられ，ここで述べる温度，圧力，組成はいずれも示強性変数である．

と組成（横軸）との関係について述べる．普通の溶液（溶質と溶媒との二成分系）もこの範ちゅうに入る．二成分系の固液平衡に対する相図は以下の3種類 a），b），c）に大別できる．

a）二成分が任意の混合割合で固溶体をつくる場合（図5.4）

固溶体 solid solution とは，1つの固体が他の固体に溶け込んだ均一な固体をいう．これを混晶ともいう．したがって2物質 A，B が互いに固溶体を形成するためには，(a) 固体中での結合様式が A-A，B-B，A-B とで類似していること，(b) A，B の分子の大きさがほぼ同程度であること，(c) もし分子が分極率をもつならほぼ同程度であること，(d) 化学構造が類似していることなどが条件＊としてあげられる．例えば，NaCl と NaBr，K_2CO_3 と Na_2CO_3，Cu と Ni，p-ジクロロベンゼンと p-ジブロモベンゼンの組み合わせが知られている．

図5.4 の T_A，T_B はそれぞれ成分 A，B の融点（＝凝固点）に相当し，$T_A b T_B$ 曲線を**融解曲線**あるいは**固相線**，$T_A a T_B$ 曲線を**凝固曲線**あるいは**液相線**という．すなわち，固相線は温度上昇に伴い融解の始まる温度を示し，液相線は温度低下に伴い凝固の始まる温度を示している．また，この両曲線に囲まれる領域は液相 l と固相 s とが共存する $C = 2$ の領域である（したがって $F = 1$，F が2ではなく1なのは，圧力一定という条件にするために F の1つをすでに使用しているためである）．

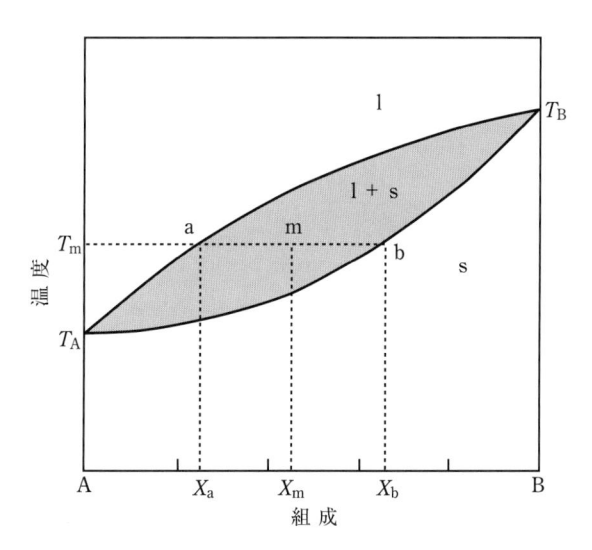

図5.4 成分AとBが任意の割合で固溶体をつくる場合の固相 (s)-液相 (l) 平衡の相図

灰色の部分が固相と液相が共存している領域である．

＊　これらの条件は置換型と呼ばれる固溶体の生成において重要である．固溶体には，これ以外に，小さな原子が結晶構造のすき間に入って生成する侵入型と呼ばれるもの（炭素合金など）もある．

b）二成分が無制限には混ざり合わず，また，分子化合物も形成しない場合（図5.5）

この場合には，相図としては2種類（図5.5（a）と（b））の型がある（両者は別種のものというより，図5.5（a）は同（b）のs_Aおよびs_Bと記された領域が限りなく狭くなったものと考えるべきである）．$s_A + s_B$は成分A，Bの固体の混合物の領域を示し，$s_A + l$あるいは$s_B + l$は，それぞれ固相Aあるいは固相Bと液相（AとBよりなる）との共存を示している．ただし，ここでいうs_Aおよびs_Bは，左右両側の縦軸上を除き，それぞれ純粋なAおよびBの固相ではなく，他成分が微量に混ざった固溶体である．

純液体に他物質を溶解させると，凝固点降下が起こる（6.2.3項参照）．このことを成分Aおよび Bについて示しているのがT_AE，およびT_BE曲線で，点Eで最も低い融点を示す．この点を**共融点** eutectic point（あるいは**共晶点**）と呼ぶ．ここでは$F = 0$である．すなわち，一定圧力のもとでは温度，組成に対して自由度はない．E点に相当する組成X_Eをもつ混合物を**共融混合物** eutectic mixture（またはeutectics）といい，温度T_Eのことを**共融温度** eutectic temperature という．共融混合物の特徴はその固体組成と溶液組成が等しくなり，あたかも一成分系のようにふるまうことにある．一方，曲線T_AEおよびT_BEはそれぞれ固相Aと液相，固相Bと液相の平衡を表しているので，それぞれの溶解度を表しているともみなせる．

薬物AとBを混合研和する場合，共融混合物の生成する組合せでは，混合物の一部が融解して湿潤し，特にその湿潤温度が常温より低ければ，液状になる．例えば，アセトアニリド（融点113℃）とレゾルシン（同111℃）を質量比53.9：46.1で混合すると共融混合物となり，その共融温度は24℃である．それゆえ，共融混合物を形成する薬物の配合は避けなければならない．

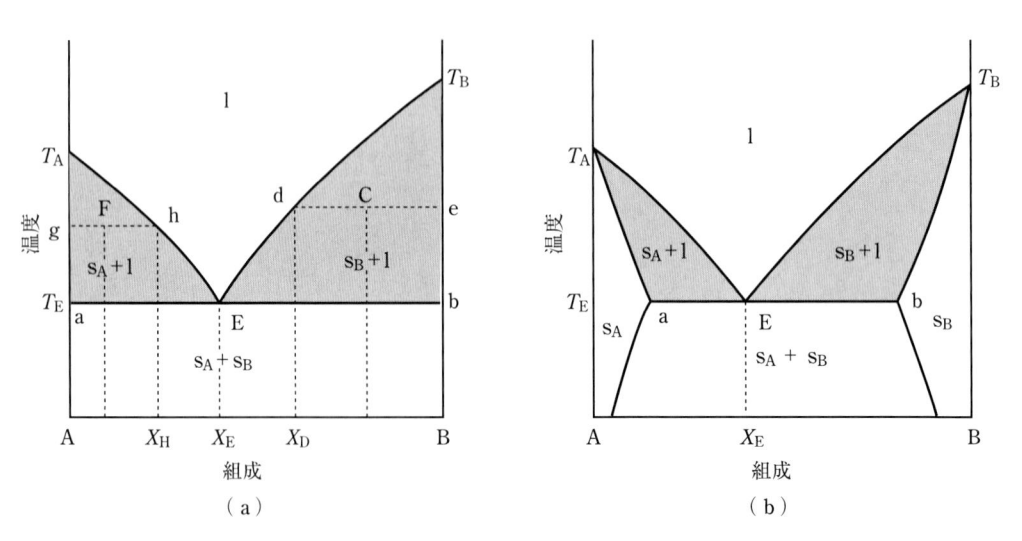

図5.5 二成分が無制限に混ざり合わず，分子化合物を形成しない場合の固相-液相平衡の相図

灰色の領域は固相と液相が共存する領域を示す．

c) 二成分間で分子化合物が生じる場合（図5.6）

成分AとBが混合することにより**分子化合物**ABが生じる場合，図5.5とは異なり，生成する分子化合物の種類に応じて極大点が現れる．この場合の模式図を図5.6に示す．図5.6(a)のタイプは$CaCl_2$とKCl，金とスズやジフェニルアミンとベンゾフェノン，フェノールとアニリン，テオブロミンとサリチル酸などの組合せの場合にみられ，組成がCで表される分子化合物の固相が析出する．このような相図に属する分子化合物は**調和融点** congruent melting point（$= T_C$）をもつ．これに属する化合物（A）とH_2O（B）による含水物（C）では，$T_A e_1$曲線および$e_1 C e_2$曲線はそれぞれ無水物および含水物の融解曲線を，$T_B e_2$曲線は水（= B）の凝固点降下曲線を示している．また，e_1はAとCの共融点を，e_2はCとBの共融点をそれぞれ表している．

一方，分子化合物が明確な融点を示さない場合，図5.6(b)のような形の相図が得られる．これは生じる分子化合物が不安定なため，その融点T_C以下の温度T_Dで分解するためである．点dでは溶液の組成と化合物の組成とが一致しないので**非調和融点** incongruent melting pointと呼ばれる．このような相図はまた，薬物と水との間に生じる含水結晶（一般的には溶媒和結晶）の場合にしばしばみられる．典型的な例としてNaClとH_2Oの組合せに対する相図を図5.7に示す．この図において水にNaClを加えていくと，凝固点が0℃から-21.2℃（22.4％のNaCl濃度）まで降下する．固体の氷はNaClが共存することにより融解してNaCl水溶液となる．融解熱が奪われる結果，その溶液の温度は低下する．このことを利用したのが**寒剤** freezing mixtureである．共融点組成よりもNaCl含量が大になると含水結晶$NaCl \cdot 2H_2O$が析出する．しかしこれは不安定であるので無水のNaClへ相変化する．そのため非調和融点がみられる．図中右側のNaCl組成と温度との関係を示す曲線はNaClの水への溶解度を表しており，温度上昇に伴いNaClの溶解度が大となることがわかる．

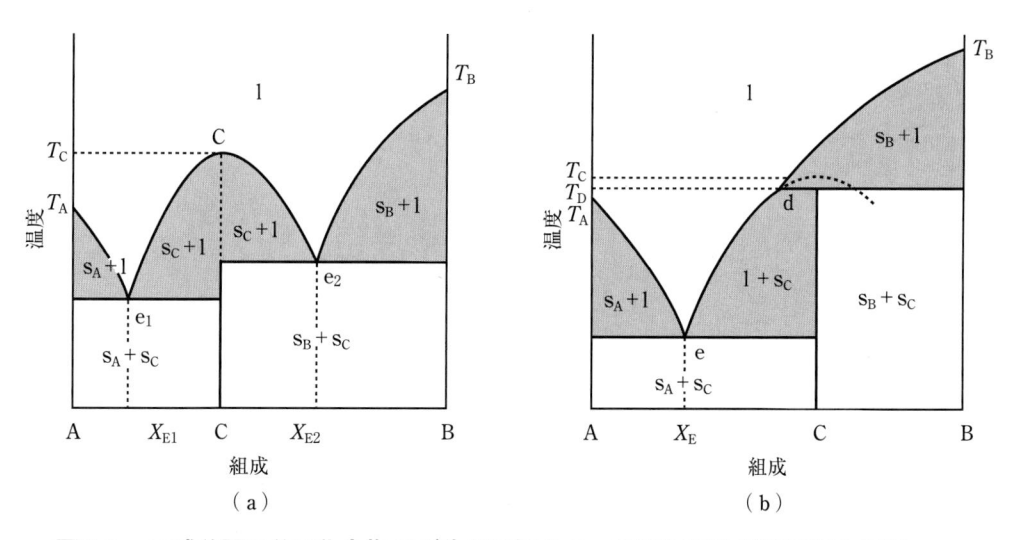

図5.6　二成分間で分子化合物Cが生じる場合の一般的な固相-液相平衡の相図

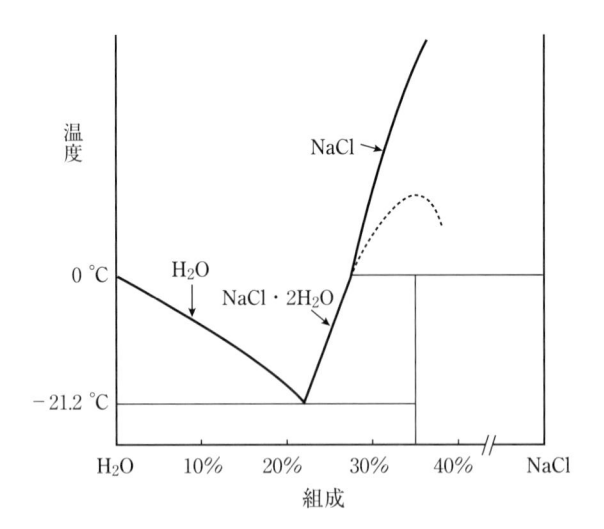

図 5.7　NaCl/H₂O 系の固相-液相平衡の相図

医薬品において分子化合物を形成する代表的な組合せはアミノピリン-バルビタール，安息香酸ナトリウム-カフェインおよびサリチル酸-カフェインなどがある．

（2）てこの原理による液相と固相の割合：相図の解釈

平衡にある各相の割合は以下に述べる**てこの原理** lever principle（lever rule）によって求めることができる．この原理は，固相-液相平衡のみならず，いずれの相平衡においても成立する．

てこの原理を固相-液相平衡に適用する例として，図 5.4 および図 5.5（a）について考えてみよう．図 5.4 において，組成 X_m の固溶体を温度 T_m まで加熱したとき，この系では固体と液体の 2 相が共存する．このときの量比（横軸をモル分率で表した時は物質量比，％で表した時は質量比）は液相の量：固相の量 ＝ 距離 $\overline{mb}$：距離 $\overline{am}$ で表される．

> **（参考）てこの原理の証明**
>
> 図 5.4 において，共存する固相が n_s モル，液相が n_l モルとすると，総物質量 $n = n_s + n_l$ と表される．また，成分 A の総量は $nX_m = (n_s + n_l)X_m = n_sX_m + n_lX_m$ となる．
>
> ここで，成分 A の総量 nX_m は，固相中と液相中にある A の量の和であるから，$nX_m = n_sX_b + n_lX_a$ とも表すことができる．
>
> したがってこれら 2 つの式を等しいとおくと
> $$n_s(X_b - X_m) = n_l(X_m - X_a)$$
> $$\therefore n_l : n_s = (X_b - X_m) : (X_m - X_a) = \overline{mb} : \overline{am}$$

このとき，液相の組成は X_a であり，固相の組成は X_b である．なお，線分 amb は**平衡連結線** tie line と呼ばれる．

図 5.5（a）における C 点では，B 成分の固体（B が 100 ％）と，A と B からなる液体（d）の

2相が共存している．そして，その量比は液相量：固相量 ＝ 距離$\overline{\text{Ce}}$：距離$\overline{\text{dC}}$で表され，液相の組成はX_Dで表される．点Fにおいても同様にして液相量：固相量 ＝ 距離$\overline{\text{gF}}$：距離$\overline{\text{Fh}}$となり，その場合の液相の組成はX_Hである．

（3）相図の作成：熱分析

一定速度で試料を昇温あるいは冷却させるとき，それぞれ組成の異なる試料の温度を時間の関数としてプロットすると図5.8（a）のようになる．このような解析法を**熱分析** thermal analysis と呼ぶ．得られた冷却あるいは昇温曲線の折点はそれぞれの相変化温度に対応する．図5.8（a）に示した温度曲線の水平部分は相変化（発熱反応）の起こっていることを示している．これらの実験データから図5.8（b）のような相図が得られる．

（4）液相-液相平衡

二成分が液体で互いにある程度混ざり合う場合の相平衡について考えてみよう．2相（完全には混ざり合っていない）と1相（互いに完全に混ざり合っている）の状態が存在し，それぞれ圧力一定（自由度Fの1つを使用）のもとでは$F=1$および$F=2$である．

圧力一定下における温度-組成の相図を**相互溶解度曲線** mutual solubility curve という．図5.9に3種類の典型的な相互溶解度曲線を示す．（a）は水-フェノール系でみられ，T_C点以上では任意の割合で自由に混ざり合うことを示し，このT_Cを**臨界溶解温度** critical solution temperature という．このような相図が得られるのは，温度が高いほど分子の熱運動が増大，二成分の相互溶解性が高まるためである．（b）は水-トリエチルアミン系にみられる相図で下に凸の曲線を示す．このような相図が得られるのは，低温では二成分が相互溶解性に有利にはたらく相互作用（例えば錯体形成）をしているが，温度上昇に伴う熱運動の増大の結果，そのような相互作用がなくなるためである．（c）は水-ニコチン系でみられる閉曲線の場合であり，上部と下部に臨界溶解温

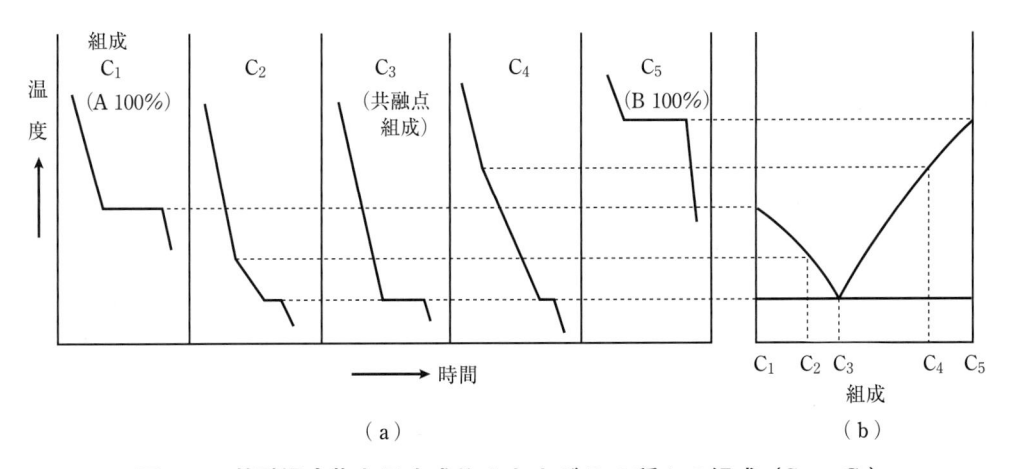

図5.8　共融混合物を示す成分AおよびBの種々の組成（$C_1 \sim C_5$）での各冷却曲線（a）とそれに基づいて作成された相図（b）

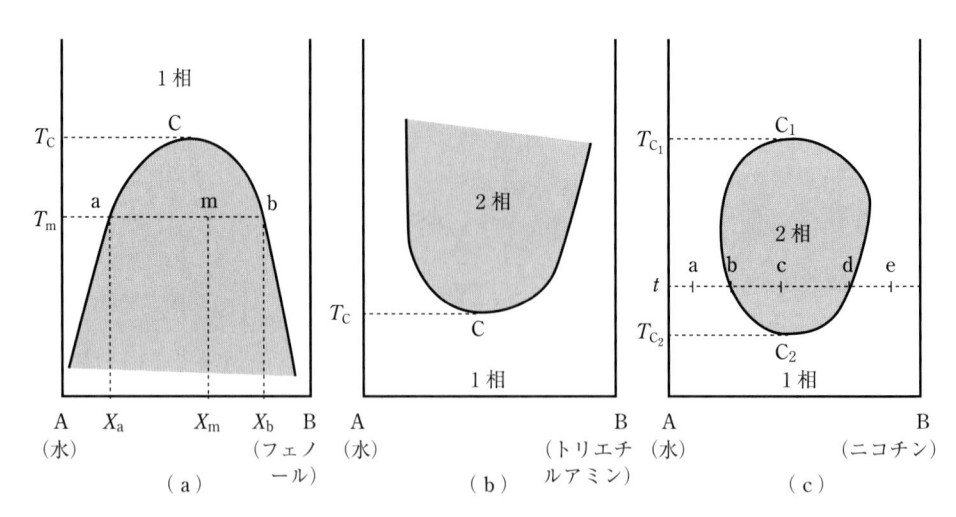

図5.9 相互溶解度曲線の代表的な3種類の型
灰色の部分は2相領域を示す.

度を有する.

　図5.9（a）において組成X_mの混液は温度T_mで2液相が共存する．その2液相の各々の組成はX_aとX_bであり，その量比はてこの原理によりX_aの量：X_bの量＝距離$\overline{mb}$：距離$\overline{am}$となる．

（5）気相-液相平衡

　ここでは，互いに混ざり合う2つの液体A，Bが，これらの気体（蒸気）と平衡にある場合の相図を取り扱う．この場合の相図は温度，圧力，組成の3状態変数のうち圧力-組成平衡（温度一定）あるいは温度-組成平衡（圧力一定）として取り扱われる．調剤などにおいては，圧力一定（すなわち大気圧下）のもとで薬物を取り扱うことが多いので，以下では温度-組成平衡について解説する．なお，圧力と組成との関係（ラウールの法則，ヘンリーの法則など）については，6.1.2項および6.1.3項を参照されたい．

　圧力一定下における温度-組成の相図は**沸点図**ともいわれる．基本的な3種類の沸点図を図5.10に示した．図5.10（a）における$T_A b T_B$曲線は気相線，$T_A a T_B$曲線は液相線である．図5.10（b），（c）は，二成分の混合によりその沸点が極大，極小になる場合の相図を示しており，極大値あるいは極小値を示す組成の混合物を**共沸混合物** azeotropic mixture（または azeotrope）といい，前者を最高または負の共沸混合物，後者を最低または正の共沸混合物という．共沸混合物の沸点を**共沸点** azeotropic temperature という．いくつかの共沸混合物の例を表5.1に示す．

［**分留または精留**］　図5.10（a）の相図は，組成X_aの混液を加熱するとT_mで沸騰が始まり，このとき平衡にある気体の組成はX_bであることを示している．したがって，発生する気相を別の容器に回収し，冷却して液化させればX_bの組成からなる液体が得られる．このような操作を繰り返せば，最終的にAとBの混合液からAとBの両成分を分けることができる．この操作を**分留**（分別蒸留）あるいは**精留** fractional distillation という．図5.10（b）あるいは（c）のような

第5章 相平衡と相変化

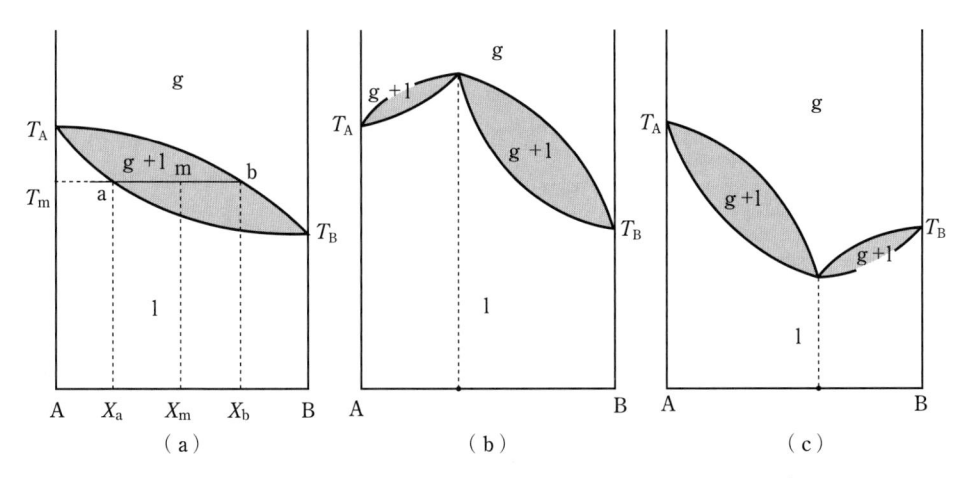

図 5.10 圧力一定下での二成分系の代表的な3つのタイプの
気相-液相平衡の相図

(b), (c) 中において点線で表される組成が共沸混合物の組成を示す.

表 5.1 代表的な共沸混合物の例

A (沸点, ℃)	B (沸点, ℃)	共沸点 (℃)	Bの質量パーセント
正の共沸混合物			
水 (100)	エチルアルコール (78.3)	78.15	95.57
ベンゼン (80.1)	エチルアルコール	68.24	32.37
二硫化炭素 (46.3)	エチルアルコール	42.4	9
二硫化炭素	アセトン (56.2)	39.25	34
クロロホルム (61.2)	メチルアルコール (65.2)	53.5	12.5
四塩化炭素 (76.5)	メチルアルコール	55.7	20.56
負の共沸混合物			
水	塩酸 (−85.05)	108.6	20.22
水	硝酸 (82.6)	120.5	68
クロロホルム	アセトン	64.4	21.5

場合には，このような操作を繰り返しても共沸混合物の組成に近づくだけなので，分留によって純物質を得ることは不可能である．水-エチルアルコール混合系は図 5.10 (c) のような相図に属し，エチルアルコールが 95.57 % で共沸点 78.15 ℃ を示す（表 5.1 参照）．それゆえ，純エチルアルコールを得るには，蒸留したエチルアルコールに**分子篩**あるいは金属ナトリウムを加え，強制的に水を取り除く必要がある．

5.3.3 三成分系

三成分系相図としては圧力と温度が一定の条件下における正三角形相図 triangular phase

diagram がよく用いられる．図5.11におけるそれぞれ各頂点は各成分A，B，Cが100％の状態に相当し，三角形の各辺は三成分中の各二成分の組成表示に対応している．また，三角形内の一点によって三成分系における各成分組成が表現される．図5.11の点Pでは，A，B，Cの対辺におろした垂線の長さ a，b，c の比が成分A，B，Cの組成比を表し，高さ1の正三角形のときには，$a + b + c = 1$ の関係にある．

[液相-液相平衡の相図]　温度と圧力が一定の条件下，三成分系の液相-液相平衡において，部分的にしか溶解し合わない成分が1組，2組あるいは3組ある場合，それぞれの相図は異なる．その模式図を図5.12に示す．

　図5.12（a）において，AとBとは部分的に混和し，aは成分Bの成分Aに対する溶解度を，bは成分Aの成分Bに対する溶解度を示す．一方，AとC，およびBとCは互いに完全に混和する．aおよびbの値が第三成分であるCを加えることにより変化し，組成 l_1 の液は組成 m_1 の液と平衡に，l_2 の液は m_2 の液とそれぞれ平衡にあり，これらの点をつないで得られる aPb 曲線は三成分系の相互溶解度曲線を表している．l_1 と m_1，l_2 と m_2，l_3 と m_3 をそれぞれ結んだ線が

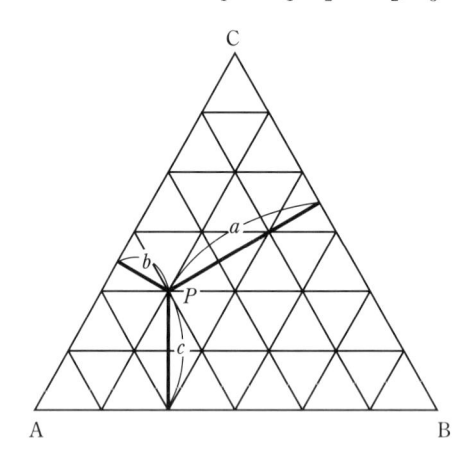

図5.11　温度，圧力一定下での三成分系の一般的表示法

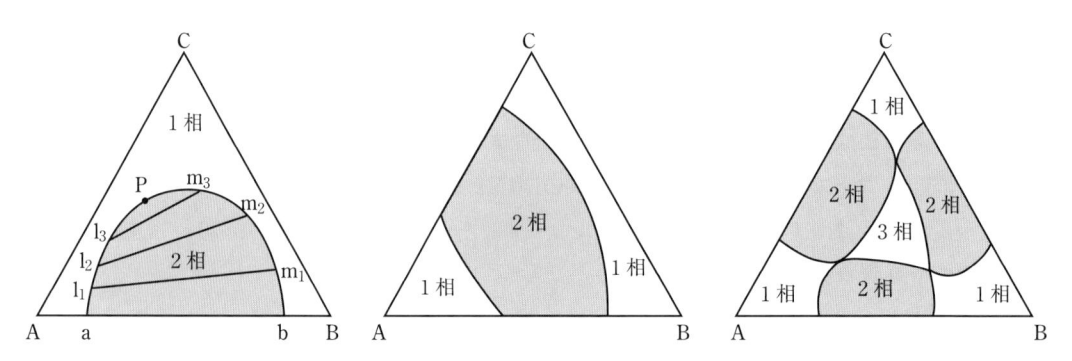

図5.12　三成分系の液相-液相平衡で部分的にしか互いに溶解しない
　　　　組が1組（**a**），2組（**b**），3組（**c**）ある場合の代表的相図
　　　　（温度，圧力一定）

第5章　相平衡と相変化

平衡連結線であるが，この場合にはその傾斜は水平ではなくBの側に上がっている．これはBを多く含む液相（例えばm_1）のほうが，Aを多く含む液相（例えばl_1）よりも，成分Cのモル分率（あるいは質量分率）が大きいことを示している．Cの割合をさらに増すと，平衡連結線は点Pに近づく．この点はプレイト点 plait point あるいは等温臨界点 isothermal critical point と呼ばれ，平衡にある2相の組成が同一になる点である．

練習問題

問題 5.1　水の状態図に関する記述について，正誤を答えよ．
1　曲線 BTD の左側の（I）の領域では，水は氷の状態にある．
2　T 点においては，氷と水と水蒸気が共存する．
3　凍結乾燥は T 点以上の圧力下で行われる．
4　曲線 BT は融解曲線である．
5　水の融点は圧力が増加すると上昇する．
6　TD 曲線が負の勾配を示すことと氷が水に浮くこととは関係がある．

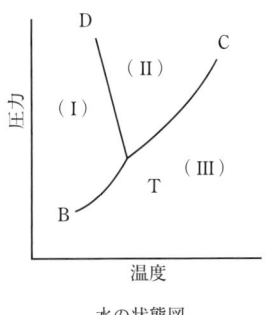

水の状態図

問題 5.2　以下の条件での自由度について，正誤を答えよ．
1　平衡にある水と水蒸気の自由度は 1 である．
2　ショ糖と食塩の溶けている水溶液の自由度は 4 である．
3　飽和食塩水と固体食塩と水蒸気の共存する系の自由度は 2 である．
4　NH_3，N_2，H_2 の平衡状態にある蒸気系の自由度は 1 である．
5　1 気圧の圧力で平衡にある液体の水と水蒸気の自由度は 1 である．

問題 5.3　固体薬品 A と B の種々の組成に混合して融点の測定を行い，下図のような結果を得た．A：B が 30：70（質量%比）の混合系の 30 ℃における点 p に関する記述について，正誤を答えよ．
　ただし，図中の曲線は A と B の種々の混合系における融点を示し，T_A および T_B は薬品 A，B の融点を示す．

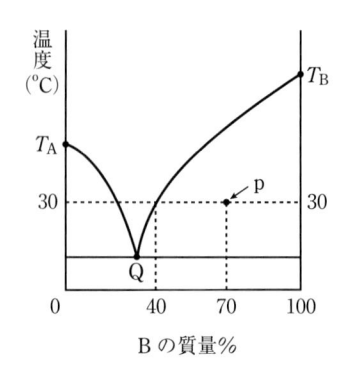

1　点pでは，Aの固相とAとBからなる液相が共存する．
2　点pでは，Bの固相とAとBからなる液相が共存する．
3　点pにおける液相中のAとBの質量比は，2：1である．
4　点pにおけるAとBの質量比は，1：1である．
5　点pにおける固相と液相の質量比は，2：3である．

問題5.4　水とフェノールの相互溶解曲線を右図に示した．フェノール40％の水-フェノール混合溶液100 gをつくり，ある温度tで放置したとき，二層に分離した．そのうち下層に溶けているフェノールはおよそ何gか．正しいものを選べ．ただし，比重は水＜フェノールとする．

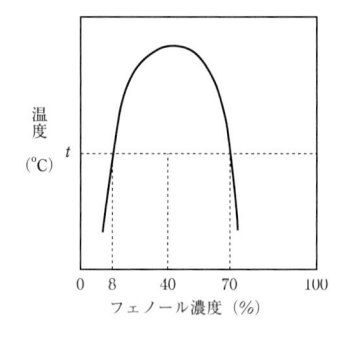

1　6 g	2　12 g	3　18 g
4　24 g	5　30 g	6　36 g

問題5.5　図のような液相-気相状態図をもつ成分Aおよび成分Bからなる組成Xの混合物を蒸留し，蒸気を集めて冷却して液化したものを再度蒸留する．この操作を繰り返したとき，蒸気はどのような組成に近づくか．正しいものを選べ．なお，図中の水平な破線は同一温度を表している．

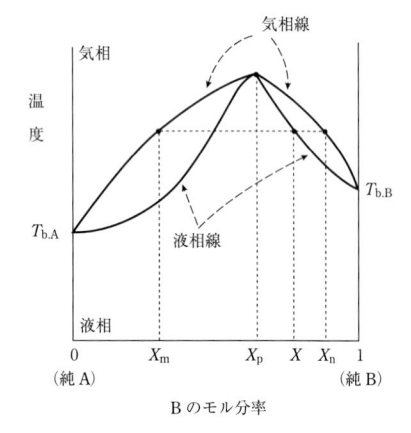

1　0（純A）	2　1（純B）	3　X_p
4　X	5　X_m	6　X_n

問題 5.6 図は，サリチル酸メチル-イソプロパノール-水の三成分系の相図である．Ⅰは2相領域，Ⅱは1相領域である．次の記述について正しいものはどれか．

1. D点で表されている組成の三成分系は2相に分離し，各々の相の質量比は

$$\frac{組成Eの質量}{組成Fの質量} = \frac{距離 DE}{距離 DF}$$

2. 線分GBは，G点で表されている一定質量比のサリチル酸メチルと水の二成分系に種々の割合にイソプロパノールを加えていく状態を示す．

3. 線分XYは，水の組成を20％に保ち，サリチル酸メチルおよびイソプロパノールの組成変化していく状態を示す．

4. サリチル酸メチル：イソプロパノール：水 = 10：50：40 の質量比で混合した場合，2相に分離する．

解答・解説

問題 5.1　正解　1 正，2 正，3 誤，4 誤，5 誤，6 正
解説　3　凍結乾燥はT点以下の圧力下で行われる．
　　　4　曲線BTは昇華曲線である．
　　　5　圧力が増加すると水の融点は低下する．したがって，水（液相）と平衡状態にある氷（固相）に圧力をかけると融解する．

問題 5.2　正解　1 正，2 正，3 誤，4 誤，5 誤
解説　3　$C = 2, P = 3$ より $F = 1$.
　　　4　$C = 2, P = 1$ より $F = 3$. 成分の数は3種類であるが，これら化学種間には $2NH_3 = 3H_2 + N_2$ の平衡式が成立する．すなわち，H_2 と N_2 が存在すれば，NH_3 の濃度はこの化学平衡式によって決定される．このような場合，$C = 2$ として取り扱う．
　　　5　$C = 1, P = 2$ より $F = 1$. しかし，F を構成する3状態変数のうち，すでに圧力が定義されているので $F = 0$ となる．

問題 5.3　正解　1 誤，2 正，3 誤，4 誤，5 誤
解説　1　Bの固相とAとBから成る液相が共存する．
　　　3　液相中のA：Bの質量比は点pと共融曲線との交点よりおろした垂線の組成で表される．よって，相中のA：B = 60：40 = 3：2 である．
　　　4　AとBの質量比はA：B = 30：70 = 3：7 である．
　　　5　固体：液体 = (70 − 40)：(100 − 70) = 30：30 = 1：1 である．

問題 5.4 正解 6

解説　この条件のもとでは，8％フェノール混合溶液と70％フェノール混合溶液の2相に分かれる．右図より，2つの相の質量比は，8％フェノール混合溶液：70％フェノール混合溶液＝30：32，比重は水＜フェノールより，上層は8％フェノール混合溶液で，下層は70％フェノール混合溶液となる．したがって，下層の量は，100 g × 32/(30 + 32) = X，∴ X = 51.6 g．そのうちの70％がフェノールだから，51.6 g × 0.7 = 36.1 gとなる．ちなみに，そのときの水の量は51.6 g × 0.3 = 15.5 gである．

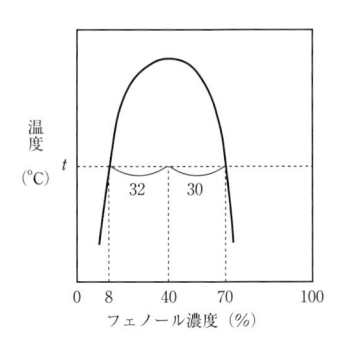

問題 5.5 正解 2

解説　沸点図（気相-液相平衡）の見方を問う問題．共沸混合物が生じる場合の図である．Xは共沸点（気相線と液相線の接点）より右（純B寄り）であるため，液相から加熱すると，始めに沸騰して出てくる気体の組成はX_nである．このX_nを冷却液化させ，再び加熱すると，始めに出てくる気体の組成はX_nよりさらに純B寄りになる．よってこれを繰り返せば，純粋なBが得られる．残りは共沸混合物（組成X_p）となる．

逆に共沸点より左（純A寄り）の組成の液体の場合は，この操作を繰り返すと純粋なAと共沸混合物（組成X_p）とに分離できる．このように共沸混合物が生じる場合でも純物質の一方が得られる．

問題 5.6 正解 2, 3

解説　1　誤．各々の相の質量比は，てこの原理に従って，

$$\frac{組成Eの質量}{組成Fの質量} = \frac{距離DF}{距離DE}$$

4　誤．ここに示された質量比は図中の点Zに対応する．これはⅡの領域であるから均一な溶液となり，1相である．

図からもわかるように，水とサリチル酸メチルは相互に溶解しない．しかし，ここへイソプロパノールを加えると（例えば点Zのように）これらの3成分は相互に溶かし合い，透明な溶液が得られる．

参考書

1) 井上正敏, 寺田弘 編 (2004) 製剤物理化学, 廣川書店
2) 渋谷皓, 松崎久夫 編 (2001) 薬学生の物理化学 第2版, 廣川書店
3) 上釜兼人, 川島嘉明, 松田芳久 編 (2001) 最新製剤学, 廣川書店
4) 桐野豊 編 (2002) 基礎薬学物理化学 第2版, 廣川書店
5) バーロー (1999) 物理化学 第6版, 東京化学同人

6 水溶液

人体の構成成分の約70％は水であり，さまざまな生命現象は水を媒質とした中で起きている．医薬品に関しても，その製剤化から，投与，吸収，移行，機能発現，代謝，そして排泄に至るまでの多くの過程において，水が関わっている．したがって，水溶液の物理化学的性質を学ぶことは重要である．本章では，水溶液の熱力学など溶液化学に関する基礎的事項と，電解質水溶液およびその電気化学的性質について述べる．

6.1 水溶液の熱力学

6.1.1 純液体の化学ポテンシャル

多成分からなる系において，一定の温度および圧力のもと，成分 i の物質量 n_i を微小量だけ変化させる．このとき，その成分 1 mol あたりの系のギブズ自由エネルギー G の変化（＝部分モルギブズ自由エネルギー）を**化学ポテンシャル** chemical potential といい，記号 μ で表す．

$$\mu_i = \left(\frac{\partial G}{\partial n_i}\right)_{p,T,n_j(j \neq i)} \tag{6-1}$$

平衡状態において，各成分の化学ポテンシャルはいずれの相においても等しい．いま，物質 A の純液体とその蒸気が平衡状態にあるとする．それぞれの化学ポテンシャルを $\mu_A^*{}_{(l)}$ および $\mu_A^*{}_{(g)}$ とすると，平衡では $\mu_A^*{}_{(l)} = \mu_A^*{}_{(g)}$ となる（＊は純物質を示す）．これを μ_A^* と置くと，$\mu_A^*{}_{(g)}$ は A の蒸気圧 p_A^* を用いて $\mu_A^*{}_{(g)} = \mu_A^\ominus + RT \ln p_A^*$ と表せるので（第 4 章），μ_A^* も同じく次のようになる．

$$\mu_A^* = \mu_A^\ominus + RT \ln p_A^* \tag{6-2}$$

ここで μ_A° は標準状態（1 bar（= 10^5 Pa = 0.9869 atm)）における A の化学ポテンシャル，R は気体定数（= 8.314 J K^{-1} mol^{-1}），T は熱力学的温度（単位：K）である．なお，対数項中の p_A^* は，厳密にいえば p_A^* の標準圧力 p°（= 1 bar）に対する相対圧力 p_A^*/p° である．簡略化のため慣例にしたがい p° は省略するが，式 (6-2) 中の p_A^* は無次元（単位：1）にされていると考える必要がある．

6.1.2 理想溶液

溶媒 A と溶質 B からなる溶液を考える．A の化学ポテンシャル μ_A は，純液体 A の蒸気圧 p_A^*（式 (6-2)）の代わりに，溶液における A の蒸気圧 p_A を用いて表される．

$$\mu_A = \mu_A^\circ + RT \ln p_A \tag{6-3}$$

式 (6-3) から式 (6-2) を差し引くと，次の式 (6-4) が得られる．

$$\mu_A = \mu_A^* + RT \ln\left(\frac{p_A}{p_A^*}\right) \tag{6-4}$$

ラウール Raoult は，A に B を溶かしたときの A の蒸気圧の相対変化 $(p_A^* - p_A)/p_A^*$ は B のモル分率 x_B（= $n_B/(n_A + n_B)$，n はそれぞれの物質量）に等しいことを見いだした．

$x_A = 1 - x_B$ なので，この関係は次のように表現できる．

$$p_A = x_A p_A^* \tag{6-5}$$

すなわち，溶媒 A の蒸気圧 p_A は A のモル分率 x_A に比例し，その比例係数は純液体 A の蒸気圧 p_A^* に等しい．これを**ラウールの法則** Raoult's law という．溶質 B が存在すると $x_A < 1$，したがって式 (6-5) より $p_A < p_A^*$ となり，溶液の A の化学ポテンシャル μ_A は純液体のときの化学ポテンシャル μ_A^* よりも低くなる（式 (6-4) において，右辺の対数項が負の値となる）．これは，A が B と混合することでエントロピーが増大し，より安定になるためである．

純粋な A から純粋な B まで，すべての組成においてラウールの法則が成り立つ溶液を**理想溶液** ideal solution という．理想溶液では，化学ポテンシャル μ_A（式 (6-4)）は，溶液中におけるそのモル分率（式 (6-5)）を用いて次のように表すことができる．

$$\mu_A = \mu_A^* + RT \ln x_A \tag{6-6}$$

この場合，溶媒と溶質の区別は，いずれが他方に対して過剰かということにすぎず，本質的な相違はない．したがって，B についても A と同じ取り扱いが可能である．すなわち，その化学ポテンシャル μ_B は，式 (6-6) と同様に $\mu_B = \mu_B^* + RT \ln x_B$ と表せる．

図 6.1 の実線は，理想溶液の B 成分のモル分率 x_B と蒸気圧との関係を示したものである．理想溶液の挙動を示すのは，分子間にはたらく力が A-A 間，B-B 間あるいは A-B 間にかかわらず

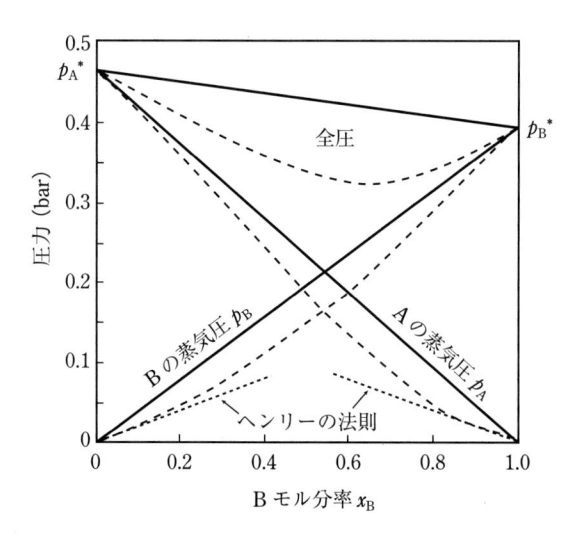

図 6.1　2成分からなる溶液のモル分率と蒸気圧との関係

実線は理想溶液．理想溶液は全組成にわたってラウールの法則に従う．破線は実在溶液の一例（A成分＝アセトン，B成分＝クロロホルム）．全圧は各成分の蒸気圧の和になる（ドルトンの法則）．一般的に，異種分子間の凝集力が大きいときには混合は発熱過程となり，溶液は安定化するので，この例のように理想溶液よりも蒸気になろうとする傾向が小さくなる（破線が実線より下方になる）．凝集力が小のときはその反対の傾向（上に凸となる）を示す．

一定で，分子の大きさも等しい場合である．このような場合には，両物質を混合しても熱の出入りも部分モル体積の変化もない．実際に理想溶液に近い挙動を示すのは，ベンゼンとトルエンの混合系など，限られた例しかない．

6.1.3　理想希薄溶液

実在の溶液では分子間の相互作用や分子の大きさの相違から，理想性からはずれた挙動をする．一例として，アセトン-クロロホルム系におけるクロロホルムのモル分率と蒸気圧との関係を図6.1に破線で示した．溶媒の挙動は，溶質に対して過剰になるほど，理想溶液の挙動（ラウールの法則）に近づく．これは，溶媒のモル分率が1に近づくほど溶質分子から受ける影響が少なくなり，純液体のときの物性（p_A^*）に支配されるようになるからである．一方，溶質の蒸気圧 p_B は，希薄溶液においてそのモル分率 x_B に比例する．しかし，その比例定数は純液体Bの蒸気圧 p_B^* とは一致しない．これを**ヘンリーの法則** Henry's law といい（もともとの表現は，液体への気体の溶解度はその分圧に比例するというもの），比例定数を K_B とすると次のように表すことができる．

$$p_B = x_B K_B \qquad (K_B \neq p_B^*) \tag{6-7}$$

$K_B \neq p_B^*$ となる理由は，B 分子は大過剰の A 分子で取り囲まれており，純物質のときの状況とは大きく異なっているためである（いわば，「A 分子と相互作用ずみの B 分子」が基準になっている）．このように，溶媒の挙動はラウールの法則に，溶質の挙動はヘンリーの法則にそれぞれ従う溶液を**理想希薄溶液** ideal–dilute solution という．

理想希薄溶液では溶質 B の物質量は溶媒 A の物質量に比べてはるかに小さいので，そのモル濃度 C_B はモル分率 x_B に比例すると近似できる．すなわち，k を比例係数として，$x_B \fallingdotseq kC_B$ となる．この関係を式（6-7）に代入すると $p_B = kC_B K_B$ となる．したがって理想希薄溶液では，溶質 B の化学ポテンシャル μ_B は式（6-4）の添字 A を B と読み換えて次のように導かれる．

$$\mu_B = \mu_B^* + RT \ln \frac{p_B}{p_B^*} = \mu_B^* + RT \ln \frac{kC_B K_B}{p_B^*}$$

$$= \mu_B^* + RT \ln \frac{kK_B}{p_B^*} + RT \ln C_B \tag{6-8}$$

ここで，右辺第一項と第二項は溶質 B に固有な値と見なせるので，これをひとまとめにして μ_B° とすると，式（6-8）は次の式（6-9）に書き換えられる[*]．

$$\mu_B = \mu_B^\circ + RT \ln C_B \tag{6-9}$$

μ_B° はこの場合の標準状態（$C_B = 1$ mol/L）における B の化学ポテンシャルである．

6.1.4 活量と活量係数

理想溶液に関する式（6-6）や理想希薄溶液に関する式（6-9）を，式の形を変えることなく非理想性を示す実在溶液に適用するために（そのほうが便利だから），濃度（モル分率 x やモル濃度 C）の代わりに**活量** activity（記号：a）という概念を導入する．すなわち，活量とは，実際の挙動を理想状態に対して得られた式に適合させるための実効濃度である．活量を用いることによって，例えば式（6-9）に対応する式は次のようになる．

$$\mu_B = \mu_B^\circ + RT \ln a_B \tag{6-10}$$

非理想性の程度は活量 a_B のモル濃度 C_B に対する比 γ_B を用いて表す．この比を**活量係数** activity coefficient という．

---

[*] このような扱いができるのは，式（6-2）の p_A^* について述べたのと同じように（6.1.1 節），対数項中の C_B は，本当は B のモル濃度 C_B ではなく，標準濃度 C°（この場合 $C^\circ = 1$ mol/L）に対する B のモル濃度の比，すなわち相対濃度 C_B/C° であるからである．標準状態は絶対的なものではなく，任意に設定することができる．もし 1 mol/L ではなく，5 mol/L を標準状態とするならば，濃度 0.1 mol/L の B では，式（6-9）の C_B は 0.1 ではなく，（B の濃度）/（標準濃度）＝（0.1 mol/L）/（5 mol/L）＝ 0.02 となり，また μ_B° は B の濃度が 5 mol/L のときの化学ポテンシャルとなる．標準をどこにとろうと（また，濃度をどのような単位で表そうと）左辺の μ_B は変わらない．

$$a_B = \gamma_B C_B \tag{6-11}$$

溶質の活量係数 γ_B は,その濃度 C_B が 0 に近づくほど 1 に近づく(理想希薄溶液の状態に近づく).

6.2 希薄溶液の束一的性質

　溶質の種類には無関係で,その粒子数のみに依存する性質を**束一的性質** colligative property という.希薄溶液では以下に述べるような束一的性質がみられる.ここでは,取り扱いを簡単にするために,溶質は非電解質であり,不揮発性で,溶媒が凝固する際にもともに析出することはない,と仮定する.溶液中で溶質の電離や会合が起こる場合には,溶質の粒子数の変化を考慮する必要がある(6.3.2 項参照).

6.2.1 蒸気圧降下

　ラウールの法則(式(6-5))に示されるように,溶質の存在により溶媒の蒸気圧は純液体のときよりも低下する.これを**蒸気圧降下** vapor pressure depression という.蒸気圧降下は $\Delta P = p_A^* - p_A = p_A^* - x_A p_A^* = (1 - x_A)p_A^* = x_B p_A^*$ と表され,溶質のモル分率 x_B に比例する.

6.2.2 沸点上昇

　図 6.2 に溶媒 A の化学ポテンシャル μ_A と温度 T との関係を模式的に示した.溶質 B の添加によって μ_A が低下し,A の沸点 T_b は,純液体 A のときの沸点 T_b^* よりも高くなる.これを**沸点上昇** boiling point elevation という.すなわち,B との混合によって安定化された A を沸騰させるためには,より高い温度が必要になる.沸点上昇度を ΔT_b ($= T_b - T_b^*$)とすると,ΔT_b は溶質 B のモル分率 x_B に比例する.希薄溶液では x_B は B の質量モル濃度 m_B に比例すると近似できるので,ΔT_b は次のように表せる.

$$\Delta T_b = K_b m_B \tag{6-12}$$

K_b は比例定数であり,**沸点上昇定数**(あるいは**モル沸点上昇**)ebullioscopic constant(molar boiling point elevation constant)という.表 6.1 に主な溶媒の K_b を示す.K_b は A のモル蒸発エンタルピーを ΔH_v,モル質量(単位:kg mol^{-1})を M_A とすると,次の式(6-13)で表される.

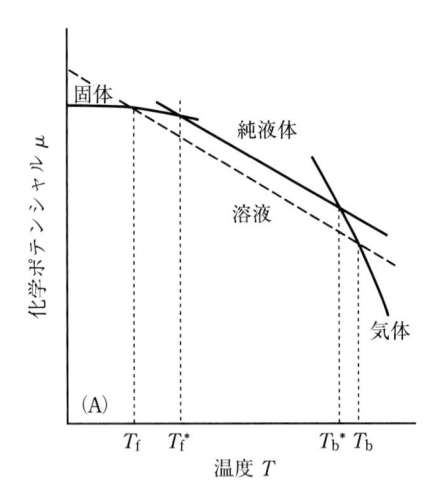

図 6.2 沸点上昇と凝固点降下

固体，純液体，溶液，気体の化学ポテンシャルを模式的に示した．T_b^* および T_b はそれぞれ純液体および溶液の沸点である．T_f^* および T_f はそれぞれ純液体および溶液の凝固点である．

表 6.1 沸点上昇定数 K_b と凝固点降下定数 K_f

溶 媒	沸点 T_b^* (℃)	K_b (K mol^{-1} kg)	凝固点 T_f^* (℃)	K_f (K mol^{-1} kg)
水	100	0.515	0	1.853
アセトン	56.29	1.71	−94.7	2.4
ベンゼン	80.100	2.53	5.533	5.12
フェノール	181.839	3.60	40.90	7.40
クロロホルム	61.152	3.62	−63.55	4.90
ショウノウ	207.42	5.611	178.75	37.7

(日本化学会編，「化学便覧 基礎編」，改訂 5 版，丸善，2004，p. II-142 〜 II-144 より抜粋)

$$K_b = \frac{R(T_b^*)^2 M_A}{\Delta H_v} \tag{6-13}$$

(参考) 式 (6-13) の導出

溶液中の溶媒 A の化学ポテンシャルは式 (6-6) ($\mu_A = \mu_A^* + RT \ln x_A$) で表される．この式を変形し，$x_A = 1 - x_B$ の関係を用いると，次の式 (6-14) が導かれる．

$$\ln(1 - x_B) = \frac{\mu_A - \mu_A^*}{RT_b} \tag{6-14}$$

蒸発平衡では気相中の A の化学ポテンシャルは μ_A に等しく，また μ_A^* は純液体 A の化学ポテンシャルなので，右辺の分子は A のモル蒸発ギブズ自由エネルギー ΔG_v に相当する．したがって，式 (6-14) はモル蒸発エンタルピー ΔH_v およびモル蒸発エントロピー ΔS_v を用いて

(一定温度 T で，$\Delta G_v = \Delta H_v - T\Delta S_v$)，式 (6-15) のように表せる．

$$\ln(1 - x_B) = \frac{\Delta H_v}{RT_b} - \frac{\Delta S_v}{R} \tag{6-15}$$

A が純液体（沸点 T_b^*）の場合には，$\ln(1 - x_B) = \ln(1 - 0) = 0$ であり，式 (6-15) は次のようになる．

$$0 = \frac{\Delta H_v}{RT_b^*} - \frac{\Delta S_v}{R} \tag{6-16}$$

希薄溶液の場合，x_B は小さく，このとき $\ln(1 - x_B)$ は $-x_B$ に近似できる（マクローリン展開 $\ln(1+x) = x - x^2/2 + x^3/3 - x^4/4 \cdots$ し，右辺第二項以下を無視）．そこで式 (6-16) から式 (6-15) を引くと，次の関係が得られる（ΔH_v や ΔS_v の温度依存性は無視した）．

$$x_B = \frac{\Delta H_v}{R}\left(\frac{1}{T_b^*} - \frac{1}{T_b}\right) \tag{6-17}$$

モル分率 x_B は，質量モル濃度 m_B を用いて次のように表される（$1 + M_A m_B$ は，希薄溶液なので 1 に等しいと近似）．

$$x_B = \frac{n_B}{n_A + n_B} = \frac{m_B}{1/M_A + m_B} = \frac{M_A m_B}{1 + M_A m_B} \fallingdotseq M_A m_B \tag{6-18}$$

式 (6-17) の左辺にこの関係を代入し，右辺の括弧内は $1/T_b^* - 1/T_b = (T_b - T_b^*)/T_b T_b^* \fallingdotseq \Delta T_b/(T_b^*)^2$ と近似する．この ΔT_b に式 (6-12) の関係を代入し整理すると，式 (6-13) が得られる．

6.2.3 凝固点降下

図 6.2 に示されるように，溶質 B の存在によって，A の凝固点 T_f は純液体 A の凝固点 T_f^* より低下する（溶質が加わったことによるエントロピー増大分をうち消すためには，より低温にする必要がある）．これを**凝固点降下** freezing point depression という．凝固点降下度を ΔT_f（$= T_f^* - T_f$）とすると，希薄溶液では ΔT_f は溶質 B の質量モル濃度 m_B に比例する．

$$\Delta T_f = K_f m_B \tag{6-19}$$

K_f を**凝固点降下定数**（あるいは**モル凝固点降下**）cryoscopic constant（molar freezing point depression constant）という．主な溶媒の K_f を表 6.1 に示した．K_f についても前節と同様な議論により，モル融解エンタルピー ΔH_f と次のような関係にある．

$$K_f = \frac{R(T_f^*)^2 M_A}{\Delta H_f} \tag{6-20}$$

一般的に，モル蒸発エンタルピー ΔH_v のほうがモル融解エンタルピー ΔH_f より大きいので（液体を気体にするほうが，固体を液体にするよりも多くのエネルギーを要する），式 (6-13) と

式 (6-20) の比較により $K_b < K_f$ となる．すなわち，沸点上昇よりも凝固点降下のほうが顕著に現れる．

6.2.4 浸透圧

溶媒は通しても溶質を通さない膜を**半透膜** semipermeable membrane という．**浸透** osmosis とは，溶媒が半透膜を通って純溶媒側から溶液側へと移行する現象である．浸透を止めるためには，溶液側に余分の圧力 Π をかける必要がある．この Π を**浸透圧** osmotic pressure という．もし，溶液側に Π 以上の圧力をかけると，溶液側から純溶媒側へと溶媒分子が移行する．これを**逆浸透** reversed osmosis といい，純水の製造に応用されている．

希薄溶液では，浸透圧 Π は，溶液の体積 V，溶質の物質量 n_B，気体定数 R，および熱力学的温度 T を用いて式 (6-21) で表される．これを，**ファント・ホッフの浸透圧の法則** van't Hoff's osmotic pressure law という．

$$\Pi V = n_B RT \tag{6-21}$$

溶質の質量およびモル質量をそれぞれ w_B，M_B とすると，$n_B = w_B/M_B$ なので，式 (6-21) から式 (6-22) が導かれる．この関係を用いて浸透圧の測定から溶質分子の分子量を求めることができる．

$$\Pi V = (w_B/M_B)RT \tag{6-22}$$

また，n_B/V はモル濃度 C_B を表すので，式 (6-21) および (6-22) は式 (6-23) のようにも表すことができる．

$$\Pi = C_B RT \tag{6-23}$$

浸透圧の SI 単位は Pa ($= \mathrm{Nm^{-2}} = \mathrm{m^{-1}\,kg\,s^{-2}}$) である (序論参照)．一方，日本薬局方では一般試験法において「浸透圧測定法（オスモル濃度測定法）」が定められ，ここでは容量オスモル濃度が採用されている．その単位は Osm ($=$ osm/L) である．1 Osm とは，溶液 1 L 中にアボガドロ数個 (6.022×10^{23}/mol) に等しい個数の粒子が存在するときの濃度を表す．

例えば，25℃ において 5 g のブドウ糖 $C_6H_{12}O_6$（モル質量 180 g/mol）を 100 mL の水に溶かしたとき，この溶液のブドウ糖濃度は 277.7 mmol/L = 277.7 mOsm である．277.7 mmol/L = 277.7 mol m^{-3} なので，その浸透圧 Π は式 (6-23) より，$\Pi = C_B RT = 277.7\ \mathrm{mol\,m^{-3}} \times 8.314\ \mathrm{J\,K^{-1}\,mol^{-1}} \times 298.15\ \mathrm{K} \fallingdotseq 6.88 \times 10\ \mathrm{J\,m^{-3}} = 6.88 \times 10^5\ \mathrm{Pa}$ と求められる．

（参考）式（6-21）の導出

半透膜を隔てた純溶媒側のAの化学ポテンシャル μ_A^* は，その蒸気圧 p_A^* を用いて式（6-2）のように表せる．浸透圧を加えないとき，溶液側のAの化学ポテンシャル μ_A は，蒸気圧降下によって μ_A^* より小さくなる（式（6-4））．平衡状態では両者の化学ポテンシャルは同じでなければならず，このためには溶液側に余分の圧力 Π をかけることで溶液のAの化学ポテンシャルを μ_A^* に等しくする必要がある．圧力 $p_A^* + \Pi$ における溶液のAの蒸気圧を p_A'，化学ポテンシャルを μ_A'，溶質Bのモル分率を x_B とすると，式（6-4）および式（6-6）をもとに μ_A' は次のように表せる．

$$\mu_A' = \mu_A^{*\prime} + RT \ln \frac{p_A'}{p_A^* + \Pi} = \mu_A^{*\prime} + RT \ln x_A$$
$$= \mu_A^{*\prime} + RT \ln(1 - x_B) \tag{6-24}$$

ここで，右辺第一項の $\mu_A^{*\prime}$ は，化学ポテンシャルの圧力依存性（第4章参照）により，式（6-4）の μ_A^* との間に次のような関係がある．

$$\mu_A^{*\prime} = \mu_A^* + \int_{p_A}^{p_A + \Pi} V_m dp \tag{6-25}$$

溶媒Aのモル体積 V_m の圧力依存性を無視する（V_m を定数とみなす）と，式（6-25）は次のようになる．

$$\mu_A^{*\prime} = \mu_A^* + \Pi V_m \tag{6-26}$$

これを式（6-24）に代入し，さらに希薄溶液（x_B が小）では $\ln(1 - x_B) \fallingdotseq -x_B$ の関係を利用すると，μ_A' は次の式（6.26）のように表される．

$$\mu_A' = \mu_A^* + \Pi V_m - RT x_B \tag{6-27}$$

この μ_A' が純溶媒側の溶媒Aの化学ポテンシャル μ_A^* と等しくなるには，

$$\Pi V_m = RT x_B \tag{6-28}$$

希薄溶液では $x_B = n_B/(n_A + n_B) \fallingdotseq n_B/n_A$ と近似でき，また $n_A V_m = V$ なので，これらの関係を式（6-28）に代入すると式（6-21）が得られる．

（参考）束一的性質の応用 ——等張化——

液状医薬品が血清や涙液などの体液と同じ浸透圧を示すとき，この医薬品は**等張** isotonic であるという．体液の浸透圧より低い場合は**低張** hypotonic，高い場合は**高張** hypertonic という．過度に低張な溶液は溶血を引き起こし，高張な溶液は組織障害や疼痛の原因となる．したがって，液状医薬品は等張溶液であることが望ましく，このための操作を**等張化** isotonization という．通常，主薬だけでは十分な浸透圧が得られないので，無害であり主薬

の薬効に影響を与えない物質が添加される．これを**等張化剤** isotonicity といい，塩化ナトリウムやブドウ糖などが用いられている．

低分子溶液に対する理想的な半透膜はなく，その浸透圧の測定は容易ではない．そこで，束一的性質に基づき，等張溶液と同じ氷点降下度（水の凝固点降下度：0.52℃）を示す溶液を調製する．等張化のための主な方法を以下に述べる．また，これらに必要なデータの一例を表 6.2 に示す．

氷点降下法

与えられた薬液の氷点降下度を a，等張化剤の 1 w/v％水溶液の氷点降下度を b とすると，薬液 100 mL に加えるべき等張化剤の質量 x（単位：g）は次の式（6-29）で求められる．すなわち，薬物による氷点降下度と，等張化剤による氷点降下度の和が 0.52℃ となるように等張化剤を加える．

$$x = (0.52 - a)/b, \text{ あるいは } 0.52 = a + bx \tag{6-29}$$

食塩価法

ある薬物 1 g と同じ浸透圧を示す塩化ナトリウムの質量（単位：g）をその薬物の**食塩価** sodium chloride equivalent という．等張な塩化ナトリウム水溶液（生理食塩液）の濃度は 0.9 w/v％なので，等張な薬液 100 mL の調製では，これに含まれる薬物の質量 × 食塩価と，等張化剤として加えるべき物質の質量 × 食塩価の和が 0.9 となるようにする．すなわち，食塩濃度に換算して 0.9 w/v％ となるようにする．

容積価法

薬物 1 g を溶かして等張溶液をつくるために必要な水の体積（単位：mL）を**容積価** volume value という．容積価が a である薬物の 1 w/v％溶液 100 mL を調製するためには，

表 6.2　各種医薬品の氷点降下度，食塩価および容積価

薬品名	1 w/v％ 水溶液の氷点降下度（℃）	食塩価	容積価（mL）
塩化ナトリウム	0.578	1.00	111.1
塩酸コカイン	0.093	0.16	17.8
クロロブタノール	0.069	0.24	20.0
硝酸銀	0.191	0.33	36.7
硝酸ナトリウム	0.39	0.68	75.7
ブドウ糖（無水）	0.104	0.18	20.0
ホウ酸	0.288	0.50	55.6
硫酸亜鉛	0.087	0.15	16.7

（瀬崎仁，木村聰城郎，橋田充編（2000）薬剤学Ｉ，p. 65，廣川書店より抜粋）

薬物 1 g を体積 a の水に溶解し，そこへさらに生理食塩水を加えて 100 mL にすればよい．

6.3 電解質水溶液

6.3.1 電解質

電解質 electrolyte とは，水などの極性溶媒に溶解させたとき，電離してイオンを生じる物質である．溶解させた電解質のうち，電離（解離）している割合を**電離度** degree of electrolytic dissociation（記号：α）という．α がほぼ 1 のとき，その電解質は**強電解質** strong electrolyte であるといい，$\alpha < 1$ のときには**弱電解質** weak electrolyte であるという[*]．弱電解質の α の大きさはその濃度に依存し，無限に希釈していくほど 1 に近づく．

6.3.2 電解質水溶液の束一的性質

電解質水溶液では電離によって溶質粒子（イオン）が増加するため，希薄溶液における蒸気圧降下，沸点上昇，凝固点降下，浸透圧といった束一的性質は，質量モル濃度あるいはモル濃度からの予測よりも顕著に大きく現れる．そのときの補正係数を**ファント・ホッフ係数** van't Hoff's factor といい，強電解質 $M_{\nu_+}X_{\nu_-}$ では無限希釈状態において $\nu_+ + \nu_-$ である（例えば，K_2SO_4 では $\nu_+ = 2, \nu_- = 1$）．弱電解質でも無限希釈状態に近づくほど，この値に近づく．

例えば浸透圧（6.2.4 項参照）では，$\nu_+ + \nu_- = \nu$ とおくと，式（6-23）は次の式（6-30）のように表される．

$$\Pi = \phi \nu C_B RT \tag{6-30}$$

ここで，ϕ は**浸透係数** osmotic coefficient と呼ばれ，イオン間の相互作用による理想性からのずれを表し，濃度 C_B におけるファント・ホッフ係数と無限希釈状態におけるファント・ホッフ係数の比に相当する．

6.3.3 電解質水溶液の非理想性

電解質水溶液では，電離によって生じた各イオンは熱運動している．しかし，イオン間に強い

---

[*] その電解質が強電解質であるか弱電解質であるかは，その濃度や溶媒の種類などにも依存する．例えば酢酸は，液体アンモニア中では強電解質として挙動する．

クーロン相互作用 Coulomb interaction が働くため，あるイオン（中心イオン）に着目すると，その周囲には同符号の電荷を有するイオンが存在する確率よりも，反対電荷を有するイオン（**対イオン** counterion）が存在する確率のほうが高い．この結果生じる反対電荷の分布を**イオン雰囲気** ionic atmosphere という．イオン雰囲気によって中心イオンは安定化され，その活量係数は 1 から減少する．

いま，電解質 $M_{\nu_+}X_{\nu_-}$ が電離し，ν_+ 個の M^{z+} と ν_- 個の X^{z-} が生成したとする．

$$M_{\nu_+}X_{\nu_-} \longrightarrow \nu_+ M^{z+} + \nu_- X^{z-} \tag{6-31}$$

ここで ν_+ および ν_- は，それぞれ電解質の化学式あたりの陽イオンおよび陰イオンの数で，z_+ および z_- はそれぞれの電荷である（例えば $Al_2(SO_4)_3$ では，$\nu_+ = 2$，$\nu_- = 3$，$z_+ = 3$，$z_- = -2$ である）．陽イオンおよび陰イオンの化学ポテンシャル μ，活量 a，活量係数 γ，モル濃度 C をそれぞれ添え字の＋と－を用いて区別すると，$M_{\nu_+}X_{\nu_-}$ のモルギブズ自由エネルギー G（$= \nu_+\mu_+ + \nu_-\mu_-$）は次のように表される．

$$\begin{aligned} G &= \nu_+(\mu_+^\circ + RT \ln a_+) + \nu_-(\mu_-^\circ + RT \ln a_-) \\ &= \nu_+(\mu_+^\circ + RT \ln \gamma_+ C_+) + \nu_-(\mu_-^\circ + RT \ln \gamma_- C_-) \\ &= \nu_+\mu_+^\circ + \nu_-\mu_-^\circ + RT \ln C_+^{\nu_+} C_-^{\nu_-} + RT \ln \gamma_+^{\nu_+} \gamma_-^{\nu_-} \end{aligned} \tag{6-32}$$

したがって，電解質水溶液の非理想性の程度（濃度 C では説明できない性質）は $RT \ln \gamma_+^{\nu_+} \gamma_-^{\nu_-}$ の項に含まれているといえる．しかし，γ_+ と γ_- とを個別に測定できる方法は存在しない．そこで次に示すように，両者の幾何平均を**平均活量係数** mean activity coefficient（記号：$\gamma_\pm$）と定義し，熱力学的測定から求めた $\gamma_\pm$ を，両イオンに平等に配分する（$a_+ = \gamma_\pm C_+$，$a_- = \gamma_\pm C_-$）．

$$\gamma_\pm = (\gamma_+^{\nu_+} \gamma_-^{\nu_-})^{1/(\nu_+ + \nu_-)} \tag{6-33}$$

この平均活量係数 $\gamma_\pm$ を用いると式 (6-32) は次のように表される．

$$G = \nu_+\mu_+^\circ + \nu_-\mu_-^\circ + RT \ln C_+^{\nu_+} C_-^{\nu_-} + RT \ln \gamma_\pm^{(\nu_+ + \nu_-)} \tag{6-34}$$

6.3.4　イオンの活量と活量係数

デバイ Debye とヒュッケル Hückel は，強電解質の希薄水溶液における $\ln \gamma_\pm$ を表す理論式を導いた．その詳細な過程は省略するが，まず，1）溶媒はある誘電率をもつ構造性のない媒質で，2）考慮する相互作用はクーロン相互作用のみであり，3）クーロンポテンシャルエネルギーは熱運動エネルギーに比べて十分小さいという仮定のもと，静電気に関するポアソンの方程式および

イオンの分布に関するボルツマン分布則の理論に基づいて，イオン雰囲気による静電ポテンシャルを表す式が導かれた．そのポテンシャルのもと，中心イオンをその電荷まで帯電させるために要する仕事を1 mol の電解質あたりに換算したものを $RT \ln \gamma_\pm$ に等しいと置き，次の**デバイ-ヒュッケルの極限法則** Debye–Hückel limiting law が導かれた．

$$\log \gamma_\pm = -|z_+ z_-| A I^{1/2} \tag{6-35}$$

ここで，A は温度と媒質の誘電率に依存した定数で，25℃の水溶液における値は 0.5110 である（水の比誘電率として 78.36 を用いた）．I は**イオン強度** ionic strength といい，いわば静電的な効果の重みをかけたイオンの総濃度である．式（6-35）に示されているように，I によってイオン間の相互作用の強さが定まる．すなわち，I の増大とともに同符号のイオン間の反発が弱まり，異符号のイオン間の引力も弱まる．なおイオン強度 I は次式（6-36）で定義される．

$$I = \frac{1}{2} \sum z_i^2 C_i \tag{6-36}$$

図 6.3 に各種 1:1 電解質の $\gamma_\pm$ とモル濃度との関係を示す．式（6-35）は概ね $I = 0.001$ mol/L 以下の希薄溶液で実測値とよく一致する．しかし，中心イオンを点電荷とみなしているため，より高い濃度になると実測値からの隔たりが大きくなる．そこで，イオンサイズパラメータ a を導入して近似の精度を高めた**拡張デバイ-ヒュッケル則** extended Debye–Hückel law が導かれた．

$$\log \gamma_\pm = -\frac{A|z_+ z_-| I^{1/2}}{1 + BaI^{1/2}} \tag{6-37}$$

a は平均イオン直径（単位：m）を想定したものであるが，実際には測定データに合うように定められる実験パラメータである．B は温度と媒質の誘電率に依存した定数で，25℃の水溶液におけるその値は 3.290×10^9 である．式（6-37）は概ね $I = 0.1$ mol/L の濃度まで実測値に一

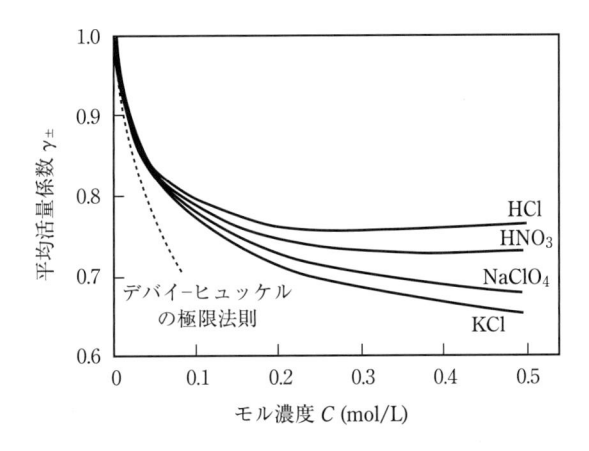

図 6.3　1:1 電解質の平均活量係数の濃度依存性

(バーロー（1999）物理化学，第6版，東京化学同人より一部改変して引用)

致する.

　キーランド Kielland は，イオンの活量係数（γ_+, γ_-）を個別に見積もるため，各イオンにイオンサイズパラメータを割り当てる試みを行った．彼が提案したイオンサイズパラメータの一例を表6.3に示す．古い研究（1935年）ではあるが，現在でも各イオンの活量係数 γ_i を見積もるためによく用いられている．

　さらに高濃度領域になると，多くの電解質では $\gamma_\pm$ の実測値は理論値（式(6-37)）よりも大きくなる．これは，イオンに水和している水分子の量が無視できなくなり，水分子の活量が低下するためである（相対的にイオンの活量が増大する）．逆に，イオンの会合によって $\gamma_\pm$ が理論値よりも小さくなる場合もある．

表6.3　イオンサイズパラメータ a_i

$a_i \times 10^{10}$ (m)	イオン
2.5	NH_4^+, Ag^+
3	K^+, Cl^-, Br^-, I^-, CN^-, NO_2^-, NO_3^-
3.5	OH^-, F^-, SCN^-, ClO_4^-, BrO_3^-, IO_4^-, MnO_4^-, $HCOO^-$
4	Hg_2^{2+}, SO_4^{2-}, $S_2O_3^{2-}$, CrO_4^{2-}, HPO_4^{2-}, PO_4^{3-}
4〜4.5	Na^+, IO_3^-, HCO_3^-, $H_2PO_4^-$, HSO_3^-, CH_3COO^-, $(CH_3)_4N^+$, $(COO)_2^{2-}$
4.5	Pb^{2+}, CO_3^{2-}, SO_3^{2-}
6	Li^+, Ca^{2+}, Mn^{2+}, Ni^{2+}, Cu^{2+}, Zn^{2+}, Fe^{2+}, Co^{2+}, $C_6H_5COO^-$
8	Mg^{2+}, Be^{2+}
9	H^+, Al^{3+}, Fe^{3+}, Ce^{3+}, Sc^{3+}, Y^{3+}, La^{3+}, In^{3+}

(J. Kielland (1937) *J. Am. Chem. Soc.* **59**, 1675 より抜粋)

この表のイオンサイズパラメータを用いてイオンの個別の活量係数を見積もるときは，式(6-37)は次のような形で用いられる．

$$\log \gamma_i = -\frac{A z_i^2 I^{1/2}}{1 + B a_i I^{1/2}}$$

6.4 電極電位と化学電池

6.4.1 酸化と還元

ある化学種から電子を奪うことを**酸化** oxidation，ある化学種に電子を与えることを**還元** reduction という．その酸化体（Ox）と還元体（Red）との間の反応（**半反応** half reaction）は，通常，右方向が還元反応になるように記される．

$$a\,\text{Ox}^z + n\,\text{e}^- \rightleftharpoons b\,\text{Red}^{(az-n)/b} \tag{6-38}$$

ここで，n は電子数，z は Ox の電荷である．

酸化還元反応 redox reaction は物質間での電子の授受を伴う反応であり，2つの半反応式の e^- を消去するように差し引くことで表現できる．反応に関わる物質のうち電子受容体を**酸化剤** oxidizing agent，電子供与体を**還元剤** reducing agent という．反応の間に，酸化剤は相手の物質を酸化し，自らは還元される．逆に，還元剤は相手を還元し，自身は酸化される．

6.4.2 電極電位とネルンストの式

ある系に電場を与えたり，電流を流したりするために用いられる電子伝導体を**電極** electrode という．いま，亜鉛イオン Zn^{2+} を含む水溶液に亜鉛電極を浸した系，および Fe^{2+} と Fe^{3+} を含む水溶液に白金電極を浸した系を考える．これらはそれぞれ**半電池** half cell と呼ばれる．前者では溶液中の Zn^{2+} と電極の Zn との間に，後者では白金電極を介して溶液中の Fe^{3+} と Fe^{2+} との間に，それぞれ次のような反応が起こる．

$$\text{Zn}^{2+} + 2\text{e}^- \rightleftharpoons \text{Zn} \tag{6-39}$$

$$\text{Fe}^{3+} + \text{e}^- \rightleftharpoons \text{Fe}^{2+} \tag{6-40}$$

平衡に達したとき，各電極はそれぞれの溶液に対してある電位をもつ．これを**電極電位** electrode potential という（式（6-40）のような場合は**酸化還元電位** redox potential ともいう）．一般に，式（6-38）で表される半反応に対し，その電極電位 E は次の**ネルンストの式** Nernst equation で表される．

$$E = E^\circ - \frac{RT}{nF} \ln \frac{a_{\text{Red}}^b}{a_{\text{Ox}}^a} \tag{6-41}$$

表 6.4 標準電極電位 $E°$ (25 ℃)

半反応式	$E°$ (V)	半反応式	$E°$ (V)
$K^+ + e^- \rightleftharpoons K$	-2.931	$Sn^{4+} + 2e^- \rightleftharpoons Sn^{2+}$	$+0.151$
$Ca^{2+} + 2e^- \rightleftharpoons Ca$	-2.868	$Cu^{2+} + e^- \rightleftharpoons Cu^+$	$+0.3419$
$Na^+ + e^- \rightleftharpoons Na$	-2.71	$I_2 + 2e^- \rightleftharpoons 2I^-$	$+0.5355$
$Mg^{2+} + 2e^- \rightleftharpoons Mg$	-2.372	$O_2 + 2H^+ + 2e^- \rightleftharpoons H_2O_2$	$+0.695$
$Al^{3+} + 3e^- \rightleftharpoons Al$	-1.662	$Fe^{3+} + e^- \rightleftharpoons Fe^{2+}$	$+0.771$
$Zn^{2+} + 2e^- \rightleftharpoons Zn$	-0.7618	$Hg_2^{2+} + 2e^- \rightleftharpoons 2Hg$	$+0.7973$
$Fe^{2+} + 2e^- \rightleftharpoons Fe$	-0.447	$Ag^+ + e^- \rightleftharpoons Ag$	$+0.7996$
$Cr^{3+} + e^- \rightleftharpoons Cr^{2+}$	-0.407	$Pt^{2+} + 2e^- \rightleftharpoons Pt$	$+1.18$
$Ni^{2+} + 2e^- \rightleftharpoons Ni$	-0.257	$Cl_2 + 2e^- \rightleftharpoons 2Cl^-$	$+1.35827$
$Sn^{2+} + 2e^- \rightleftharpoons Sn$	-0.1375	$Au^{3+} + 3e^- \rightleftharpoons Au$	$+1.498$
$Pb^{2+} + 2e^- \rightleftharpoons Pb$	-0.1262	$MnO_4^- + 8H^+ + 5e^- \rightleftharpoons Mn^{2+} + 4H_2O$	$+1.679$
$HgI_4^{2-} + 2e^- \rightleftharpoons Hg + 4I^-$	-0.038	$Ce^{4+} + e^- \rightleftharpoons Ce^{2+}$	$+1.72$
$2H^+ + 2e^- \rightleftharpoons H_2$	0.000	$Co^{3+} + e^- \rightleftharpoons Co^{2+}$	$+1.92$

("CRC Handbook of Chemistry and Physics", 8th ed. CRC Press, 2003, pp. 8-28 〜 8-33 などより抜粋)

ここで，$E°$ は**標準電極電位** standard electrode potential と呼ばれ，反応に関わるすべての化学種の活量が 1 である仮想的な状態での電極電位である．標準電極電位の一例を表 6.4 に示す．$E°$ がより正の値をとるほど酸化体 Ox はより強い酸化剤に，より負の値をとるほど還元体 Red はより強い還元剤になり得る（ただし，反応速度は予測できない）．式（6-41）に気体定数 R およびファラデー定数 F（= 9.6485×10^4 C mol^{-1}）の値を代入し，活量のかわりにモル濃度を用い，さらに自然対数を常用対数に変換すると，ネルンストの式は 25 ℃（= 298.15 K）において次のように表される．

$$E = E° - \frac{0.0592}{n} \log \frac{C_{Red}{}^b}{C_{Ox}{}^a} \qquad (6\text{-}42)$$

例えば，式（6-39）および式（6-40）の半電池では，式（6-42）の右辺の対数項はそれぞれ $\log(1/C_{Zn^{2+}})$ および $\log(C_{Fe^{2+}}/C_{Fe^{3+}})$ となる．これは，電極電位 E がそれぞれ Zn^{2+} の濃度および Fe^{2+} と Fe^{3+} の濃度比で決定されていることを意味する．

異なる相の間の電位差は測定不可能であり，溶液に対する電極の電位もその例外ではない（電位差計の一方の端子を電極に，他方を溶液にそれぞれ導線でつないでも，後者が新たな半電池を形成することになるので，目的の半電池の電極電位を測定したことにはならない）．そこで，図 6.4 に示した**標準水素電極** normal hydrogen electrode（NHE）の電極電位を温度にかかわらず 0 V と定義し，これと電池（次節参照）を構成させたときの相対電位を半電池の電極電位とする．

(参考) 式 (6-41) の導出

ある化学種の化学ポテンシャルを，それが含まれる媒質の電位の効果も含めて表したものを電気化学ポテンシャルという．電位 Φ の媒質に存在する電荷 z をもつ化学種の電気化学ポ

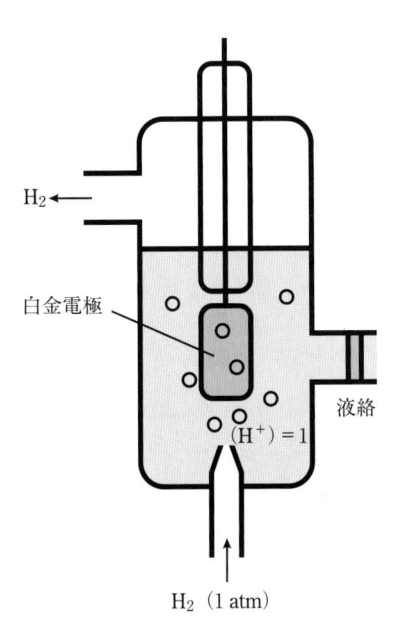

図6.4　標準水素電極

反応は $2H^+ (a_{H^+} = 1) + 2e^- \rightleftharpoons H_2$ (1 atm) と表され，この半電池の電位を温度によらず 0 V と定義する．白金は化学的に安定であり，高純度のものが得やすく，加工が容易であるなど，電極材料として優れた特長をもつ．標準水素電極では白金黒付白金電極が用いられる．これは，白金電極を 1～3％ヘキサクロロ白金(IV)酸（＝塩化白金酸；H_2PtCl_6）水溶液に入れて電解し，その表面に極めて微細な白金粒子を析出させたもので，電極の有効表面積は約 1000 倍に増大するといわれている．

テンシャル $\tilde{\mu}$ は，次のように表される．

$$\tilde{\mu} = \mu + zF\Phi = \mu^\circ + RT \ln a + zF\Phi \tag{6-43}$$

ここで μ は化学ポテンシャルで，式（6-10）と同じ形式（$\mu^\circ + RT \ln a$）で表せる．式（6-43）は，電気化学ポテンシャルが化学的な項 μ と静電的な項 $zF\Phi$ とに分けられるという仮定のもとに成り立つもので，その妥当性は必ずしも明確ではない．しかしこの式（6-43）で多くの電気化学的現象を矛盾なく説明することができる．

電極内部の電位を Φ_S，溶液の電位を Φ_L とすると，式（6-38）の半反応では，Ox，Red および e^- の電気化学ポテンシャルはそれぞれ次の式（6-44）～（6-46）のように表される．

$$\tilde{\mu}_{Ox} = \mu^\circ_{Ox} + RT \ln a_{Ox} + zF\Phi_L \tag{6-44}$$

$$\tilde{\mu}_{Red} = \mu^\circ_{Red} + RT \ln a_{Red} + [(az - n)/b]F\Phi_L \tag{6-45}$$

$$\tilde{\mu}_e = \mu_e - F\Phi_S \tag{6-46}$$

反応のギブズ自由エネルギー変化 $\Delta_r G = b\tilde{\mu}_{Red} - a\tilde{\mu}_{Ox} - n\tilde{\mu}_e$ は平衡において 0 になるので，

$$\begin{aligned} &b\left(\mu^\circ_{Red} + RT \ln a_{Red} + \left[\frac{az-n}{b}\right]F\Phi_L\right) - a(\mu^\circ_{Ox} + RT \ln a_{Ox} + zF\Phi_L) \\ &\quad - n(\mu_e - F\Phi_S) = 0 \end{aligned} \tag{6-47}$$

一方，電極電位 E は $E = \Phi_S - \Phi_L$ なので，式（6-47）を整理することにより次の式が導かれる．

$$E = -\frac{b\mu°_{Red} - a\mu°_{Ox} - n\mu_e}{nF} - \frac{RT}{nF} \ln \frac{a_{Red}^b}{a_{Ox}^a} \tag{6-48}$$

ここで，右辺第一項の分子は反応の**標準ギブズエネルギー** $\Delta_r G°$ である．$\Delta_r G°$ と $E°$ との間には $\Delta_r G° = -nFE°$ の関係がある．したがって式（6-48）の右辺第一項を $E°$ とおくと式（6-41）が得られる．

6.4.3　ガルバニ電池

　異種の電気伝導体（そのうち1つは電解質溶液のようなイオン伝導体）が直列につながり，その末端相の化学的組成が相等しい系を**ガルバニ電池** galvanic cell という．その系のもつ化学反応のエネルギーを電気エネルギーに変換して外部に取り出せるものを**化学電池** chemical cell という．反対に，外部から電気エネルギーを供給して化学エネルギーに変換するものは電解槽あるいは電解セルという．

　外部回路から電子が流れ込み還元反応が起こる側の電極を**カソード** cathode，酸化反応が起こり外部回路に電子が流れ出す側の電極を**アノード** anode という．電池系ではそれぞれ正極，負極というのに対し電解系ではそれぞれ陰極，陽極と呼び，混乱を招くおそれがあるため本書ではカソード，アノードと記す．

6.4.4　化学電池の起電力

　化学電池の一例として，ダニエル電池の基本的構成を模式的に図6.5に示す．一般的に，化学電池の表記は右がカソード側になるように書き（reduction at the right と覚える），液中を電流が右方向に流れるようにする．相の境界は縦線（|），混合しうる液体の境界は縦の破線（⁝），液間電位差が無視できる液体の境界は縦の二重破線（⁝⁝）で表す．図6.5のダニエル電池では，式（6-49）または式（6-50）のようになる．

$$\text{Zn}|\text{Zn}^{2+} \vdots\vdots \text{Cu}^{2+}|\text{Cu} \tag{6-49}$$

$$\text{Zn(s)}|\text{ZnSO}_4\text{(aq)} \vdots\vdots \text{CuSO}_4\text{(aq)}|\text{Cu(s)} \tag{6-50}$$

　負荷をつけない状態（電流 = 0）での右側の電極電位 Φ_R の左側の電極電位 Φ_L に対する電位差を**起電力** electromotive force または無電流電極電位という．すなわち起電力 E_{emf} は次のように表せる．

$$E_{emf} = \Phi_R - \Phi_L \tag{6-51}$$

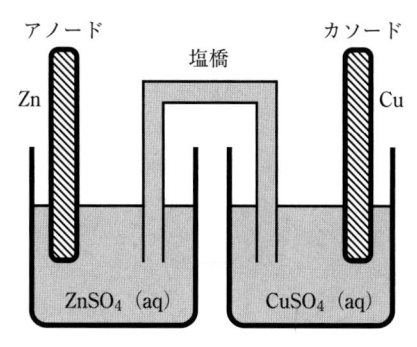

図 6.5　ダニエル電池

塩橋 salt bridge は，2つの電解質溶液が混合することなく電気的接続がなされるようにするために用いられる．中には濃厚な塩を含むゲル（寒天など）がつめられている．用いられる塩は，陰陽両イオンの輸率（6.5.4 節）の差が小さい KCl，KNO_3，NH_4NO_3 などである．輸率の差が大きい場合には，二液の間に液間電位と呼ばれる電位差が発生する．電池反応を物理化学的に解析するためには，6.4.3 節で述べたように，末端相の組成は同じでなければならず，両極をそれぞれ同じ組成を有する端子に接続する必要がある（一般的に，この末端相のことは，式 (6-49)，(6-50) のような電池の表記においては省略する．本図でも省略している）．

いま，次のような電池反応を考える．

$$a\mathrm{Ox}_1 + b\mathrm{Red}_2 \rightleftharpoons c\mathrm{Red}_1 + d\mathrm{Ox}_2 \tag{6-52}$$

この反応で授受される電子数を n とすると，**反応ギブズ自由エネルギー** $\Delta_r G$ と起電力 E_{emf} との間には次のような関係がある．

$$\Delta_r G = -nFE_{\mathrm{emf}} \tag{6-53}$$

一方，$\Delta_r G$ は各化学種の活量を用いて次のようにも表せる．

$$\Delta_r G = \Delta_r G^\circ + RT \ln \frac{a_{\mathrm{Red}_1}{}^c a_{\mathrm{Ox}_2}{}^d}{a_{\mathrm{Ox}_1}{}^a a_{\mathrm{Red}_2}{}^b} \tag{6-54}$$

両辺を nF で割り，式 (6-53) の関係を代入して整理すると，次式が導かれる．

$$E_{\mathrm{emf}} = E^\circ{}_{\mathrm{emf}} - \frac{RT}{nF} \ln \frac{a_{\mathrm{Red}_1}{}^c a_{\mathrm{Ox}_2}{}^d}{a_{\mathrm{Ox}_1}{}^a a_{\mathrm{Red}_2}{}^b} \tag{6-55}$$

ここで $E^\circ{}_{\mathrm{emf}} (= -\Delta_r G^\circ/nF)$ を標準起電力という．式 (6-55) は，電池反応に対するネルンストの式である．

式 (6-52) の反応が平衡に達すると，起電力 E_{emf} は 0 となる（$\Delta_r G$ も 0 である）．このときの式 (6-55) の対数項の中身は熱力学的平衡定数 K に等しい．したがって式 (6-55) より，K と $E^\circ{}_{\mathrm{emf}}$ との関係は次のように表される．

$$\ln K = \frac{nFE°_{emf}}{RT} \tag{6-56}$$

この関係をもとに，標準起電力 $E°_{emf}$ の測定から熱力学的平衡定数 K を決定することができる．

2つの半電池の構成は同じでも，その成分の活量が両者で異なる場合にも起電力が生じる．これを**濃淡電池** concentration cell という．濃淡電池は例えば次のような構成をもつ．

$$M|M^{n+}(a_2) \vdots\vdots M^{n+}(a_1)|M \tag{6-57}$$

両極の標準状態は同じなので $E°_{emf}$ は 0 であり，起電力 E_{emf} は式（6-55）の対数項だけで表される．

$$E_{emf} = -\frac{RT}{nF}\ln\frac{a_2}{a_1} \tag{6-58}$$

両液間で物質移動がある場合は，イオンの輸率（6.5.4節参照）の差に基づく液間電位の寄与も加わるため，取り扱いは若干複雑になる．これと関連した現象としては，イオン交換性あるいはイオン伝導性のある膜の両側に発生する膜電位がある（ある特定のイオンの輸率が1で，他のそれは0）．イオン選択性電極や生体膜における膜電位発生の機構も，膜内外でのイオンの活量の相違に基づいて理解できる．

6.5 電解質水溶液の電気伝導

6.5.1 導電率（電気伝導率）

電解質水溶液の電気伝導性は，電離によって生じたイオンの移動による**イオン伝導** ionic conduction に基づく．イオン伝導に関しても**オームの法則** Ohm's law が成立する．すなわち，電位差を V（単位：V），電気抵抗を R（単位：Ω），電流を I（単位：A）とすると，これらの間には次の関係が成立する．

$$V = IR \tag{6-59}$$

電気抵抗 R の逆数（交流回路では，インピーダンスの逆数（アドミタンス）の実数部）を**コンダクタンス**あるいは**電気伝導度** conductance（記号：G）という．その単位は S（ジーメンス，$= \Omega^{-1} = m^{-2}kg^{-1}s^3A^2$）である．電解質水溶液に有効表面積 A の電極一対を距離 l だけ隔てて浸したとき，コンダクタンス G は A に比例し，l に反比例する．すなわち，

$$G = \kappa \frac{A}{l} \tag{6-60}$$

ここで比例定数 κ を**導電率**あるいは**電気伝導率** electric conductivity といい，単位電場あたりの電流密度に相当する．その単位は $S\,m^{-1}$ である．

日本薬局方では，JP14 第一追補から一般試験法に導電率測定法が採用された．導電率の測定には導電率計または抵抗率計が用いられ，医薬品の純度試験や純水の製造過程における水質監視（純水の $\kappa = 5.5 \times 10^{-6}\,S\,m^{-1}$ ($25\,°C$)）に応用される．測定に際しては，電極反応の進行による分極を避けるため交流電流が用いられる．

6.5.2　モル導電率とその濃度依存性

電解質溶液の導電率 κ を電解質の単位濃度あたりに換算したものを**モル導電率** molar electric conductivity（記号：Λ）という．その単位は $S\,m^2\,mol^{-1}$ である．すなわち，電解質の濃度を C（単位：$mol\,m^{-3}$）とすると，次のような関係がある．

$$\Lambda = \frac{\kappa}{C} \tag{6-61}$$

（1）強電解質

電解質溶液の Λ は一定ではなく，その濃度に依存する．図 6.6 に電解質濃度の平方根（$C^{1/2}$）と Λ との関係を示す．HCl，NaCl，CH_3COONa のような強電解質の希薄溶液では，Λ は $C^{1/2}$ とともに直線的に低下する．これを**コールラウシュの法則** Kohlrausch's law という．

$$\Lambda = \Lambda^\infty - kC^{1/2} \tag{6-62}$$

ここで Λ^∞ は無限希釈におけるモル導電率であり，**極限モル導電率** limiting molar electric conductivity と呼ばれる．

濃度の増加とともに Λ が減少する原因として，イオン雰囲気（6.3.3 節）の影響が考えられる．水溶液に電場をかけると，中心イオンはその周りのイオン雰囲気より速く移動するため，イオン雰囲気が後ろに取り残される．この結果，中心イオンは移動方向とは反対方向への静電的引力を受ける．この効果を**非対称効果** asymmetry effect という．この現象は，イオンが移動した地点であらためてイオン雰囲気を再構築するのに時間がかかるという視点から説明されることもある（**緩和効果** relaxation effect）．さらに，イオン雰囲気を構成している反対符号のイオンが，水和している水分子を引き連れて反対方向へと移動しようとするため，中心イオンはその水分子の流れに逆らって移動しなければならない．これを**電気泳動効果** electrophoretic effect という．これらの効果が Λ の減少に寄与している．

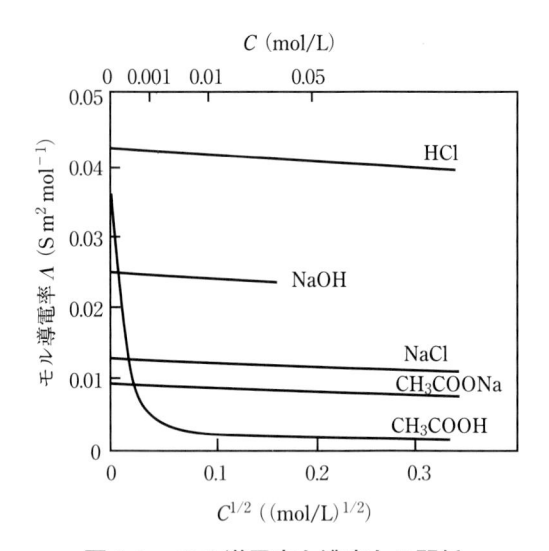

図 6.6 モル導電率と濃度との関係
（バーロー（1999）物理化学，第 6 版，東京化学同人より一部改変して引用）

（2）弱電解質

CH_3COOH のような弱電解質では，図 6.6 にみられるようにモル導電率は濃度の増加とともに急激に減少する．これは主に弱電解質の電離度 α がその濃度の増加とともに急激に減少するためである．したがって，Λ と Λ^∞ との間には次の式（6-63）のような関係が成立する．

$$\Lambda = \alpha \Lambda^\infty \tag{6-63}$$

この関係は弱電解質の電離度や電離定数の決定にも応用できる．例えば，濃度 C の 1 価の弱酸 HA の電離定数 K_a は，添加塩のない場合，$K_a = \alpha^2 C/(1-\alpha)$ と表される．この関係は**オストワルドの希釈律** Ostwald's dilution law と呼ばれる法則を現代的に表現したものである．

6.5.3 コールラウシュのイオンの独立移動の法則

電解質 $M_{\nu_+}X_{\nu_-}$ の水溶液を考える．ここで起こっている電離は式（6-31）で表されるとする．極限モル導電率 Λ^∞ は，無限希釈における陽イオン M^{z+} および陰イオン X^{z-} の極限モル導電率（それぞれ λ_M^∞, λ_X^∞）を用いて式（6-64）のように表される．

$$\Lambda^\infty = \nu_+ \lambda_M^\infty + \nu_- \lambda_X^\infty \tag{6-64}$$

この式は，無限希釈状態ではイオン間の相互作用がなくなって各イオンは独立に移動することを示しており，**コールラウシュのイオンの独立移動の法則** Kohlrausch's law of independent migration of ions と呼ばれる．この法則に基づくと，図 6.6 のようなプロットでは決定が困難な

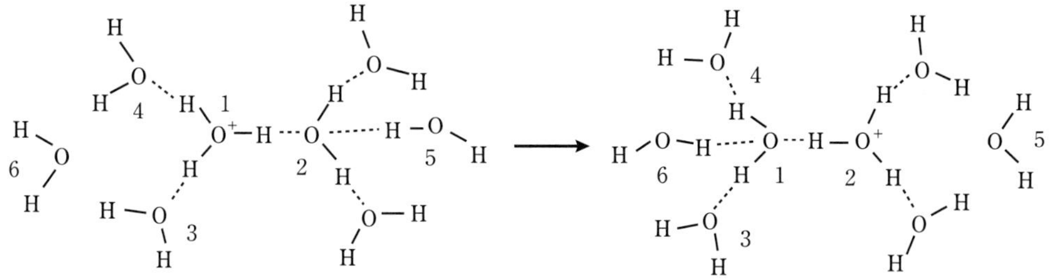

図6.7　水素イオンの移動（プロトンジャンプ）の機構

古くからH_3O^+イオンと隣のH_2O分子との間の水素結合が次々に前方（＋電荷の移動方向）へと移っていくと説明されてきたが，その詳細な機構については依然として議論が続いている．近年では，測定技術の進歩によって詳細な解析が可能になってきている．本図に示すように，ヒドロニウムイオンH_3O^+ (1)に水和している水分子 (2, 3, 4) の結合は強く，より結合の弱い水分子（本図では5）の箇所で水素結合の切断が生じ，続いて後方でH_2O分子 (6) の再配列と新たな水素結合が生じる間に＋電荷が移動する（(2)の位置の水分子がヒドロニウムイオンになっている），と考えた方が実験事実に合うという説が提案されている．
（N. Agmon（1995）*Chem. Phys. Lett.* **244**, 456 をもとに作図）

弱電解質のΛ^∞も推定することができる．例えば酢酸CH_3COOHの極限モル導電率$\Lambda^\infty_{CH_3COOH}$は次のように求められる．

$$\Lambda^\infty_{CH_3COOH} = \Lambda^\infty_{CH_3COONa} + \Lambda^\infty_{HCl} - \Lambda^\infty_{NaCl}$$
$$= \lambda^\infty_{H^+} + \lambda^\infty_{CH_3COO^-} \tag{6-65}$$

表6.5に各種陽イオンおよび陰イオンの極限モル導電率λ^∞を示した．H^+とOH^-のλ^∞は他のイオンのλ^∞に比べて非常に大きな値をもつ．これは，他のイオンとは異なって，これらは水素結合の切り替えによって水中を移動できるためである．例えばH^+の移動に関しては，まず前方で水素結合の切断が起こり，続いて後方で水素結合が形成される間に＋電荷が移動するという機構が提案されている（図6.7）．

6.5.4　イオンの輸率と移動度

イオンの独立移動の法則は，無限希釈の状態では各イオンが独立して電気の伝導性，したがって電流に寄与していることを意味している．全電流Iに寄与している各イオンの割合を**輸率** transport number（記号：t）という．系内に存在するすべてのイオンの輸率の総和は1に等しい．輸率は活量などと異なり，イオンごとの値を実測することができる（ヒットルフの方法，移動境界法）が，イオンに固有な量ではなく，共存イオンの種類や濃度に依存する．電荷z_iのイオンiの極限モル導電率λ_i^∞と輸率t_i^∞との関係は次のようになる．

表 6.5　水溶液中の陽イオンおよび陰イオンの極限モル導電率 λ^∞（25 ℃）

陽イオン	$\lambda_+^\infty \times 10^4$ (S m² mol⁻¹)	陰イオン	$\lambda_-^\infty \times 10^4$ (S m² mol⁻¹)
Ag^+	61.9	Br^-	78.1
$1/2\, Ba^{2+}$	63.9	Cl^-	76.3
$1/2\, Ca^{2+}$	59.5	F^-	55.4
$1/2\, Fe^{2+}$	53.5	$H_2PO_4^-$	33
$1/3\, Fe^{3+}$	69	$1/2\, HPO_4^{2-}$	33
H^+	350.1	I^-	76.9
K^+	73.5	NO_2^-	71.8
Li^+	38.69	NO_3^-	71.42
$1/2\, Mg^{2+}$	53.06	OH^-	198
Na^+	42.8	$1/3\, PO_4^{3-}$	69.0
NH_4^+	73.7	$1/2\, SO_4^{2-}$	80.0
$(CH_3)_4N^+$	44.9	CH_3COO^-	40.9

（日本化学会編,「化学便覧基礎編」,改訂 5 版,丸善,2004,p. Ⅱ-563 より抜粋）
この表では,以前広く用いられていたイオンの極限当量導電率の値に対応させるために,多価イオンに関しては極限モル導電率を価数で割ったものを示してある.水中で動きやすいイオン（水和イオン半径が小さい）ほど λ^∞ が大であり,動きにくいイオンほど λ^∞ が小になる.例えば,アルカリ金属イオンでは,水和イオン半径の序列では $Li^+ > Na^+ > K^+$ であり（結晶イオン半径の序列はこの逆）,λ_+^∞ の序列は $Li^+ < Na^+ < K^+$ となる.

$$z_i \lambda_i^\infty = t_i^\infty \Lambda^\infty \tag{6-66}$$

単位電場あたりのイオンの速さを**移動度 mobility**（記号：u）という*.電荷 z_i のイオンの u_i とモル導電率 λ_i との間には,次のような関係がある.

$$\lambda_i = z_i u_i F \tag{6-67}$$

したがって,式 (6-31) に示される系では,例えば M^{z+} イオンの無限希釈状態での輸率 t_M^∞ は式 (6-64),(6-66) および (6-67) より次のように表せる.

$$t_M^\infty = \frac{\nu_+ \lambda_M^\infty}{\nu_+ \lambda_M^\infty + \nu_- \lambda_X^\infty} = \frac{\nu_+ z_+ u_M^\infty}{\nu_+ z_+ u_M^\infty + \nu_- z_- u_X^\infty} \tag{6-68}$$

---

* イオンのような微小粒子でもストークスの法則が適用できるとすると,移動度 u_i は水和イオン半径 r_i および媒質の粘度 η を用いて表すことができる.いま,電場 E のもとに電荷 z_i のイオン i が置かれたとする.イオンは $z_i eE$ の力を受けて加速される.この力が,これとは反対方向に作用する速さ s に比例した摩擦力 $6\pi r_i \eta s$（ストークスの法則）とつりあったとき,イオンは定常状態における速さ(終端速さ) s_t に達する.終端速さ s_t は,$z_i eE = 6\pi r_i \eta s_t$ より $s_t = z_i eE / 6\pi r_i \eta$ と表され,したがって移動度は,$u_i = s_t / E$ なので,$u_i = z_i e / 6\pi r_i \eta$ となる.

練習問題

問題 6.1 溶液の束一的性質に関する次の記述 a〜d の正誤について答えよ.

    a 希薄溶液で質量モル濃度が同じであれば，ブドウ糖水溶液の方が NaCl 水溶液よりも凝固点降下度は大きい．

    b モル凝固点降下定数は溶媒が異なっても同じである．

    c 浸透現象は，溶液中の溶媒のモルギブズエネルギーが純粋な溶媒よりも大きいことから生じる．

    d 希薄溶液の浸透圧 Π は，凝固点降下度を ΔT_f，凝固点降下定数を K_f，気体定数を R，熱力学的温度を T とすると，$\Pi = \Delta T_f RT / K_f$ で表される．

(第 94 回薬剤師国家試験一部改変)

問題 6.2 次の設問 a〜b に答えよ．

    a 涙液と等張な 1.0 w/v％塩酸コカイン点眼剤を，100 mL 調製するのに必要なホウ酸の量（g）はいくらになるか．ただし，塩酸コカイン，ホウ酸および塩化ナトリウムの 1.0 w/v％溶液の氷点降下度（℃）は，それぞれ，0.09，0.28 および 0.58 とする．
(第 89 回薬剤師国家試験一部改変)

    b 硫酸亜鉛 0.1 g とホウ酸 0.65 g からなる点眼剤を 50 mL 調製するとき，等張化のために必要な塩化ナトリウムの量（g）はいくらになるか．ただし，硫酸亜鉛およびホウ酸の食塩価は，それぞれ，0.15 および 0.50 とする．
(第 90 回薬剤師国家試験一部改変)

問題 6.3 活量およびイオン強度に関する次の記述 a〜d の正誤について答えよ．

    a 理想溶液では，活量係数は 1 である．

    b Na^+，Cl^- の活量係数をそれぞれ γ_+，γ_- とすると，NaCl の平均活量係数 $\gamma_\pm$ は，$\gamma_\pm = (\gamma_+ \gamma_-)^{1/2}$ である．

    c 1.0×10^{-6} mol/L $CaCl_2$ 水溶液のイオン強度は，1.0×10^{-6} mol/L である．

    d 溶液中ではイオン間に相互作用がはたらくため，イオン強度が増大すると，平均活量係数は 1 より大きくなる．

(第 95 回薬剤師国家試験一部改変)

問題6.4 図は塩橋を用いたダニエル電池を示す．この電池の酸化還元平衡は次式で表せる．

$$Cu^{2+} + Zn \rightleftarrows Cu + Zn^{2+} \qquad (1)$$

また，Zn電極，Cu電極の標準電極電位（25℃）$E°$はそれぞれ -0.763 V, $+0.337$ V である．次の記述 a～d の正誤について答えよ．

  a 図の左側の電極では還元反応が，右側の電極では酸化反応が起こり，全電池反応は（1）式となる．
  b 電池の起電力は，左側の電極を基準とし，還元電位とも呼ばれる．
  c 起電力は左側の半電池を基準とするので，ダニエル電池の標準起電力 $E°$ は，$+1.10$ V である．
  d 塩橋を用いているので，電極電位以外に液間電位差を考慮する必要がある．

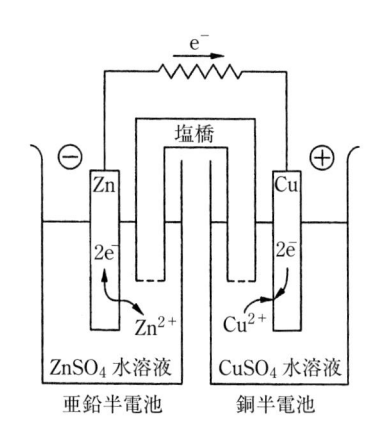

（第89回薬剤師国家試験一部改変）

問題6.5 電解質溶液の導電率（電気伝導率）に関する記述 a～e の正誤について答えよ．ただし，モル導電率を Λ とする．

  a 強電解質の希薄溶液では，Λ は濃度に対して直線的に減少する．
  b 強電解質の濃度が高くなると Λ が小さくなるのは，陽イオンと陰イオンとの相互作用によってイオンの動きが抑えられるからである．
  c 弱電解質では，濃度が高くなると急激に Λ が小さくなる．
  d LiCl の Λ が KCl の Λ より小さいのは，Li^+ が K^+ より強く水和しているためである．
  e HCl の Λ が他の強電解質と比べ非常に大きいのは，H^+ イオン半径が小さいためである．

（第87, 94, 96回薬剤師国家試験一部改変）

解答・解説

問題6.1 <u>正解</u> a 誤（6.3.2項参照），b 誤（表6.1参照），c 誤（6.2.4項の（参考）式（6-21）の導出を参照），d 正（式（6-23）の C_B を質量モル濃度 m_B に近似し，これに式（6-19）の関係を代入）

問題6.2 <u>正解</u> a 1.54 g, b 0.11 g

第 6 章　水溶液

解説　6.2.4 項の（参考）束一的性質の応用を参照　a　$x = (0.52 - 0.09 \times 1)/0.28$ より．
b　$(0.15 \times 0.1\,\text{g} + 0.50 \times 0.65 + x\,\text{g})/50\,\text{mL} = 0.9\,\text{g}/100\,\text{mL}$ より．

問題 6.3　**正解**　a　正，b　正（式 (6-33) 参照），c　誤（3.0×10^{-6} mol/L である．式 (6-36) 参照），d　誤（6.3.3 および 6.3.4 項参照）

問題 6.4　**正解**　a　誤，b　誤，c　正，d　誤（6.4.4 項参照）

問題 6.5　**正解**　a　誤（濃度ではなく濃度の平方根．6.5.2(1) 項参照），b　正（6.5.2(1) 節参照），c　正（6.5.2(2) 項参照），d　正（表 6.5 の説明文参照），e　誤（6.5.3 項参照）

参考書
1) アトキンス（2001）物理化学，第 6 版，東京化学同人
2) バーロー（1999）物理化学，第 6 版，東京化学同人
3) 大堺利行，加納健司，桑畑進（2000）ベーシック電気化学，化学同人
4) 玉虫伶太（1983）活量とは何か（化学の One point 1），共立出版
5) 玉虫伶太（1991）電気化学，東京化学同人

7 溶解現象

医薬品の溶解性は，そのバイオアベイラビリティと密接に関係している．溶解性を高めることによって吸収を向上させたり，逆に低くすることによって持続化を図ったりするなど，目的に応じたさまざまな工夫がなされている．本章では，固体薬物の水への溶解に焦点を当て，溶解の熱力学，溶解性に影響を与える因子，溶解速度などについて述べる．

7.1 溶解と溶解性

7.1.1 溶解

溶解 dissolution とは，液体（**溶媒** solvent）に固体，液体または気体の物質（**溶質** solute）が溶けて均一な混合物（**溶液** solution）になる現象である．液体と液体の混合では，通常はより多く存在するほうの液体を溶媒，より少ないほうを溶質とみなす．

7.1.2 溶解性

溶解性 solubility characteristics は物質の溶媒への溶解のしやすさを表す．水に溶解しやすい物質は**水溶性** water soluble であるという．日本薬局方・通則では，医薬品の性状を示すときの溶解性を「別に規定するもののほか，医薬品を固形の場合は粉末とした後，溶媒中に入れ，20±5℃で5分ごとに強く30秒間振り混ぜるとき，30分以内に溶ける度合い」と規定し，表7.1に示すように7段階に区分している．したがって，ここでいう溶解性とは，溶解平衡と溶解速度

表7.1　日本薬局方における溶解性を示す用語（通則29）

用　語	溶質1g又は1mLを溶かすに要する溶媒量		対応する米国薬局方の用語
極めて溶けやすい		1 mL 未満	very soluble
溶けやすい	1 mL 以上	10 mL 未満	freely soluble
やや溶けやすい	10 mL 以上	30 mL 未満	soluble
やや溶けにくい	30 mL 以上	100 mL 未満	sparingly soluble
溶けにくい	100 mL 以上	1000 mL 未満	slightly soluble
極めて溶けにくい	1000 mL 以上	10000 mL 未満	very slightly soluble
ほとんど溶けない		10000 mL 以上	practically insoluble

の両面に関わる概念である．溶解度（7.3節）がより高いほど，溶解速度（7.5節）がより高いほど，溶解性は高い．内用固形製剤の溶解性に関連する日本薬局方・一般試験法として**崩壊試験法** disintegration test と**溶出試験法** dissolution test（回転バスケット法，パドル法，フロースルーセル法）がそれぞれ規定されている．

7.2　溶解の熱力学

7.2.1　溶媒和

　溶液中で溶質分子（またはイオン）がその近傍にある溶媒分子を引きつけて結合する現象，あるいは溶媒分子の存在状態が純溶媒のときとは異なる状態になる現象を**溶媒和** solvation という．水が溶媒である場合は**水和** hydration といい，物質の水溶性に関して重要な役割を果たしている．

　水分子は正負の電荷の分布が非対称であり，**双極子モーメント** dipole moment をもっている（図7.1A）．このような性質を**極性** polarity といい，極性をもつ分子は**極性分子** polar molecule と呼ばれる．電解質や極性分子が水に溶解するとき，それぞれ主としてイオン-双極子相互作用および双極子-双極子相互作用によって**親水性水和** hydrophilic hydration が起こる（図7.1B）．1つのイオンあるいは分子に結合している水分子の数を**水和数** hydration number という．水和数は同じイオンや分子であっても，その測定法に依存した値を示す．これは方法によって測定値に反映される水和現象が異なるためである．

　無極性の物質が水に溶解する場合には，その周囲の水は氷様構造と呼ばれる構造性の高い状態（図7.1C）をとる．水のこのような状態を**疎水性水和** hydrophobic hydration という．界面活性剤などの両親媒性分子では，親水基に対しては親水性水和が，疎水基に対しては疎水性水和が起こる．後者は水の構造性を高めエントロピーを減少させるため，疎水基どうしが集合することに

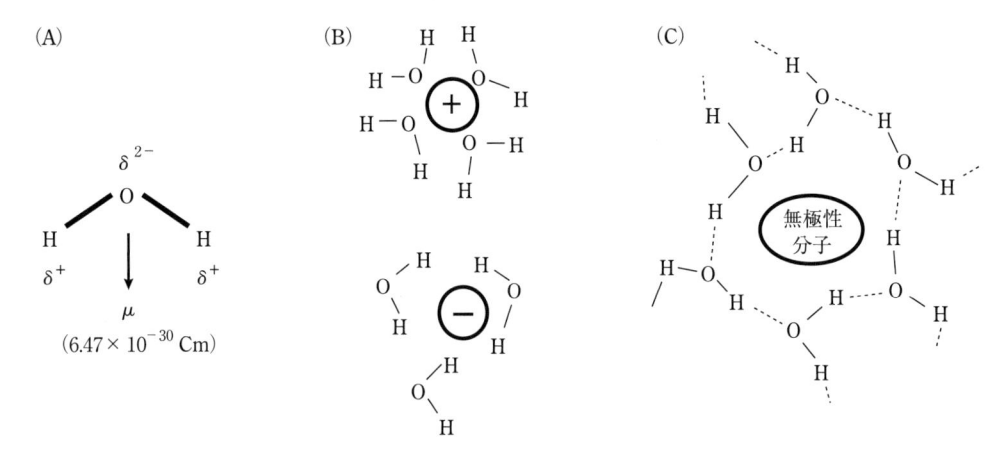

図 7.1　水の構造と水和
(A) 水分子の構造．(B) 親水性水和（イオン性水和）の模式図．(C) 疎水性水和の模式図．μ は双極子モーメント．H-O-H の結合角は 104.5°，H-O 間の結合距離は 95.7 pm（気相中での値）．

よって水との接触面積を減らそうとする．これを**疎水性相互作用** hydrophobic interaction という．**疎水結合** hydrophobic bond と呼ばれることもあるが，疎水基間に積極的な凝集力がはたらいているわけではない．疎水性相互作用は，界面活性剤のミセル形成，生体膜の形成，タンパク質など生体高分子の高次構造の形成などと密接に関わっている．

7.2.2　溶解のギブズ自由エネルギー変化

　定温・定圧の条件下，ある液体 A にある物質 B が溶解するかどうかは，他の物理化学的変化と同様に，**ギブズ自由エネルギー** Gibbs free energy，$G = H - TS$ をもとに考えることができる．溶解の過程でギブズ自由エネルギーが減少するならば（$\Delta G = \Delta H - T\Delta S < 0$），溶解は自発的に起こりうる．溶解平衡において G は極小となり，このとき溶液相中の溶質 B の化学ポテンシャル（6.1 節）と未溶解で残存している純物質 B の化学ポテンシャルは等しくなる．

　ΔG のうち，エンタルピー変化 ΔH については，A-A 間（溶媒分子間）および B-B 間（溶質分子またはイオン間）の相互作用よりも A-B 間の相互作用のほうが大きければ $\Delta H < 0$ となり（発熱反応），その逆ならば $\Delta H > 0$ となる（吸熱反応）．一方，エントロピー変化 ΔS は，B が固体または液体ならば，A と B の混合そのものはエントロピー増大の方向にはたらく（無極性物質の無極性液体への溶解は，この効果が大きい）．しかし，前節で述べたように A-B 間の相互作用によって溶媒の配向性や構造性が増加すれば，これらはエントロピー減少の方向にはたらくので，結果的に ΔS の符号は正にも負にもなりうる．

　水への溶解に関する ΔG，ΔH および ΔS の一例を表 7.2 に示す．おおざっぱにいえば，ΔH と ΔS とは同じ符号をとろうとする傾向があり（溶媒と溶質との相互作用が強ければ構造性も高く

表7.2 電解質の水への溶解に関する標準エンタルピー $\Delta H°$, 標準エントロピー $\Delta S°$, 標準ギブズエネルギー $\Delta G°$ (25℃)

化学式	$\Delta H°$ (kJ mol^{-1})	$\Delta S°$ (kJ K^{-1}mol^{-1})	$\Delta G°$ (kJ mol^{-1})
CaCl$_2$	-81.34	-0.04491	-67.95
Na$_2$CO$_3$	-26.7	-0.065	-7.2
FeSO$_4$	-69.9	-0.23	-2.5
NaCl	3.88	>0	<0
NH$_4$Cl	14.8	0.0753	-7.66
NH$_4$NO$_3$	25.7	0.109	-6.69
AgCl	65.49	0.03293	55.67
CaF$_2$	11.5	-0.150	56.2
BaSO$_4$	26.28	-0.1028	56.94

温度25℃, 圧力10^5 Pa (= 1 bar = 0.9869 atm) における1 molの固体が等温的に溶解し, 濃度1 mol kg^{-1} の溶液を生じるときの値. AgClやBaSO$_4$ のような難溶性塩では $\Delta G°$ は正の値である.
(日本化学会編 (1993) 化学便覧基礎編 改訂4版, p. II-253 ~ II-254, 丸善に記載の値をもとに作成)

なる), ΔG の変化に関して反対方向へとはたらく. したがって, 物質が水に易溶であるか難溶であるかについては ΔH と $-T\Delta S$ の微妙な大小関係で決まっていることも多い.

7.3 溶解度と溶解度積

7.3.1 溶解度

ある液体にある物質が溶解する限度を**溶解度** solubility という. 固体の溶解度は, 通常, 溶媒または溶液100 gに対する溶質の質量, あるいは溶液1 dm^3 (= 1 L) に溶けている溶質の質量または物質量で表す. 溶質の濃度が溶解度未満の状態を**不飽和** unsaturation, 等しいときを**飽和** saturation, より大きいときを**過飽和** supersaturation という. 不飽和あるいは過飽和の状態では, 飽和の状態になるまで, それぞれさらに溶解あるいは沈殿生成が可能である. ただし, 過飽和の状態でも**準安定状態** metastable state として存在できる場合もあり, 有限の時間内に沈殿生成が起こるとは限らない.

7.3.2 溶解度積

難溶性塩の水への溶解性は，溶解度の代わりに**溶解度積** solubility product を用いて表されることが多い．難溶性塩 $M_{\nu_+}X_{\nu_-}$ の一部が水に溶け，M^{z+} と X^{z-} の両イオンが生成し平衡に達したとき，その熱力学的溶解度積 $K_{sp}°$ は式（7-1）のように表される＊．ここで（　）は括弧内のイオン種の活量（6.1.3項）であり，$K_{sp}°$ の単位は1（無次元）である．

$$K_{sp}° = (M^{z+})^{\nu_+}(X^{z-})^{\nu_-} \tag{7-1}$$

不飽和，飽和および過飽和は，式（7-1）の右辺がそれぞれ $< K_{sp}°$，$= K_{sp}°$ および $> K_{sp}°$ の状態に対応する．

難溶性塩では電離して生じた各イオンの濃度は非常に低く，他の電解質が共存しないならば，活量係数（6.3.4項）は1と近似できる（すなわち，活量＝濃度/(mol/L)）．したがって，取り扱いを簡単にするために，式（7-1）の代わりに次の式（7-2）がしばしば用いられる．

$$K_{sp} = [M^{z+}]^{\nu_+}[X^{z-}]^{\nu_-} \tag{7-2}$$

K_{sp} は濃度平衡定数であり，系の温度だけでなくイオン強度（6.3.4項）にも依存する．その単位は $(mol/L)^{(\nu_+ + \nu_-)}$ である．単に溶解度積という場合には，この K_{sp} をさすことが多い．表7.3 に難溶性塩の K_{sp} の一例を掲げた．

表 7.3　難溶性塩の溶解度積（25 ℃）

化学式	K_{sp}	化学式	K_{sp}	化学式	K_{sp}
AgBr	5.35×10^{-13}	$BaSO_4$	1.08×10^{-10}	$Fe(OH)_2$	4.87×10^{-17}
AgCN	5.97×10^{-17}	$CaCO_3$	3.36×10^{-9}	$Fe(OH)_3$	2.79×10^{-39}
AgCl	1.77×10^{-10}	$Ca(COOH)_2 \cdot H_2O$	2.32×10^{-9}	HgI_2	2.9×10^{-29}
Ag_2CrO_4	1.12×10^{-12}	CaF_2	3.45×10^{-11}	$Mg(OH)_2$	5.61×10^{-12}
AgI	8.52×10^{-17}	$Ca(OH)_2$	5.02×10^{-6}	$PbSO_4$	2.53×10^{-8}
AgSCN	1.03×10^{-12}	$Ca_3(PO)_4$	2.07×10^{-33}	$Zn(OH)_2$	3×10^{-17}

(CRC Handbook of Chemistry and Physics (2003) 8th ed. CRC Press, pp. 8-119 ～ 8-122 より抜粋)

＊厳密には水和に関わる水分子を考慮しなければならないが，難溶性塩の場合，水和している水分子の量は無視でき，水の活量は一定とみなせるので式（7-1）が適用できる．易溶性塩では，水和による水の活量変化を無視できず，したがって式（7-1）のような取り扱いはできない．

7.4 溶解性に影響を与える因子

本節では液体への固体の溶解性に焦点を当てて解説する．液体への液体の溶解性（相互溶解性）および液体への気体の溶解性については，それぞれ第5章および第6章を参照のこと．

7.4.1 溶質に起因する因子

（1）無定形状態と結晶状態

原子または分子が規則正しい空間的配置をもたずに集合した固体を**無定形（非晶質）** amorphous という．無定形状態のものは結晶状態のものより不安定であり，溶解性が高い．

（2）多　形

化学組成が同じでも結晶構造が異なる現象，あるいはその現象を示す物質を**多形** polymorphism という．多形のうち，安定形の結晶よりも準安定形の結晶のほうが溶解度は高い．いずれの相が安定であるかは，それを比較する温度や圧力に依存する．日本薬局方医薬品でも多形の存在が知られている薬物は多く，例えば，テトラカイン塩酸塩にはⅠ～Ⅲの3種の多形が，イオウには単斜晶形や斜方晶形などの多形がある．

（3）粒子径

結晶表面はその内部より過剰のエネルギーを有している．単位面積あたりの表面過剰エネルギーは**表面張力** surface tension（記号 γ）でもある．粒子径が小さくなるほど結晶内部に比べて表面に存在する原子または分子の割合は高くなるので，小さな粒子は大きな粒子よりも溶解度が高くなる．この関係は次の**オストワルド-フロイントリッヒの式** Ostwald-Freundlich equation で表される．

$$RT \ln \left(\frac{C_{s,r}}{C_{s,\infty}} \right) = \frac{2\gamma V_m}{r} = \frac{2\gamma M}{\rho r} \quad (>0) \tag{7-3}$$

ここで $C_{s,r}$ は半径 r の微粒子の溶解度，$C_{s,\infty}$ は $r=\infty$ の粒子の溶解度（普通にいうところの溶解度），V_m は試料結晶のモル体積，M はモル質量，ρ は密度である．

難溶性薬物の溶解性向上のために，薬物を親水性の担体中に均一に分散させた**固体分散体** solid dispersion が用いられることがある．この溶解性向上の機構として，粒子径減少の効果や無定形への変化などが考えられる．

（4）水和物と無水物

　ある物質が水分子と結合して生成した固体を**水和物** hydrate という．特に塩の水和物は**含水塩** salt hydrate と呼ばれる．一般的に水和物は**無水物** unhydrate* に比べて安定である．日本薬局方医薬品では，例えばアンピシリン水和物と無水アンピシリン，カフェイン水和物と無水カフェイン，乳糖水和物と無水乳糖がある．

　より不安定な状態にある（より高いギブズ自由エネルギーをもつ）固体ほど，より高い溶解性をもつ（2.1.4項参照）．医薬品の場合，溶解度が高いほどすぐれた吸収効率が期待できるが，不安定な状態にあるものは，保存や製剤化の際に，より安定な状態へと変化する可能性がある．すなわち，上記（1）では無定形が結晶へ，（2）では準安定形が安定形へ（**多形転移** polymorphic transition），（3）では微小粒子が大粒子へ（**オストワルド成長** Ostwald ripening）と変化しうる．また，（4）に関連した現象としては，固体が空気中の水蒸気を吸収して溶解する**潮解** deliquescence と，水和物の結晶が水和水を失って粉末になる**風解** efflorescense がある．

7.4.2　溶媒あるいは添加物に起因する因子

（1）溶媒の誘電率

　表7.4に主な液体の双極子モーメント μ と**比誘電率** relative permittivity（ϵ_r；真空の誘電率に対するその物質の誘電率の比）を示した．極性が高い液体は概して高い**誘電率** permittivity（または dielectric constant）をもつ．媒質の誘電率が高いほど電場は緩和され，イオン間のクーロン相互作用の低下によって電解質は電離しやすくなる．しかし，誘電率は同程度であっても溶媒の種類によって物質の溶解度がかなり異なることもある．これは，溶媒和には溶媒分子の電子対受容性や供与性（ルイス酸性およびルイス塩基性）なども関わっており，誘電率の大小のみでは物質の溶解性は説明できないからである．水は，電子対受容性および供与性の点でも，電解質の溶解に関して良好な溶媒である．

　誘電率の異なる複数の溶媒を混合することで，薬物の溶解性を変化させることができる．通常，混合溶媒への薬物の溶解度とそれぞれの溶媒に対するその溶解度との間には加成性は成り立たない．溶媒を混合することによって，それぞれ単独の場合よりも著しく溶質を溶かす現象を**コソルベンシー** cosolvency という．水に難溶な薬物は，適量のエタノール，プロピレングリコール，マクロゴールなどを添加することによって，その溶解性を向上させることができる．

＊無水物は，2分子の酸が脱水縮合してできた化合物（例：無水酢酸）や水を含んでいない純度100％の物質（例：無水エタノール）をさす場合もある．

表7.4　液体の双極子モーメント*1 μ と比誘電率*2 ϵ_r（25℃）

液体	μ (Cm)	ϵ_r（単位：1）
水	6.47×10^{-30}	80.100
グリセリン	8.7×10^{-30}	46.53
アセトニトリル	13.1×10^{-30}	36.64
プロピレングリコール	7.3×10^{-30}	27.5*
エチルアルコール	5.64×10^{-30}	25.3
アセトン	9.61×10^{-30}	21.01
ピリジン	7.37×10^{-30}	13.260
酢酸	5.67×10^{-30}	6.20
クロロホルム	3.47×10^{-30}	4.8069
ジエチルエーテル	3.84×10^{-30}	4.2666
フラン	2.20×10^{-30}	2.88
n-ヘキサン	≒ 0	1.8865

*は30℃における値（CRC Handbook of Chemistry and Physics（2003）8th ed. CRC Press, pp. 6-155〜6-177, 15-14〜15-18より抜粋）

*1 双極子モーメント（電気双極子モーメント）は電荷 $q_1, q_2, \cdots q_n$ が場所 $r_1, r_2, \cdots r_n$ にあるときのベクトル $\boldsymbol{\mu} = \Sigma q_i r_i$ のことをいう．例えば電荷 $-q$ と $+q$ が距離 r だけ離れているとき，$-q$ から $+q$ へと向かう（負の電荷から正の電荷へと向かう）$q\boldsymbol{r}$ のベクトルが双極子モーメントである．その単位として昔からD（デバイ）が用いられてきたが，国際単位系（SI）ではCm（= Asm）である（1 D = 3.33564×10^{-30} Cm）．

*2 電束密度 $\boldsymbol{D}$ と電場の強さ $\boldsymbol{E}$ との関係を与える式 $\boldsymbol{D} = \epsilon \boldsymbol{E}$ の ϵ を誘電率（単位 F m^{-1}（= C V^{-1} m^{-1} = m^{-3} kg^{-1} s^4 A^2）といい，比誘電率 ϵ_r とは，ある物質の誘電率の真空の誘電率に対する比である．したがって ϵ_r は無次元（単位は 1）である．

物質中の電場の強さは真空中の電場の $1/\epsilon_r$ となる（太字はベクトル量であることを示す）．

（2）pH（酸または塩基の添加）

a）弱酸

弱酸の薬物 HA を水に飽和させると次のような平衡が成り立つ．

$$\text{HA(s)} \rightleftharpoons \text{HA(aq)} \underset{-H_2O}{\overset{+H_2O}{\rightleftharpoons}} \text{H}_3\text{O}^+ + \text{A}^- \tag{7-4}$$

ここで添え字の（s）および（aq）は，それぞれ固相および水相にあることを意味する．非解離形 HA(aq) の溶解度を C_0，水相における HA の総濃度（[HA] + [A$^-$]）を C_T とする．C_0 は pH によらず一定と仮定すると，C_T は次の式（7-5）のように表される．

$$C_T = [\text{HA}] + [\text{A}^-] = [\text{HA}]\left(1 + \frac{K_a}{[\text{H}^+]}\right) = C_0\left(1 + \frac{K_a}{[\text{H}^+]}\right)$$

$$= C_0(1 + 10^{\mathrm{pH}-\mathrm{p}K_a}) \tag{7-5}$$

ここでK_aはHAの電離定数である（$K_a = [\mathrm{H}^+][\mathrm{A}^-]/[\mathrm{HA}]$；$\mathrm{p}K_a = -\log K_a$）．また，$[\mathrm{H_3O}^+]$は$[\mathrm{H}^+]$と略記した．したがって，溶液のpHが上昇すると$C_\mathrm{T}$は増加するので，より多くのHAが溶けることになる．

b）弱塩基

弱塩基の薬物Bの溶解性に関しても，弱酸の場合と同様に考えることができる．すなわち，弱塩基Bを水に飽和させると次のような平衡が成り立つ．

$$\mathrm{B(s)} \rightleftharpoons \mathrm{B(aq)} \underset{-\mathrm{H_2O}}{\overset{+\mathrm{H_2O}}{\rightleftharpoons}} \mathrm{BH}^+ + \mathrm{OH}^- \tag{7-6}$$

Bの電離定数をK_b（$= [\mathrm{BH}^+][\mathrm{OH}^-]/[\mathrm{B}]$），その共役酸$\mathrm{BH}^+$の電離定数を$K_a$（$= [\mathrm{H}^+][\mathrm{B}]/[\mathrm{BH}^+]$）とすると，次の式（7-7）が導かれる*．

$$C_\mathrm{T} = [\mathrm{B}] + [\mathrm{BH}^+] = [\mathrm{B}]\left(1 + \frac{K_b}{[\mathrm{OH}^-]}\right) = C_0\left(1 + \frac{K_w/K_a}{[\mathrm{OH}^-]}\right)$$

$$= C_0\left(1 + \frac{[\mathrm{H}^+][\mathrm{OH}^-]}{[\mathrm{OH}^-]K_a}\right) = C_0(1 + 10^{\mathrm{p}K_a-\mathrm{pH}}) \tag{7-7}$$

したがって，pHが低下するほど塩基性薬物の溶解性は増大する．

c）難溶性塩

水に難溶な塩の溶解性は，溶解度積$K_\mathrm{sp}°$（式（7-1））によって表される．溶解によって生じた陰イオン（リン酸イオン，炭酸イオンなど）がプロトン化したり（低pH領域で顕著），陽イオン（金属イオンなど）がOH^-と結合して可溶性のヒドロキソ錯体になったり（高pH領域で顕著）すると，これらにより生じた化学種の活量は直接には$K_\mathrm{sp}°$に関わらないためその塩の溶解性が向上する．$K_\mathrm{sp}°$に関与するイオン種はM^{z+}とX^{z-}のみだからである．

（3）溶解補助剤

難溶性の医薬品の溶解性を向上させるために加えられる添加物を**溶解補助剤** solubilizing agent（solubilizer）という．その機構はさまざまである．ヨウ素$\mathrm{I_2}$は水には極めて溶けにくいが，過剰のヨウ化カリウムKIを添加すると$\mathrm{I_2} + \mathrm{I}^- \rightleftharpoons \mathrm{I_3}^-$の反応によって三ヨウ化物イオン$\mathrm{I_3}^-$を生成し，水に溶けることができる．また，水溶性高分子であるポビドンと複合体を形成させ，水に溶かすこともできる（ポビドンヨード）．カフェインは，安息香酸ナトリウムと複合体を形成すると水溶性が増す（安息香酸ナトリウムカフェイン）．シクロデキストリンの分子内の空洞

---

*式（7-7）の導出に限らず，塩基に関する式を導くときは，酸に対して得られた式の$[\mathrm{H}^+]$を$[\mathrm{OH}^-]$に，K_aをK_bにそれぞれ置き換え，あとは水のイオン積$K_w = [\mathrm{H}^+][\mathrm{OH}^-]$（すなわち$\mathrm{p}K_w = \mathrm{pH} + \mathrm{pOH}$）あるいは$K_w$と共役酸塩基対の電離定数$K_a$および$K_b$との関係$K_w = K_a K_b$を用いて式を整理すればよい．

に薬物を取り込ませた**包接化合物** inclusion compound は，薬物の安定性のみならず，その水溶性の向上にも有効である（例：アルプロスタジル　アルファデクス）．ポリソルベート 80 などの非イオン性界面活性剤のミセル中に薬物を**可溶化** solubilization させる方法もあり，脂溶性ビタミンなどに応用されている．

（4）共通イオン効果

難溶性塩の飽和水溶液にこれと共通のイオンを有する他の物質を添加すると，K_{sp} を一定に保つために難溶性塩の沈殿が起こり，その溶解性が低下する．このような他物質の効果を**共通イオン効果** common ion effect という．例えば，難溶性塩である塩化銀 AgCl の飽和溶液に塩化カリウム KCl を添加した場合，共通イオンである Cl^- の濃度が増大するため，溶液は AgCl に関して過飽和の状態となる．そこで平衡は AgCl の沈殿生成の方向（$Ag^+ + Cl^- \longrightarrow AgCl \downarrow$）へと移動し，AgCl の溶解性は低下する．

7.4.3 温　度

電解質の水に対する溶解度の温度依存性（溶解度曲線）の一例を図 7.2 に示す．多くの電解質では，溶解の過程は吸熱的（$\Delta H > 0$）であり，温度の上昇とともに溶解度は上昇する．NaCl では溶解性の温度依存性がほとんどみられない．$CaSO_4$ や Na_2SO_4 のように，ある温度以上では溶解度が低下する物質もある．これは，溶液中のイオンと平衡にある固相の組成が，その温度を境に変化するためである．例えば，硫酸ナトリウムでは 32℃ 以下の温度では十水和物

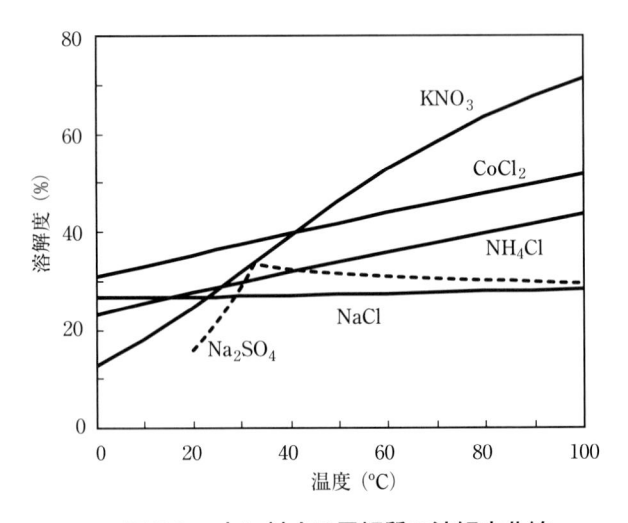

図 7.2　水に対する電解質の溶解度曲線
縦軸の溶解度は溶媒 100 g に溶解している溶質の質量（単位：g）で表す．
（CRC Handbook of Chemistry and Physics（2003）8th ed. CRC Press, pp. 8-110～8-118 に記載のデータより作図）

第 7 章　溶解現象

Na$_2$SO$_4$・10 H$_2$O が安定相であり，溶解は吸熱的（$\Delta H > 0$）に進行する．一方，32℃以上の温度では無水塩 Na$_2$SO$_4$ が安定相となる．固体状態ですでに水分子と相互作用した状態にある十水和物とは対照的に，無水塩では電離の際に要するエネルギーを水和熱で十分に補えるため，溶解は発熱過程となる（$\Delta H < 0$）．このため，32℃以上では硫酸ナトリウムの溶解度は温度とともに減少する．

7.5　溶解速度

　固体物質の溶解過程は，固液界面において固相から液相へとイオンまたは分子が脱離する過程と，脱離したこれらの粒子が溶液内部へと拡散していく過程とに大別される．前者が律速である場合を界面反応律速による溶解，後者の場合を拡散律速による溶解という．医薬品の溶解は拡散律速によることが多い．この場合，図 7.3 に示すように，固液界面には飽和層が形成され，薬物はここから拡散層を通って溶液内部へと拡散していくと考える．以下では，拡散律速による溶解に対して提案された速度式を紹介する．

7.5.1　ノイエス・ホイットニーの式

　溶液における薬物濃度 C の溶解速度 $\dfrac{dC}{dt}$ は，薬物の表面積 S と，飽和層における薬物濃度 C_s と溶液内部におけるその濃度 C の差（$C_s - C$）に比例すると考える．

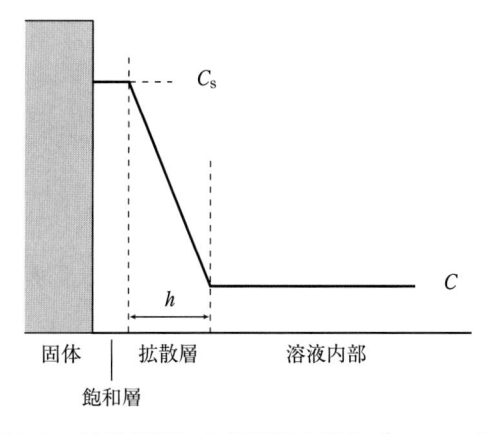

$$\frac{dC}{dt} = kS(C_s - C) \tag{7-8}$$

図 7.3　拡散律速による溶解の濃度プロファイル

この式を**ノイエス・ホイットニーの式** Noyes–Whitney's equation といい，k はみかけの溶解速度定数である．k の値を薬物濃度 C の測定から求めるためには，薬物の表面積 S を一定に保つ必要がある．薬物の粉末を円盤状に圧縮成形し，これを一定速度で回転させながら溶解量を測定する方法（回転円盤法）などが用いられている．

初濃度を 0 として式 (7-8) を積分すると，次の式 (7-9) が得られる．

$$\ln(C_s - C) = \ln C_s - kSt \tag{7-9}$$

したがって，あらかじめ求めてある試料薬物の飽和溶解度 C_s と，溶解開始後の時間 t における C の測定値から $\ln(C_s - C)$ を求め，これを t に対してプロットすると直線が得られる．その傾き（$-kS$）から k が決定できる．

7.5.2 ネルンスト・ノイエス・ホイットニーの式

図 7.3 に示した拡散層を想定し，拡散に関するフィックの第一法則を適用すると，式 (7-8) から次の**ネルンスト・ノイエス・ホイットニーの式** Nernst–Noyes–Whitney's equation が導かれる．

$$\frac{dC}{dt} = \frac{SD}{hV}(C_s - C) \tag{7-10}$$

ここで，h は拡散層の厚さ，D は溶質の拡散係数，V は溶液の体積である．この式から，溶解速度 $\left(\dfrac{dC}{dt}\right)$ を高めるには，あるいはできるだけ短時間のうちに飽和溶液を得るためには，1) 粒子径を小さくし（S が増加），2) 攪拌速度を大きくし（h が減少），3) 溶液の体積 V を小さくすればよい．また，4) 温度が上昇すれば D および C_s は通常大きくなるので溶解速度は上昇し，5) 溶媒の粘度が増大すれば D は減少し h は増加するので，溶解速度は低下する．

溶液の体積 V が十分大きく，$C_s \gg C$ の状態が続くならば，$(C_s - C)$ は C_s で近似できるので，薬物の溶解速度は C_s に比例し，ほぼ一定となる．このような状態を**シンク条件** sink condition にあるという．薬物の溶解初期や溶解した薬物が直ちに吸収される場合，シンク条件によくあてはまる．

7.5.3 ヒクソン・クロウェルの立方根則

散剤や顆粒剤などでは，溶解の進行とともに固体薬物の表面積 S が変化する．このような場合（厳密には粒子径のそろった単分散系で等方的に溶解する場合）には，拡散律速およびシンク条件下で次の**ヒクソン・クロウェルの立方根則** Hixon–Crowell's cubic-root equation が適用できる．

$$M_0^{1/3} - M^{1/3} = \left(\frac{\pi\rho}{6}\right)^{1/3}\left(\frac{2DC_s}{h\rho}\right)t = kt \tag{7-11}$$

ここで M_0 と M は，それぞれ時間 0 および t における未溶解薬物の質量，ρ は固体薬物の密度である．$M_0^{1/3} - M^{1/3}$ を t に対してプロットすることにより，見かけの溶解速度定数 k を求めることができる．

式 (7-11) は，溶解開始から時間 t が経過したときに，まだ固体のままで残存している球形粒子の質量の立方根 $M^{1/3}$ あるいはその半径 r（r は $M^{1/3}$ に比例するので）は t と直線関係にあることを示している．

練習問題

問題 7.1 物質の溶解に関する次の記述について，正誤を答えよ．
a 溶媒の誘電率が大きいほど電解質は溶解しやすい．
b 溶媒分子と溶質分子間に双極子相互作用が働くと，溶解しにくくなる．
c エタノールと水を混和するとき，エタノールが水和するため発熱するが，エタノールおよび水の部分モル体積は一定である．
d 硫酸バリウムが胃の造影剤として安全に用いられる理由の 1 つは，その溶解度積が小さいことにある．

（第 82, 87 回薬剤師国家試験一部改変）

問題 7.2 疎水性相互作用に関する次の記述について，正誤を答えよ．
a 疎水性相互作用は，溶質分子周辺の水構造（水分子間で形成される三次元構造）の形成・破壊とは関係がない．
b 界面活性剤の水中におけるミセル形成は，疎水性相互作用と関係がある．
c 疎水性相互作用にはエントロピーの寄与が重要である．
d 疎水性相互作用は，タンパク質の高次構造の安定化に寄与している．
e 水銀が水に溶けないのは，極めて高い疎水性相互作用を有するからである．

（第 86 回薬剤師国家試験一部改変）

問題 7.3 次の文章を読み，設問 a〜c に答えよ．
ある難溶性塩 MX_2（分子量 500）は，水中で解離し，次式のような平衡状態にある．
$$(MX_2)_{solid} \rightleftharpoons M^{2+} + 2X^-$$
a MX_2 の溶解度 C_s と溶解度積 K_{sp} との関係式を答えよ．

b MX₂ は水 1.0 L に最大 1.0 mg 溶解した．その場合の C_s (mol/L) と K_{sp} を答えよ．
c X⁻イオンを添加すると，MX₂ の溶解度が減少する．この効果を何というか．

（第 85, 88, 90 回薬剤師国家試験一部改変）

問題 7.4 Noyes–Whitney の式に関する次の記述について，正誤を答えよ．

$$\frac{dC}{dt} = kS(C_s - C)$$

(dC/dt：溶解速度，k：みかけの溶解速度定数，S：固体の表面積，
C_s：固体の溶解度，C：溶液の濃度）

a 溶解過程が拡散律速の場合についてのみ成立する式である．
b シンク条件（$C \ll C_s$）についてのみ成立する式である．
c 縦軸に（$C_s - C$）を，横軸に時間 t をとり，データをプロットすると，直線関係が得られる．
d みかけの溶解速度定数 k の値は，溶解過程での攪拌条件により変化する．
e いかなる薬物の溶解度も温度を上げることにより大きくなる．
f 結晶性医薬品を数 μm 程度まで微細化すると，表面積の増大とともに C_s も著しく増大するため，溶解速度は顕著に大きくなる．

（第 83, 93 回薬剤師国家試験一部改変）

問題 7.5 粉末粒子の溶解に関して次の Hixon–Crowell の式が知られている．この式に関する次の記述について，正誤を答えよ．

$$M_0^{1/3} - M^{1/3} = kt$$

(M_0：初期の粉末粒子質量，M：時刻 t での未溶解粉末粒子質量，
k：溶解速度定数，t：時間）

a シンク条件を仮定して導かれる．
b 粉末粒子の粒度分布は正規分布に従うとして導かれる．
c k の次元は（時間）⁻¹・（質量）^{1/3} である．
d 同一試料を用いるとき，試験液の粘度が大きくなると，k の値は小さくなる．

（第 86 回薬剤師国家試験一部改変）

解答・解説

問題 7.1 **正解** a 正（7.4.2 (1) 項参照），b 誤（7.2.2 項参照），c 誤，d 正（表 7.3 参照）
解説 c エタノール分子と水分子との相互作用により，それぞれの部分モル体積は組成に応じて変

第7章 溶解現象

化する.

問題 7.2 正解 a 誤, b 正, c 正, d 正, e 誤
解説 いずれも 7.2.1 項参照. e については疎水結合ではなく金属結合.

問題 7.3 正解 a $K_{sp} = 4C_s^3$, b $C_s = 2.0 \times 10^{-6}$ mol/L, $K_{sp} = 3.2 \times 10^{-17}$ (mol/L)^3, c 共通イオン効果 (7.4.2 (4) 項参照)
解説 a 7.3 節参照. $[M^{2+}] = C_s$, $[X^-] = 2C_s$, $K_{sp} = [M^{2+}][X^-]^2$ より.
b $C_s = \{1.0 \text{ mg}/(500 \text{ g/mol})\}/(1 \text{ L}) = 2.0 \times 10^{-3}$ mmol/L $= 2.0 \times 10^{-6}$ mol/L, これを a で求めた関係式に代入すると K_{sp} が求められる.

問題 7.4 正解 a 正, b 誤, c 誤, d 正, e 誤, f 誤
解説 a〜d については 7.5 節参照.
c $(C_s - C)$ ではなく $\ln(C_s - C)$ (式 (7-9) 参照)
e 7.4.3 項参照. 例外のない物事のほうが珍しいので,「いかなる」は一応疑ってかかるべきであろう.
f C_s ひいては溶解速度が増大という方向性は正しいが,「著しく」,「顕著に」という点に問題がある. やや引っかけ問題である.

問題 7.5 正解 a 正, b 誤, c 正, d 正 (いずれも 7.5.3 項参照)
解説 d 粘度が増大すると拡散係数の減少と拡散層の厚さの増大により, みかけの溶解速度定数は小さくなる.

参考書
1) 宮嶋孝一郎編 (1989) 医薬品の開発 15. 製剤の物理化学的性質, 廣川書店
2) 大瀧仁志 (1990) イオンの水和 (化学の One Point 26), 共立出版

界面活性剤 8

分散媒中に分散相が分散している系は分散系と呼ばれる．日本薬局方製剤総則で規定されている製剤の中で，分散系に属する製剤には，乳剤，懸濁剤，軟膏剤，クリーム剤，リニメント剤，ローション剤，エアゾール剤などがあり，さらに乳濁性注射剤，懸濁性注射剤，懸濁性シロップ剤なども分散系の製剤である．これらの製剤の調製によく使われているのが乳化剤・懸濁化剤としての界面活性剤であり，界面活性剤は分散系製剤の安定性に寄与している．また，界面活性剤は殺菌剤，消毒剤，洗浄剤としても使われている．さらに界面（気–液，液–液，固–液界面）では，均一相中ではみられない特殊な機能が作用して，表面過剰エネルギー，ぬれ，ミセル触媒作用に関係する．これら界面活性剤の性質を理解することは薬学生にとって重要である．

8.1 界面活性

8.1.1 表面過剰エネルギーと表面張力

気–液界面における**表面張力** surface tension について考えてみる．気体（空気）と液体との**界面** interface を図 8.1 のように考える．液体内部にある分子 B は周囲を多くの分子に取り囲まれているので，分子間にファンデルワールス力などの引力がはたらき，エネルギー的に安定化されているが，表面にある分子 A は空気の側に存在する分子の作用が少ないので，安定化のされ方が小さい．したがって，表面の分子 A は液体内部の分子 B と比べるとエネルギー的に不安定で，過剰のポテンシャルエネルギーをもっている．表面分子は絶えず内部分子から引っ張られていて，それに抗するエネルギーが表面過剰エネルギーである．内部分子からの引力が作用する結果，液体には表面積を小さくする力がはたらく．これが表面張力である．

図 8.2 のように，針金の枠 ABCD に液体の薄い膜を張り，その膜を AB から A′B′ までの長さ

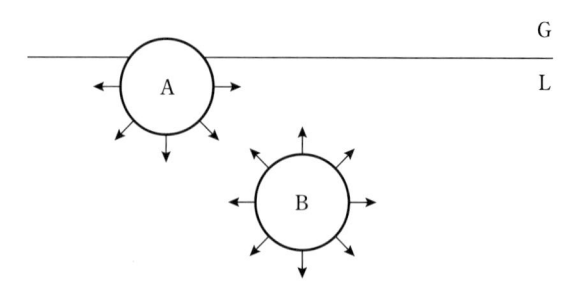

図 8.1　液中にある分子 B と気-液界面（G/L）にある分子 A の状態の対比

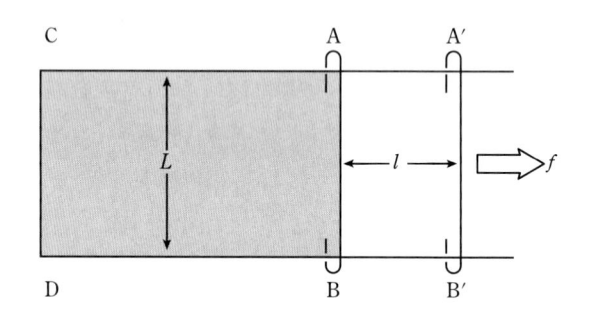

図 8.2　表面張力と表面過剰エネルギー
膜を広げるとエネルギーが蓄えられ，収縮しようとして表面張力が作用する．

l を力 f で引っ張って表面積を S だけ広げる．このときの仕事 W は S に比例するので，$W = \gamma S$ となる．また，$W = fl$, $S = 2lL$（ここで係数 2 は，枠の表と裏に液体の表面ができるため）と表せるので，

$$\gamma = W/S = fl/2lL = f/2L \tag{8-1}$$

となる．すなわち，γ は単位面積あたりに蓄えられるエネルギー（単位：J/m^2）であると同時に，AB の単位長さあたりに作用する張力でもある．したがって，γ を**表面自由エネルギー** surface free energy あるいは表面張力（単位：N/m）ともいう．なお，「表面張力」は気-液界面および気-固界面の場合をいい，これら界面に液-液界面，液-固界面，固-固界面を加え，より広い意味では「**界面張力** interfacial tension」という．

溶液の表面張力は溶質の種類と濃度によって変化する．比較的低い濃度において示される 3 つの型を図 8.3 に示す．(1) のように溶質濃度とともに表面張力がわずかに上昇する溶液は界面不活性溶液であり，溶質の例としては無機電解質や一部のアミノ酸があげられる．(2), (3) のように濃度とともに表面張力が低下する溶液は界面活性な物質を溶かした溶液であり，多くの水溶性有機化合物がこれに属する．(3) のように低濃度で表面張力を急激に低下させ，ある濃度以上ではほぼ一定の表面張力を示す物質を，(2) の場合の界面活性物質と区別して，**界面活性剤**

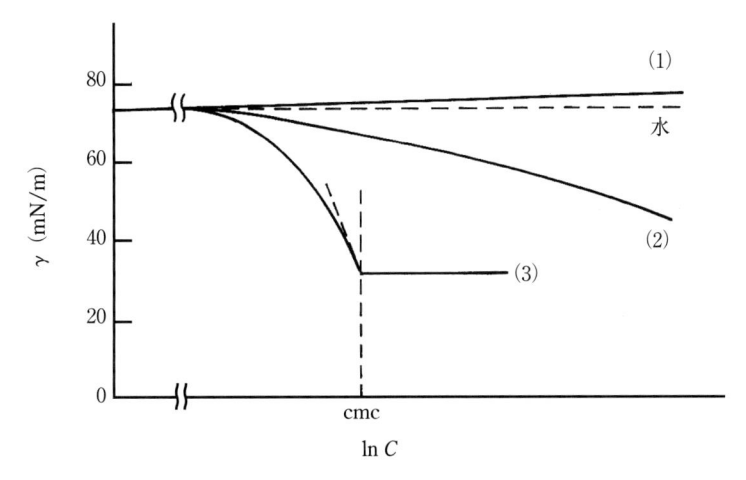

図 8.3 表面張力 γ と溶質濃度 C との関係

表 8.1 水の表面張力

温度（℃）	表面張力（mN/m）
25	71.96
30	71.15
40	69.55
50	67.90
60	66.17

surfactant, surface active agent と呼ぶ．

　水の表面張力は，20℃で 72.8 mN/m（ミリニュートン毎メートルと読む）であるが，界面活性剤を添加すると表面張力が 20 ～ 40 mN/m まで低下する．界面活性化合物は親水基と疎水基（親油基）を合わせもっており（二親媒性化合物あるいは両親媒性化合物という），これらの化合物は気-液界面に吸着することによって表面張力を低下させる．

　表面張力は温度に依存する物性であり，温度が上昇すると液体の凝集力に対して熱運動のエネルギーが増大するために表面張力は低下する．25 ～ 60℃における水の表面張力の値を表 8.1 に示す．

8.1.2　ギブズの吸着等温式

　気-液界面に吸着した分子は疎水基を空気のほうに向け，親水基を水のほうに向けて単分子膜を形成していると考えられ，界面の単位面積あたりに溶質分子が Γ（単位：mol/m^2）吸着されたモデルを用いることができる．**ギブズの吸着等温式** Gibbs adsorption isotherm は溶質の活量を a とすると次のように表される．

$$\Gamma = -\frac{1}{RT}\left(\frac{\partial \gamma}{\partial \ln a}\right)_{T,p} \tag{8-2}$$

ここで R は気体定数，T は絶対温度である．希薄溶液では活量 a はモル濃度 C に等しいとおけるので，式 (8-3) のようになる．

$$\Gamma = -\frac{1}{RT}\left(\frac{\partial \gamma}{\partial \ln C}\right)_{T,p} = -\frac{C}{RT}\left(\frac{\partial \gamma}{\partial C}\right)_{T,p} \tag{8-3}$$

イオン性界面活性剤の場合，共通イオンをもつ多量の添加電解質が存在しているときには界面活性剤イオン濃度を C として式 (8-3) がそのままの形で使えるが，塩を全く加えていない場合には，式 (8-3) に係数 1/2 をつけた式 (8-3)′ を用いる．

$$\Gamma = -\frac{1}{2RT}\left(\frac{\partial \gamma}{\partial \ln C}\right)_{T,p} = -\frac{C}{2RT}\left(\frac{\partial \gamma}{\partial C}\right)_{T,p} \tag{8-3}'$$

すなわち，ラウリル硫酸ナトリウムの気-液界面への吸着量は，多量の NaCl やリン酸ナトリウムが共存する場合には式 (8-3) で計算できるが，ラウリル硫酸ナトリウムを水に溶かしただけの場合には式 (8-3)′ を使う*．

図 8.3 において曲線 (1) の傾きは正である．すなわち，ギブズの吸着等温式において $\partial \gamma/\partial \ln C > 0$ であるので，$\Gamma < 0$ となる．これは負の吸着を意味しており，気-液界面よりも溶液内部の溶質の濃度のほうが高い．一方，図 8.3 において，曲線 (2) と (3) では傾きが負である．すなわち，$\partial \gamma/\partial \ln C < 0$ であるので，ギブズ吸着式から $\Gamma > 0$ となる．これは正の吸着を意味しており，気-液界面のほうが溶液内部よりも溶質濃度が高い．曲線 (3) のほうが曲線 (2) よ

---

*式 (8-3)，(8-3)′ の説明：イオン性界面活性剤は有機電解質であり，$(M^{+z+})_{\nu_+}(D^{-z-})_{\nu_-}$ と表す．ここで，$\nu_+ + \nu_- = \nu$ とする．また，イオン性界面活性剤と共通のイオンを有する界面不活性な電解質を $(M^{+z+})_{\nu_+'}(X^{-z-})_{\nu_-'}$ と表す．この両者が溶液中に共存する場合を考える．イオン性界面活性剤のモル濃度を C_1，電解質のモル濃度を C_2 とし，希薄溶液で活量係数を 1 とみなせるとき，M^{+z+} および D^{-z-} の活量は

$$a_+ = \nu_+ C_1 + \nu_+' C_2$$
$$a_- = \nu_- C_1$$

となる．したがって，電解質濃度 C_2 を一定に保ち，C_1 を変化させて溶液の表面張力を測定したとき，吸着量は

$$\Gamma = -\frac{1}{iRT}\left(\frac{\partial \gamma}{\partial \ln C_1}\right)_{T,p,C_2} \quad \text{と表せる．}$$

ここで，$i = \nu_+\left(\dfrac{\nu_+ C_1}{\nu_+ C_1 + \nu_+' C_2}\right) + \nu_-$ である．

$(\nu_+ C_1) \gg (\nu_+' C_2)$ のときには（および電解質が存在しないとき ($C_2 = 0$) には），$i = \nu$ となり，$(\nu_+ C_1) \ll (\nu_+' C_2)$ のときには $i = \nu_-$ となる．

すなわち，ラウリル硫酸ナトリウム (SLS) を蒸留水に溶解して表面測定したときには，$i = \nu = 2$ となり，式 (8-3)′ から吸着量が求められ，SLS を適度な濃度の塩化ナトリウム水溶液に溶解して表面張力を測定した場合には，$i = \nu_- = 1$ となり，式 (8-3) から吸着量が求められる．

りも傾きが大であるので，吸着量も大となる．すなわち，界面活性剤のほうが一般の水溶性有機物よりも界面への吸着量が大である．界面活性剤の濃度が cmc（後述する臨界ミセル濃度の略号）以上になると γ はほとんど変化しなくなり，界面への吸着量はほぼ一定値になる．これは cmc 以上においては界面活性剤の活量 a がほぼ一定値をとるためである．図 8.3 の曲線（3）では，cmc の手前で気-液界面への吸着が飽和に達しており，ラングミュア Langmuir 型の吸着をしている．**ラングミュアの吸着等温式** Langmuir adsorption isotherm は式（8-4）のように表される．

$$\Gamma = \Gamma_s \frac{kC}{1 + kC} \tag{8-4}$$

ここで，Γ_s は飽和吸着量，k は定数で吸着のしやすさを表すパラメータである．式（8-4）は式（8-5）のように変形できるので，

$$\frac{\Gamma}{C} = k(\Gamma_s - \Gamma) \tag{8-5}$$

Γ に対して Γ/C をプロットをすると，直線の傾きと横軸との交点から k と Γ_s が求まる．

8.1.3　表面張力の測定法

表面張力の測定方法としては，毛管上昇法，輪環法，つり板法，泡圧法，滴重法，滴数法などがある．ここでは代表的な測定方法の原理を示す．各方法とも正確な表面張力の値を求めるときには補正が必要である．

（1）毛管上昇法 capillary-rise method

図 8.4 (a) のように，液中に半径 R の毛細管を垂直に立てると，液体は毛細管内を高さ h だけ上昇する．このとき毛細管内側の円周 $2\pi R$ にわたって液体表面に作用している力の上向きの成分 $2\pi R \gamma \cos \theta$（$\theta$ は接触角）と，下向きの力すなわち毛細管中の液体の重量 $\pi R^2 h \rho g$ が釣り合っている．ここで ρ は液体の密度，g は重力加速度（自由落下の加速度）である．

$$2\pi R \gamma \cos \theta = \pi R^2 h \rho g \tag{8-6}$$

したがって，表面張力 γ は

$$\gamma = R h \rho g / (2 \cos \theta) \tag{8-7}$$

となる．毛管壁をよくぬらす液体の場合は $\theta = 0°$ とみなせるので

$$\gamma = R h \rho g / 2 \tag{8-8}$$

と簡略化できる．

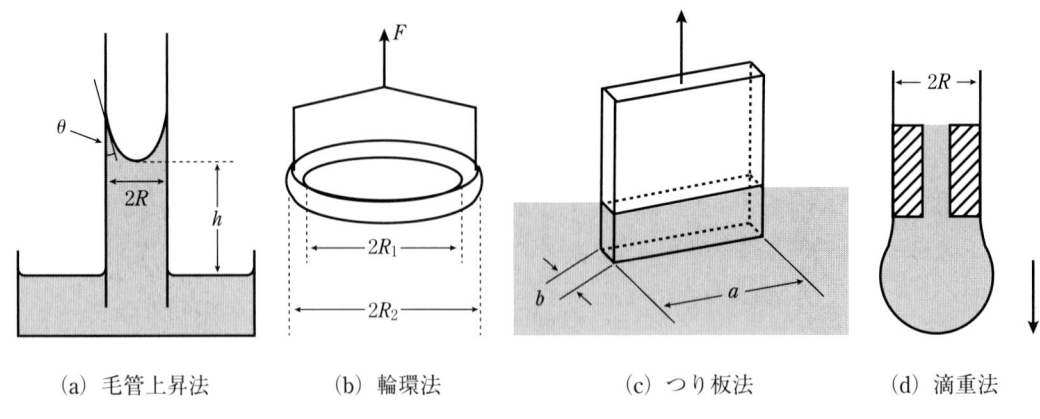

(a) 毛管上昇法　　(b) 輪環法　　(c) つり板法　　(d) 滴重法

図 8.4　表面張力の測定法

（2）輪環法 ring method

デュヌーイ Du Noüy の表面張力計として知られている方法であり，図 8.4（b）に示すように白金リング（内径 R_1，外径 R_2）を液面に接触させ，これを静かに垂直に引き上げるとき，リング周囲に形成されている液膜が切れるときの力 F から求める．この力 F は，リングの内側と外側に表面張力が作用するので，$2\pi(R_1 + R_2)\gamma = F$ となり，$R_1 \fallingdotseq R_2$ とみなして $R\,(=(1/2)(R_1 + R_2))$ とすると

$$\gamma = F/(4\pi R) \tag{8-9}$$

となる．

（3）つり板法 hanging plate method

ウィルヘルミー法 Wilhelmy's method として知られている方法であり，図 8.4（c）に示すように，薄い板（顕微鏡用のカバーガラスあるいは白金からなる薄い板，幅 a，厚さ b）を液面から引き離すのに要する力 F を測定する．このとき

$$2(a + b)\gamma \cos\theta = F \quad (\theta は接触角) \tag{8-10}$$

が成り立つ．さらに，つり板をよくぬらす液体の場合は $\theta = 0°$ とみなせるので，式（8-11）が得られる．

$$\gamma = F/2(a + b) \tag{8-11}$$

（4）滴重法 drop weight method

図 8.4（d）に示すように，垂直な管（半径 R）の下端から液体を静かに落下させるとき，1 滴

の質量 w（＝液体の密度 ρ × 1滴の体積 V）と表面張力 γ との間に式（8-12）が成り立つ．

$$\gamma = wg/(2\pi R) = \rho Vg/(2\pi R) \qquad (8\text{-}12)$$

厳密な測定が必要なときには，補正をしなければならない．このときには式（8-12）の wg の代わりに fwg と書き表される．ここで f は補正係数である．

滴数法は，滴重計から一定容積の液体を静かに落下させるときの滴数から表面張力を求めるものであり，原理的には滴重法と同じである．測定値と表面張力との関係は，滴重法では1滴の質量と表面張力は比例関係にあるが，滴数法では滴数と表面張力は反比例の関係にある．

8.2 界面活性剤

8.2.1 界面活性剤の分類

界面活性剤は表8.2のように大別される．すなわち，親油基（疎水基）に直接付いている親水基部分が負に荷電しているものが陰イオン性界面活性剤（アニオン界面活性剤），正に荷電しているものが陽イオン性界面活性剤（カチオン界面活性剤），正負の両方の荷電をもつものが両性界面活性剤，親水基に電離基をもたない非イオン性のものが非イオン性界面活性剤（ノニオン界面活性剤）である．代表的な界面活性剤の化学構造を表8.3に示す．

(1) 陰イオン性界面活性剤 anionic surfactant

陰イオン性界面活性剤の典型的な例は高級脂肪酸のアルカリ金属塩（狭義の石ケン（鹸））である．代表的な例を以下に示す．

a) カルボン酸塩

① 直鎖脂肪酸のナトリウム塩，カリウム塩

石ケン類は脂肪酸の金属塩で $RCOO^-Na^+$，$RCOO^-K^+$ がアルカリ石ケンとして一般的であり，薬用石ケン（日局）はナトリウム塩である．ステアリン酸，パルミチン酸，ミリスチン酸，ラウリン酸などが主な脂肪酸である．脂肪酸の炭素数が10以下のものは水に溶解しすぎて界面活性が弱く，また，反対に20以上のものは水に不溶性である．石ケン製剤にはクレゾール石ケン液（日局）があり，石ケンがクレゾールの溶解補助剤の役目も果たしている．

② 金属石ケン

2価以上の金属イオンを対イオンとするもので，脂肪酸のカルシウム塩，マグネシウム塩，ア

表 8.2　界面活性剤の分類

```
イオン性界面活性剤 ─┬─ 陰イオン性界面活性剤
                    ├─ 陽イオン性界面活性剤
                    └─ 両性界面活性剤
非イオン性界面活性剤
高分子性界面活性剤
天然界面活性物質
```

ルミニウム塩の他，亜鉛塩やバリウム塩などがある．水に不溶性で界面活性作用は小さい．ステアリン酸マグネシウム（日局）は主に錠剤を調製する際の滑択剤として用いられる．

表 8.3　界面活性剤の代表的な化学構造

$(M = Na^+, K^+ ; X = Cl^-, Br^- ; EO = (CH_2CH_2O))$

陰イオン性界面活性剤	RCOOM
	$ROSO_3M$
	RSO_3M
	$R-C_6H_4-SO_3M$
陽イオン性界面活性剤	RNH_3X
	$(R)_4N-X$
両性界面活性剤	$(R)_4N^+COO^-$
	$(R)_3N^+CH_2COO^-$
	$RNHCH_2CH_2COOH$
非イオン性界面活性剤	$R-O-(CH_2CH_2O)_nH$
	$CH_2(OH)CH_2(OH)CH_2OCOR$

Span 系化合物

Tween 系化合物

ソルビトールの分子内脱水物は多種あるが，代表的なのは次の 2 種である．これらが Span 系および Tween 系化合物の原料となる．

1,5-ソルビタン　　1,4-ソルビタン

b）硫酸エステル塩

ラウリル硫酸ナトリウム（日局；ドデシル硫酸ナトリウム，硫酸ドデシルナトリウムともいう）が代表的なものであり，水溶性が高く，中性で洗浄作用に優れている．シャンプーに単独で使うには洗浄作用が強すぎるために非イオン性界面活性剤に混合して使われることが多い．

c）スルホン酸塩

アルキルスルホン酸塩，アルキルベンゼンスルホン酸塩などがある．水溶性で洗浄作用に優れた中性洗剤として利用される．

（2）陽イオン性界面活性剤 cationic surfactant

第四級アルキルアンモニウム塩やアルキルピリジニウム塩などがあり，逆性石ケンとも呼ばれる．第四級アンモニウム塩は殺菌作用が強く，ベンザルコニウム塩化物（日局），ベンゼトニウム塩化物（日局）などは殺菌剤や消毒剤として使われる．

（3）両性界面活性剤 amphoteric（ampholytic）surfactant

アルキルベタイン$(R)_3N^+CH_2COO^-$が典型的な例である．分子内にアニオン部分とカチオン部分の親水基をもち，他の型の界面活性剤と併用でき，使用 pH 範囲も広いのが特徴である．

（4）非イオン性界面活性剤 nonionic surfactant

a）ポリオキシエチレン系

この種の界面活性剤は親水性のオキシエチレン基の数によって活性剤の親水性を制御することができる．ラウロマクロゴール（日局）は$CH_3(CH_2)_{11}O(CH_2CH_2O)_nH$の構造をもち，$n$の増加とともに液状（$n = 5$），ワセリン様（～ 10），ロウ状（$\geqq 20$）と固化するが，親水性は高まり，水に溶けやすくなる．

無水ソルビトールの水酸基の一部をオレイン酸でエステル化した物質のポリオキシエチレンエーテルであるポリソルベート 80（日局）は Tween 系の界面活性剤として知られるものであり，次に述べる Span 系のものよりも親水性が高い界面活性剤である（表 8.3 参照）．

b）多価アルコール脂肪酸エステル

モノステアリン酸グリセリン（日局），ソルビタンセスキオレイン酸エステル（日局）の他，Span 系として知られる脂肪酸エステル Span 20（monolaurate），Span 40（monopalmitate），Span 65（tristearate）などがある．Span 系は Tween 系よりも親油性が高い界面活性剤である．

非イオン性界面活性剤は乳化剤として用いられることが多い．

（5）天然界面活性物質

天然の界面活性物質としてはポリアミノ酸，リン脂質，胆汁酸，サポニンなどがある．胆汁酸

は生体内では脂肪の消化・吸収を助け，またコレステロールを可溶化してコレステロール結石（胆石）の形成を抑制する．デヒドロコール酸，ウルソデオキシコール酸などがある．リン脂質は細胞膜の構成成分であり，リポソームとしての利用がよく知られているが，乳化剤として食品にも添加されている．

8.2.2 界面活性剤の性質

（1）ミセル形成

界面活性剤は分子構造として親水基と疎水基をもっており，気-液界面では親水基を水相側に，疎水基を空気側へ配向させて吸着する．低濃度では一部が界面に吸着し，他は水中に**モノマー** monomer 状態で溶解している．しかしある濃度以上になると，界面活性剤分子あるいはイオンは親水基を水溶液側に，疎水基を内側にそれぞれ向けた会合体を形成する．この会合体を**ミセル** micelle といい，ミセル形成が始まる濃度を**臨界ミセル濃度**あるいは**臨界ミセル形成濃度** critical micelle concentration（cmc）という．

低濃度においては，溶解に伴うエントロピーの増大と親水基の水和によってモノマー状態の溶解が進行している．しかし濃度が高くなってくると，疎水基の周囲に形成される水分子の氷状構造（疎水性水和構造）が界面活性剤の溶解に対してエントロピー的に不利にはたらくために，疎

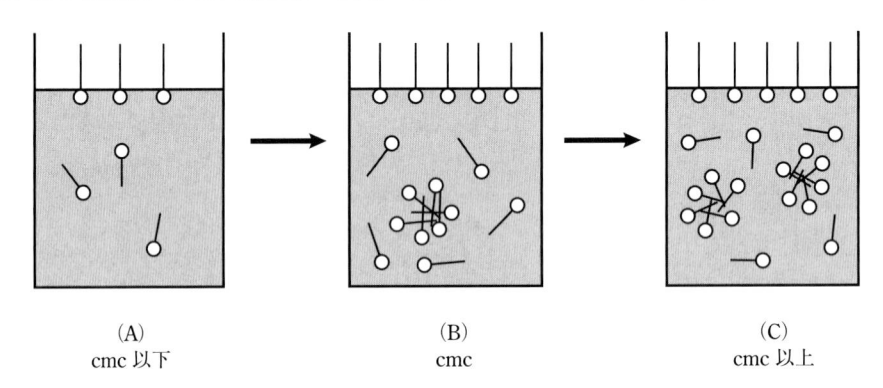

(A) cmc 以下　　(B) cmc　　(C) cmc 以上

図 8.5　気-液界面への界面活性剤の吸着とミセル形成

(a) 球状ミセル　　(b) 棒状ミセル　　(c) 層状ミセル　　(d) 逆ミセル

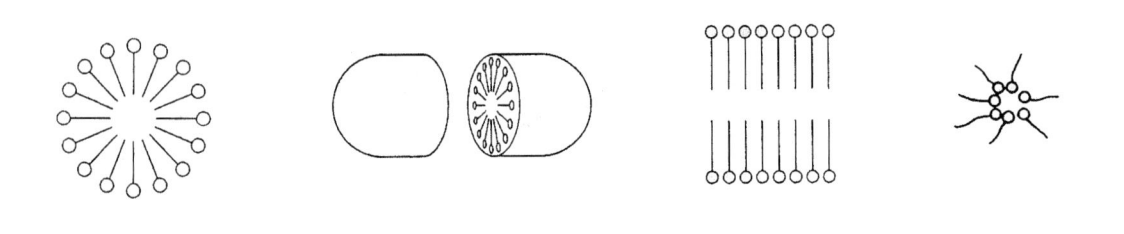

図 8.6　ミセルの形状（模式図）

水基どうしが会合して水との接触を回避しようとする．これがミセル形成を引き起こす原動力である．

cmc 以上では，ミセルの数のみが増加し，モノマー濃度はほぼ一定（cmc に近い濃度）である．ミセルの会合数はイオン性のもので 50 〜 60，非イオン性のものでは電荷の反発がないために 200 を超えることもある．

ミセルの形状は，ミセル濃度が比較的低い場合には (a) 球状ミセル（ハートレー Hartley のモデル）であるが，濃度の増大とともに (b) 棒状ミセル（デバイ Debye のモデル），(c) 層状ミセル（ラメラミセル）（マクベイン McBain のモデル）へと変化していくと考えられている．また，有機溶媒など無極性溶媒中では，水溶液中とは逆の配向，すなわち (d) **逆ミセル** reversed micelle が形成される．逆ミセルの中心部は親水性が高いので，中心部に水溶性物質を可溶化させることもできる．逆ミセルは通常のミセル (a) と比べて会合数が少なく，cmc が判別しにくいこともある．

(A) 表面張力 γ

(B) 導電率（電気伝導率，伝導率ともいう）κ
浸透圧 Π
対イオン活量 a

(C) モル導電率（モル伝導率ともいう．かつては当量伝導度ともいった）Λ
対イオンの活量係数 γ
浸透係数 ϕ
カチオン性界面活性剤の水溶液の pH

(D) 還元散乱光強度 R
濁度 τ
可溶化量
アニオン性界面活性剤の水溶液の pH

(E) 水溶液の相対粘度 η_{rel}

(F) 洗浄力（cmc 付近で急激に増大する）

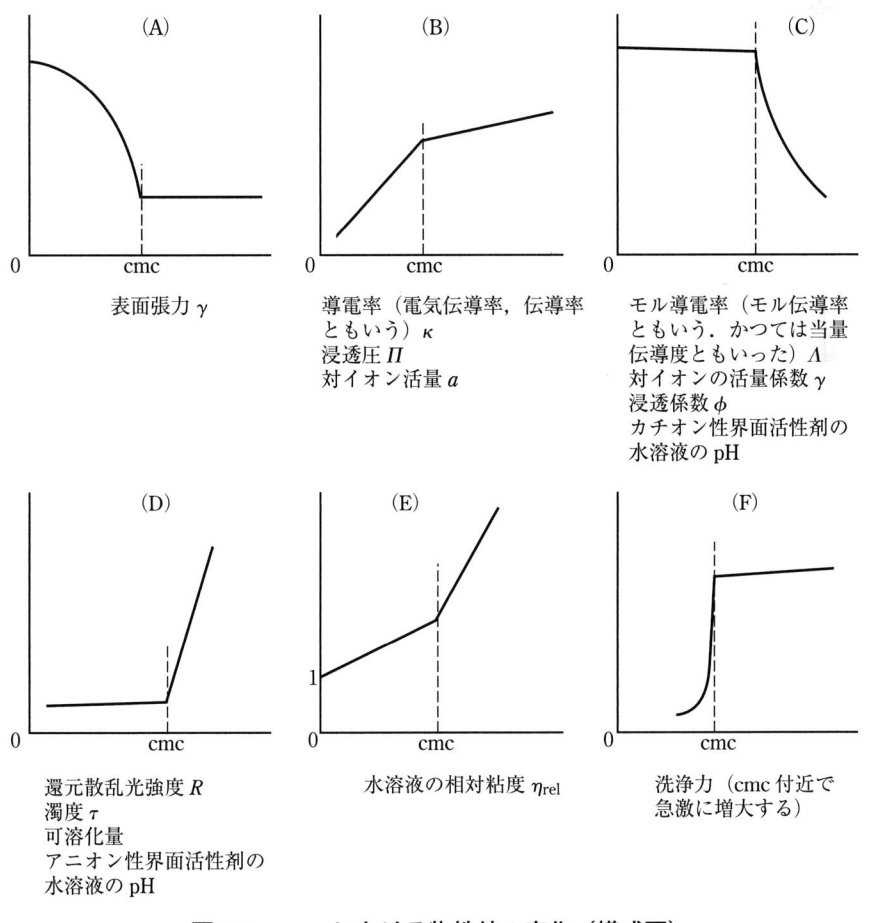

図 8.7　cmc における物性値の変化（模式図）
横軸は界面活性剤の濃度，縦軸はそれぞれの物性値を表す．

（2）ミセル形成による物理化学的性質の変化

界面活性剤溶液は cmc 前後において溶液の粒子数が濃度に比例しなくなる．したがって，溶液の束一的性質である蒸気圧降下，浸透圧は cmc で屈折点を生じる．その他の物性値についても，図 8.7 に模式的に示すように cmc において屈折点が見られる．

モル導電率（モル伝導率ともいう．これはかつては当量伝導度ともいった）は，cmc を超えると急激に低下する．これはミセル形成によってミセルの有効電荷が減少するため，すなわちミセル表面へ対イオンが濃縮されてミセルの電荷が遮蔽されるためである．濁度はコロイド溶液の形成によって急激に増大する．洗浄力はミセルの可溶化（後述）によるため cmc 以上で大となる．粘度はミセル形成により増加する．

（3）ミセルによる可溶化の様式

球状ミセルへの**可溶化** solubilization の模式図を図 8.8 に示す．低濃度領域で形成される球状ミセルでは，数十から百数十の界面活性剤分子（あるいはイオン）が集まって直径数十 nm の球となっている．しかしこの球は滑らかな油滴のような球ではなく，表面に凹凸があり，いくぶん扁平あるいは扁長になったいびつな形状を呈している．ミセルの内部は疎水基の炭化水素鎖で充満しており，炭化水素鎖はからみあって流動パラフィンのような状態にある．したがって，水に溶けにくく油に溶けやすい物質がこのミセル内部に取り込まれて透明な溶液となる．これをミセルによる可溶化という (a)．高級アルコールや高級脂肪酸の場合には，親水基と疎水基をもっているために (b) のように**混合ミセル** mixed micelle を形成した形で可溶化される．また，ある場合には (c) のようにミセル表面への吸着や界面活性剤の極性基との相互作用によって可溶化される場合もある．

可溶化量はミセルとして存在する界面活性剤濃度とともに増大する（図 8.7（D）参照）．したがって，難溶性物質の溶解度曲線には cmc で折点がみられる．なお，可溶化によりミセル中に可溶化物が濃縮されるので，水溶液中では観察されにくい反応もミセル中では顕著に進行するこ

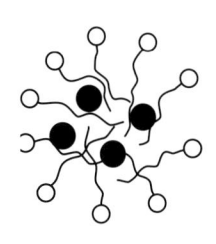

(a) 炭化水素
　（無極性物質）

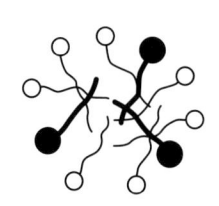

(b) 高級脂肪酸
　　高級アルコール
　（混合ミセルを形成）

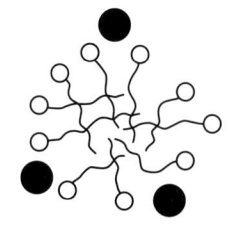

(c) ミセル表面への吸着
　　あるいは相互作用に
　　よる可溶化

図 8.8　ミセルによる可溶化の 3 つの様式

表 8.4　$\log \mathrm{cmc} = a - bn$（式 8-13）の a, b の値

界面活性剤	温度（℃）	a	b
アルキルカルボン酸カリウム	45	2.03	0.292
アルキル硫酸ナトリウム	45	1.42	0.295
アルキルスルホン酸ナトリウム	40	1.59	0.294
アルキルベンゼンスルホン酸ナトリウム	75	3.01	0.21
アルキルトリメチルアンモニウムブロミド	60	1.77	0.292

とがあり，このような機能を**ミセル触媒作用** micellar catalysis という．

（4）cmc とアルキル鎖長との関係

親水基が共通である同族列の界面活性剤の cmc は，アルキル鎖長が長くなるにつれて低下し，温度一定において次のように表される．

$$\log \mathrm{cmc} = a - bn \tag{8-13}$$

ここで n はアルキル基の炭素数，a は親水基によって決まる定数である．n を横軸に，$\log \mathrm{cmc}$ を縦軸にとると右下がりの直線が得られ，その傾きが b である．a, b の値を表 8.4 に示す．

直鎖炭化水素鎖をもつイオン性同族列において，b の値は約 0.29 となっている．これは，イオン性同族列においてはメチレン基 1 個の増加によって cmc が約 1/2 になることを表している（$\log(1/2) = -0.301$）．なお，アルキルベンゼンスルホン酸ナトリウムでは，b の値は 0.21 と小さく，また a の値は大きく，分子構造中にベンゼン環を有するものは直鎖状のものに比べてミセルを形成しにくく，またメチレン基の増加による cmc の低下の傾向が小さいことがわかる．

非イオン性界面活性剤では，n の増加によってイオン性界面活性剤の場合よりも cmc がより急激に低下する．n が一定のもとでは，非イオン性界面活性剤のほうがイオン性界面活性剤より

表 8.5　cmc と会合数に対する NaCl 添加の影響（25 ℃）

	NaCl (mol/L)	cmc (mmol/L)	ミセル会合数
ラウリル硫酸ナトリウム[*1]	0	8.1	80
	0.02	3.8	94
	0.10	1.4	112
	0.20	0.83	118
ドデシルアミン塩酸[*2]	0	13.1	56
	0.024	9.25	101
	0.046	4.62	141

[*1]　ドデシル硫酸ナトリウム，硫酸ドデシルナトリウムともいう．
[*2]　ドデシルアミン塩酸塩，ドデシルアンモニウムクロリドともいう．

も cmc が低い．これは親水基間に静電的な反発がないためである．ポリオキシエチレン系の非イオン性界面活性剤では，オキシエチレン鎖が長いほど親水性が高まるために cmc が高くなる．

（5） cmc に及ぼす電解質添加の影響

イオン性界面活性剤水溶液に電解質を添加すると cmc が低下し，ミセルの会合数も増大する（表 8.5）．これは電解質の添加によって対イオン濃度が増加し，界面活性剤イオンの静電的な反発がイオン雰囲気によって抑制されて，ミセル形成が容易になるためである．

非イオン性界面活性剤水溶液に NaCl を添加した場合の cmc の低下は，イオン性界面活性剤水溶液の場合と比べるとわずかであるが，非イオン性界面活性剤水溶液に Na_2SO_4 を添加すると，NaCl を添加した場合よりも cmc が著しく低下する．これは Na_2SO_4 の塩析力が強いからである．

（6） クラフト点と曇点

低温ではイオン性界面活性剤の水への溶解度は低いが，ある温度を超えると温度とともに溶解度は急激に増加する．イオン性界面活性剤の水中での溶存状態は図 8.9 のように表される．図中の AK 曲線は溶解度曲線であるが，点 K を越えると急激に溶解度が増大する．この点 K で表される温度を**クラフト点 Kraft point** と呼ぶ．この温度で界面活性剤イオンがミセルを形成し始めるので溶解度が急激に上がる．すなわち，AK で示される濃度領域ではまだ cmc に達しておらず，イオン性界面活性剤はモノマーとしてのみ溶解している．したがって，その溶解度よりも多量の

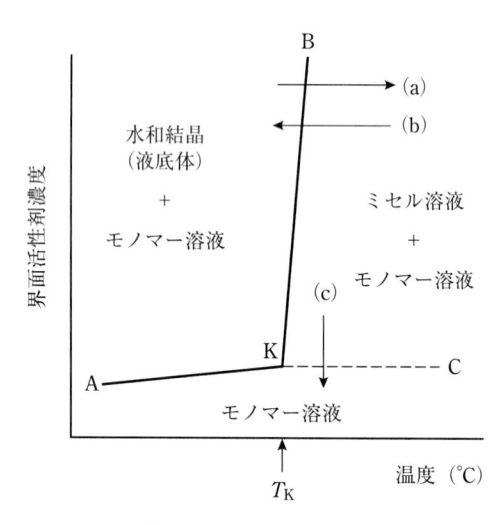

図 8.9　イオン性界面活性剤の溶存状態の温度依存性
(a) 温度上昇とともにミセルが形成されるので，溶解度が大となる．
(b) 温度降下とともに水和結晶が形成されて，水中にはモノマー状態の界面活性剤のみが残存する．
(c) 希釈すれば，ミセルが崩壊してモノマーのみの溶液となる．
T_K：クラフト点

界面活性剤を水中に添加すると残りは溶解しないまま液底体（水和結晶）として存在することになる．クラフト点以上の高温領域ではミセルの形成によってみかけ上溶解度が急増する．イオン性界面活性剤はクラフト点以上の温度で使用しないと界面活性剤としての機能が十分に発揮されない．クラフト点は界面活性剤水和結晶の融点と相関があり，同族列ではアルキル鎖長が長くなるほどクラフト点は高くなる．

　一方，非イオン性界面活性剤は一般に融点が低いのでクラフト点に相当する温度は観察されない．しかし，非イオン性界面活性剤水溶液の温度を上昇させると，ある温度で白濁が始まる．この温度を**曇点**（または**曇り点**）cloud point，clouding point と呼ぶ．これは低温側では非イオン性界面活性剤のポリオキシエチレン基と水分子との水素結合によって極性基の親水性が高まって透明な水溶液となって溶けているが，温度の上昇とともにその水素結合が切れて水和度が減少し親水性が低下するために，曇点を越えると溶けきれなくなるためである．ポリオキシエチレン基のエチレンオキシドの数が増すと親水性が増大するので曇点は高くなる．また，非イオン性界面活性剤水溶液に電解質を添加すると，界面活性剤の水和が減少するので曇点は低くなる．

　親水クリーム（日局）の調製に乳化剤として非イオン性界面活性剤が使われているが，非イオン性界面活性剤が曇点をもつため，高温時には乳剤型は w/o 型であるが，低温側では o/w 型に**転相** phase inversion する．高温で調製後，冷却してでき上がった親水クリームの乳剤型は o/w 型である．このように高い温度でまず w/o 型乳剤を調製し，かき混ぜながら冷却することによって転相を起こさせ，微細な o/w 型乳剤を得る方法を転相乳化法という（第 9 章参照）．

8.2.3　HLB

　界面活性剤の性質は分子内の親水基と親油基（疎水基）の数量的バランスに依存している．このバランスを数値化したものが **HLB**（hydrophile–lipophile balance，親水親油バランス）であり，HLB 値が小であれば疎水性が高く，大であれば親水性が高い界面活性剤であることを示す．オレイン酸の HLB は 1，オレイン酸カリウムの HLB は 20 であり，その間を割り振っている．多くの界面活性剤の HLB 値は 1～20 の間にあるが，ラウリル硫酸ナトリウムの HLB は約 40 ときわめて高い．

　代表的な界面活性剤の HLB 値を表 8.6 に示す．

（1）HLB を表す式

(a) デービス Davies 式

$$\text{HLB} = \Sigma(\text{親水基部の基数}) + \Sigma(\text{親油基部の基数}) + 7 \qquad (8\text{-}14)$$

ここで親水基および親油基の基数は表 8.7 に示される値である．

　先に述べたオレイン酸の HLB 1 とオレイン酸カリウムの HLB 20 は，表 8.7 の数値をもとに，

表 8.6　界面活性剤の HLB 値

界面活性剤 化学名	商品名	HLB
オレイン酸		1
ソルビタントリオレート	Span 85	1.8
ソルビタントリステアレート	Span 65	2.1
ソルビタンセスキオレイン酸エステル（日局）	Span 83	3.7
モノステアリン酸グリセリン（日局）		3.8
ソルビタンモノオレート	Span 80	4.3
ソルビタンモノパルミテート	Span 40	6.7
ソルビタンモノラウレート	Span 20	8.6
ポリオキシエチレンソルビタンモノオレート	Tween 81	10.0
ポリオキシエチレンソルビタンモノオレート	Tween 80	15
ポリオキシエチレンモノラウレート	Tween 20	16.7
オレイン酸カリウム		20
ラウリル硫酸ナトリウム（日局）		約 40

表 8.7　親水基および親油基の HLB 基数

親水基	基　数	親油基	基　数
$-SO_4^- Na^+$	38.7	CH_3-	-0.475
$-COO^- K^+$	21.1	$-CH_2-$	-0.475
$-COO^- Na^+$	19.1	$>CH-$	-0.475
N（4級アミン）	9.4	$=CH-$	-0.475
エステル	2.4		
$-COOH$	2.1		
$-OH$	1.9		
$-O-$	1.3		
$-OH$（ソルビタン環）	0.5		

次のように計算される．

$$\text{オレイン酸}\quad 2.1 + (-0.475 \times 17) + 7 = 1.025$$

$$\text{オレイン酸カリウム}\quad 21.1 + (-0.475 \times 17) + 7 = 20.025$$

(b) 主として Span 系と Tween 系の化合物の場合

$$\text{HLB} = 7 + 11.7 \log(M_w/M_o) \tag{8-15}$$

ここで M_w と M_o はそれぞれ親水基部と親油基部のモル質量の和である．親水基部と親油基部のモル質量の和が等しいとき HLB は 7 となる．

(c) 1価アルコールのエチレンオキシド誘導体では

$$\text{HLB} = E/5 \tag{8-16}$$

ここで E はエチレンオキシドの質量%値である．

(d) 多価アルコール誘導体でケン価数が求めにくい場合には

$$\text{HLB} = (E+P)/5 \tag{8-17}$$

ここで P は多価アルコールの質量%である．

(e) 多価アルコールの脂肪酸エステルまたはそのエチレンオキシド誘導体の場合

$$\text{HLB} = 20(1 - (S/A)) \tag{8-18}$$

ここで S はエステルのケン化価，A は原料脂肪酸の中和価である．

(2) 混合系の HLB 値

2種類の界面活性剤，すなわち HLB 値が HLB_A の界面活性剤 A を質量 W_A と，HLB 値が HLB_B の界面活性剤 B を質量 W_B を混合したときの HLB 値 $(\text{HLB})_{AB}$ は次式のように加重平均として計算される．

$$\text{HLB}_{AB} = [(\text{HLB})_A W_A + (\text{HLB})_B W_B]/(W_A + W_B) \tag{8-19}$$

あるいは個々の界面活性剤の質量分率 w_i と HLB 値 (HLB_i) を使うと，混合物の HLB 値 (HLB_{mix}) は式 (8-20) のように表される．

$$\text{HLB}_{mix} = \Sigma(\text{HLB}_i \cdot w_i) \tag{8-20}$$

8.2.4 要求 HLB 値

界面活性剤がある油成分を乳化するために必要な HLB 値を**要求 HLB 値**という．要求 HLB 値に近い HLB 値をもつ乳化剤を使用すればその油成分を乳化することができる．同じ油成分でも，w/o 型乳剤にするときの要求 HLB 値のほうが o/w 型乳化剤にするときの要求 HLB 値よりも小さい．単独の界面活性剤で適切な HLB 値が得られない場合には，複数の界面活性剤を使って要求 HLB 値となるように式 (8-19) あるいは式 (8-20) から各界面活性剤の必要量を計算して用いる．なお，非イオン性界面活性剤は併用して使用するほうが単独で使う場合よりも優れた効果が期待できることが知られている．

　HLB の大きい（8～18）乳化剤は o/w 型の乳剤を，HLB の小さい（3～6）乳化剤は w/o 型の乳剤をつくる．一般に乳化剤が溶けやすいほうの液相が連続相（外相）になるという**バンクロ**

表 8.8　界面活性剤の HLB と用途

HLB	用　途
1.5～3	消泡剤
3～4	ドライクリーニング
3～6	w/o 型乳化剤
6～9	湿潤剤
8～18	o/w 型乳化剤
13～15	洗浄剤
15～18	油の可溶化剤

フトの経験則 Bancroft rule がある.

　界面活性剤の乳化以外の用途と HLB との関係は，油の可溶化に 15～18，湿潤化に 6～9，消泡化に 1.5～3 などである．表 8.8 に HLB と用途をまとめて示す．

8.2.5　ぬ　れ

　界面活性剤の作用の1つに固体表面をぬらす作用（湿潤作用）がある．固体 S の上へ液体 L を1滴置いた場合を考えてみる．**ぬれ** wetting の程度は図 8.10 で示されるように，平らな固体表面上の液滴が固体と接触する角度（**接触角** contact angle）θ で表される．

　固体の表面張力を γ_S，液体の表面張力を γ_L，固-液界面の界面張力を γ_{SL} とすると，平衡状態では

$$\gamma_S = \gamma_{SL} + \gamma_L \cdot \cos\theta \tag{8-21}$$

の関係式が成り立つ．式（8-21）を**ヤングの式** Young's equation と呼ぶ．

　式（8-21）を $\cos\theta$ について書き表すと式（8-22）のようになる．

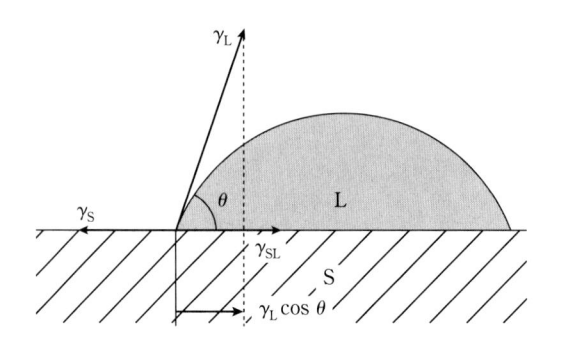

図 8.10　固-液表面上の液滴の力のつり合い

$$\cos\theta = (\gamma_S - \gamma_{SL})/\gamma_L \tag{8-22}$$

θ が小さいほど，したがって $\cos\theta$ が大きいほど，固体 S は液体 L によってぬれやすいので，式 (8-22) より，γ_S が大きく，γ_{SL} と γ_L が小さいほど，固体の表面は液体でぬれやすくなる．界面活性剤水溶液の表面張力 γ_L は水よりも小さいため（図 8.3, 8.7 (A) などを参照），固体表面をぬらしやすいことが式 (8-22) からわかる．

液体が固体表面上を広がるようなぬれを**拡張ぬれ**と呼ぶ．このときの仕事 W_S は

$$W_S = \gamma_S - \gamma_L - \gamma_{SL} \tag{8-23}$$

と表される．

式 (8-23) にヤングの式 (8-21) を代入すると，式 (8-24) が得られる．

$$W_S = \gamma_L(\cos\theta - 1) \tag{8-24}$$

自発的な拡張ぬれは $W_S \geqq 0$ のときに起こる．すなわち，拡張ぬれは $\theta = 0°$ のときのみ自発的に起こる．ただし，拡張ぬれは，ぬれが広がっていくので平衡には達しない．γ_S と $(\gamma_L + \gamma_{SL})$ の差を S とすると，式 (8-25) のように表される．

$$S = \gamma_S - (\gamma_L + \gamma_{SL}) \tag{8-25}$$

S は**拡張係数** spreading coefficient であり，$S \geqq 0$ のとき液体 L は固体 S の上を広がっていき，$S < 0$ のときには広がらず，したがってぬらさない．

液滴を固体表面上に落とし図 8.10 に示した状態になるようなぬれを**付着ぬれ**という．付着仕事 W_a は

$$W_a = \gamma_S + \gamma_L - \gamma_{SL} = \gamma_L(\cos\theta + 1) \tag{8-26}$$

となる．したがって，付着ぬれは，$W_a \geqq 0$ すなわち，$\theta \leqq 180°$ のときに起こる．

ぬれの 3 つ目の型として，毛管中を液体が浸透していくようなぬれ方をする**浸漬ぬれ**がある．浸漬ぬれは，内服した錠剤の崩壊にも関係している．浸漬仕事 W_i は

$$W_i = \gamma_S - \gamma_{SL} = \gamma_L\cos\theta \tag{8-27}$$

となる．浸漬ぬれは，$W_i \geqq 0$ すなわち，$\theta \leqq 90°$ のときに起こる．浸漬ぬれのことを浸透ぬれともいう．

8.2.6 JP 収載界面活性剤

JP16 に収載されている界面活性剤の名称を列記した．化学式，成分，用途などを自分で調べてみよう．

ベンザルコニウム塩化物，ベンゼトニウム塩化物，ソルビタンセスキオレイン酸エステル，ポリソルベート 80，モノステアリン酸グリセリン，薬用石ケン，ラウリル硫酸ナトリウム，クレゾール石ケン液

練習問題

問題 8.1 ソルビタンセスキオレイン酸エステルとポリソルベート 80 を用いて，要求 HLB (hydrophile-lipophile balance) 11.6 の油性物質の o/w 型乳剤を調製する．ソルビタンセスキオレイン酸エステルとポリソルベート 80 を合わせて 10.0 g 用いる場合，最適な HLB にするためのポリソルベート 80 の添加量 (g) に最も近いものはどれか．

なお，ソルビタンセスキオレイン酸エステルとポリソルベート 80 の HLB はそれぞれ 3.7 および 15.0 であり，加成性が成り立つとする．

    1 3.0   2 4.0   3 5.0   4 6.0   5 7.0

(第 90 回薬剤師国家試験問題を改変)

問題 8.2 界面活性剤の構造式をイ，ロ，ハに示す．イ，ロ，ハに関する次の記述について，正誤を答えよ．

    イ $CH_3(CH_2)_{11}SO_3Na$
    ロ $[C_6H_5CH_2N(CH_3)_2C_{12}H_{25}]Cl$
    ハ $CH_3(CH_2)_{11}O(CH_2CH_2O)_9H$

  a イは薬用石ケンである．
  b イはある温度以上で水への溶解度が急激に上昇する．
  c ロは殺菌・消毒剤として用いられる．
  d ロはある温度以上で水への溶解度が急激に低下する．
  e ハはある温度以上で水への溶解度が急激に上昇する．

(第 96 回薬剤師国家試験問題を一部改変)

問題 8.3 界面活性剤の性質に関する次の記述について，正誤を答えよ．
  a ソルビタンモノラウレートの HLB (hydrophile-lipophile balance) 値は，ソルビタンモノステアレートの HLB 値に比べて小さい．
  b アルキル硫酸ナトリウムの直鎖アルキル鎖 ($C_{10}H_{21}$ ～ $C_{18}H_{37}$) の炭素数が増加すると，クラフト点は低くなる．

c ドデシル硫酸ナトリウム水溶液のモル導電率は，ある濃度以上で急激に低下する．
d ポリオキシエチレン p-ノニルフェニルエーテルのオキシエチレン基の付加モル数が増加すると，臨界ミセル濃度は高くなる．
e ポリオキシエチレン p-ノニルフェニルエーテルのオキシエチレン基の付加モル数が増加すると，曇点は低くなる．

(第 94 回薬剤師国家試験問題を一部改変)

問題 8.4　界面に関する次の記述のうち，正しいものを全て選べ．
a 極性が小さく分子間力が弱い液体ほど，空気と液体の界面にはたらく表面張力は大きい．
b 界面張力は，単位面積の界面をつくるのに要する仕事量である．
c 界面活性剤は，界面張力を上昇させる作用をもつ．
d 界面活性剤は，水中でミセルを，油中で逆ミセルを形成する．
e 表面張力の測定法として，毛管上昇法などがある．

(第 92 回薬剤師国家試験問題を一部改変)

問題 8.5　固–液界面でのぬれに関する次の記述のうち，誤っているものを全て選べ．ただし，γ_S, γ_L, γ_{SL} はそれぞれ固体の表面張力，液体の表面張力，固–液界面の界面張力であり，θ は接触角を表す．
a Young の式は，$\gamma_S = \gamma_{SL} - \gamma_L \cdot \cos\theta$ で表される．
b 拡張ぬれの仕事は，$W_S = \gamma_L(\cos\theta + 1)$ で表される．
c 接触角が 0°のとき，拡張ぬれが起こる．
d 接触角が 30°のとき，浸漬ぬれが起こる．
e 接触角が 90°より大きく 180°以下のとき，付着ぬれが起こる．

(第 86 回薬剤師国家試験問題を改変)

解答・解説

問題 8.1　正解　5

解説　$HLB_{AB} = (HLB_A \times W_A + HLB_B \times W_B)/(W_A + W_B)$
ポリソルベート 80 の添加量を x g とすると，ソルビタンセスキオレイン酸エステルの添加量は $(10 - x)$ g
$11.6 = (3.7 \times (10 - x) + 15.0 \times x)/10$
$x \fallingdotseq 7.0$

問題 8.2　正解　a 誤，b 正，c 正，d 誤，e 誤

解説 イ，ロ，ハはそれぞれ，陰イオン性界面活性剤，陽イオン性界面活性剤，非イオン性界面活性剤である．イオン性界面活性剤はクラフト点をもち，非イオン性界面活性剤は曇点をもつ．陽イオン性界面活性剤は殺菌・消毒作用が強い．

問題 8.3　**正解**　a 誤，b 誤，c 正，d 正，e 誤

解説　a　HLB 値は親油性の強いもので小さく，親水性の強いもので大となる．同族系の界面活性剤では，アルキル鎖長が長くなると親油性が増すので HLB 値は小さくなる．

b　クラフト点は融点と相関性があり，同族系ではアルキル鎖長が長くなるほどクラフト点は高くなる．

e　非イオン性界面活性剤の曇点は，オキシエチレン基の付加モル数が増えると親水性が強くなるため曇点は高くなる．

問題 8.4　**正解**　b, d, e

解説　a　分子間力が大きい液体は表面張力が大である（例　水分子は水素結合をしているため，表面張力が大である）．

c　界面活性剤は界面張力，表面張力を低下させる．

問題 8.5　**正解**　a, b

解説　a　Young の式は，$\gamma_S = \gamma_{SL} + \gamma_L \cos\theta$ である．

b　拡張ぬれは接触角が 0°のときのみ起こる．拡張ぬれの仕事は，$W_S = \gamma_L(\cos\theta - 1)$ で表されるため，$W_S \geqq 0$ の条件を満たすのは $W_S = 0$ となる $\theta = 0°$ のときだけである．

参考書

1) 中垣正幸（1979）表面状態とコロイド状態，東京化学同人
2) 嶋林三郎，寺田弘，岡林博文編（1990）生体コロイド―基礎と実際―，第Ⅰ，Ⅱ巻，廣川書店
3) 大島広行，半田哲郎編（2000）物性物理化学，南江堂
4) 日本薬局方解説書編集委員会編（2011）第十六改正日本薬局方解説書，廣川書店

9 分散系

　分散系 dispersed system, dispersion system とは，微粒子がある媒質中に分散している系をいう．薬学の実用面で大変重要な剤形であるサスペンション（懸濁液）やエマルション（乳濁液）は分散系に属する．サスペンションは液体中に固体の微粒子が分散したものであり，エマルションは液体中にそれとは混ざらない液体が分散したものである．日本薬局方ではこれらの剤形を懸濁剤，乳剤として記載している．懸濁剤や乳剤は経口用，外用，注射用などに汎用される剤形であるため，分散系に関する知識は薬学生にとって必要不可欠である．本章では分散系の分類，性質，安定性などの分散系に関する理論と技術について述べるとともに分散系からなる製剤についても触れることとする．

9.1 分散系の分類

　分散している微粒子を**分散相**（分散質）dispersed phase，媒質を**分散媒** dispersion medium と呼ぶ．粒子の大きさによる分類は厳密なものではないが，分散相の大きさに着目した場合，**分子分散系**，**コロイド分散系**，**粗大分散系**に分類される．各分散系の特徴を表9.1に示す．分子分散系は NaCl などの塩がイオンとなって，あるいはグルコースのような有機物が分子となって溶解している均一系である．コロイド分散系は，分子分散系と粗大分散系との中間の大きさをもつ．薬学の分野において重要な界面活性剤ミセルや高分子溶液はコロイド分散系であり，また，エマルションやサスペンションの多くは粗大分散系である．そこで，以下にコロイド分散系と粗大分散系について詳しく述べる．コロイド分散系および粗大分散系においては，ともに界面が分散系の安定性に対して重要な役割を果たしている．

表 9.1 分散系の分類と性質

	分子分散系	コロイド分散系	粗大分散系
粒子径	1 nm 以下	1 nm ～ 1 μm	1 μm 以上
光学顕微鏡	見えない	見えない (限外顕微鏡で検出可能)	見える
ろ過	半透膜を通る ろ紙を通る	半透膜を通らない ろ紙を通る	半透膜を通らない ろ紙を通らない
拡散	速い	遅い	極めて遅い

9.2 コロイド分散系

　塊を小さくすればするほど表面積は増え界面が増加する．コロイド粒子は粒子径が小さく，比表面積が非常に大きいという特性をもつ．界面の性質はコロイドの性質に大きな影響を及ぼすため，物質が同じであっても界面の占める面積により全く異なったものとなる．コロイド分散系は，微粒子の構造から膜状コロイド，繊維状コロイド，粒状コロイドに分類できる．さらに，粒状コロイドは**分子コロイド**（高分子溶液），**会合コロイド**（ミセルコロイド），**分散コロイド**（疎液コロイド）に分けられる．昨今話題になっているナノパーティクル（ナノ粒子）はコロイド次元の粒子のことである．

　分子コロイドとはポリビニルピロリドンやゼラチンなどの水溶液，ポリスチレンのベンゼン溶液のように高分子または高分子イオンが液体に溶解している系をいう．1分子の大きさがすでにコロイド次元（およそ 1 nm ～ 1 μm）であるので，このように呼ばれる．会合コロイドとはラウリル硫酸ナトリウム，ポリソルベート 80 などの界面活性剤分子が，分子集合体を形成して溶解している系をいう．

　会合コロイドはミセル系であり第 8 章において詳しく述べられている．分子コロイドと会合コロイドは，微粒子が分散媒に対して親和性があるので親液コロイドと呼ばれる．分散媒が水の場合を特に**親水コロイド** hydrophilic colloid という．親液コロイドでは微粒子が分散媒の分子を強く引きつけ，溶媒和（水が分散媒の場合は水和）している．したがって，分散状態は熱力学的に安定である．

　分散コロイドは，分散媒の中に本来分散されない物質が分散した系であり，分散媒と分散相との間にはっきりとした界面が存在する．分散コロイドは，熱力学的に不安定なコロイドであり，疎液コロイドとも呼ばれる．分散コロイドを分散媒と分散相の種類により分類すると，表 9.2 のようになる．なお，水を分散媒とする分散コロイドを特に**疎水コロイド** hydrophobic colloid という．疎水コロイドでは粒子の周りの溶媒和量（水和量）が少ないので，高い自由エネルギーを

表 9.2　分散コロイドの分類

分散媒	分散相	実 例	名 称
気体	気体	存在しない	
	液体	霧，雲	エアロゾル
	固体*	煙，ほこり	エアロゾル
液体	気体	気泡，シェービングフォーム	泡
	液体	牛乳，バター，マヨネーズ	エマルション
	固体	金ゾル，塗料	サスペンション
固体	気体	スポンジ	固体コロイド
	液体	水を含むシリカゲル	固体コロイド
	固体	合金，着色ガラス	固体コロイド

* 黒い煙には炭素の微粉末が多量に含まれているが，白い煙には液状の水（水滴）が多く含まれている．

減少させるために粒子どうしが凝集しようとする．つまり，この系は熱力学的に不安定な系である．

疎水コロイドに親水コロイドを加えると，疎水コロイドの粒子表面に親水コロイドが吸着し，全体として親水コロイドの性質を示し安定化する．このような作用を**保護作用**といい，保護作用を示す親水コロイドのことを**保護コロイド** protective colloid という．保護作用には，立体的な保護作用と電気的な保護作用とがある．ポリビニルアルコールやメチルセルロースなどの水溶性高分子は，コロイド粒子の表面に吸着し水和層を形成して立体的な保護作用を示す．アルギン酸ナトリウムなどの高分子電解質は，立体的な保護作用と電気的な保護作用の両方の作用をもち，粒子間の接近すなわち凝集を妨げ分散系を安定化させる．

9.3 コロイド分散系の性質

9.3.1 運動学的性質

（1）ブラウン運動

気体や粘性の低い液体中のコロイド粒子は，ジグザグな直線運動のくり返しである不規則な運動（酔歩運動）をする．これを**ブラウン運動** Brownian movement という．この運動は1827年に植物学者ブラウン Brown が顕微鏡下にて水中に浮遊する花粉がたえず不規則な運動をしていることを発見したことに始まる．ブラウン運動は，コロイド粒子の周りの分散媒分子の不規則な

熱運動に基づくものであり，粒子が小さくなるとブラウン運動は活発になる．

（2）沈　降

　分散媒中のコロイド粒子には，重力による沈降とブラウン運動による拡散の相反する2つの力がはたらく．粒子が沈降すると下部の濃度は高くなり上部の濃度は低くなる．その結果，濃度の高い下部から濃度の低い上部へと拡散が起こる．やがて，これら2つの力がつり合い下部では濃く，上部へ行くにつれ次第に薄くなるという粒子の平衡分布が現れる．これを**沈降平衡** sedimentation equilibrium という．しかし，分散媒中の粒子の大きさが 1 μm を超えると沈降のほうが勝る．いま，粒子が半径 r の球形でその密度が ρ のとき重力は $\frac{4}{3}\pi r^3 \rho g$ で表され，分散媒の密度を ρ_0 とすると，浮力は $\frac{4}{3}\pi r^3 \rho_0 g$ で表される．したがって浮力を補正した重力（F_g）は，

$$F_g = \frac{4}{3}\pi r^3 (\rho - \rho_0) g \tag{9-1}$$

ここで，g は重力加速度である．粒子が分散媒中を沈降するとき分散媒から抵抗を受ける．抵抗力 F_f は分散媒の摩擦抵抗であり摩擦係数を f で表すと，F_f は v に比例して大となる．

$$F_f = fv \tag{9-2}$$

ここで，v は沈降速度である．半径 r の粒子が粘度 η_0 の分散媒中を運動するとき，f はストークス Stokes の法則から，

$$f = 6\pi r \eta_0 \tag{9-3}$$

一定の速度で粒子が沈降するとき $F_g = F_f$ であり，式 (9-1)～式 (9-3) から v を求めると，

$$v = \frac{2r^2 (\rho - \rho_0) g}{9\eta_0} \tag{9-4}$$

これを**ストークスの式** Stokes' equation という．この式は粒子が球形で加速度 0（等速沈降）のもとで成立している．

　この式より，粒子の沈降を抑えるためには，①粒子径を小さくする，②粒子と分散媒の密度差を小さくする，③分散媒の粘度を高める，などの工夫が必要となることがわかる．

　粒子の大きさがコロイド次元であるとブラウン運動が無視できないため，ストークスの式を適用できない．しかし，回転運動により得られる遠心力を利用すれば，ブラウン運動により拡散する小さな粒子でも沈降させることができる．回転中心から粒子までの距離を x，回転の角速度を ω としたときの遠心力の加速度 $\omega^2 x$ を，式 (9-4) の重力加速度 g に置き換えると，角速度 ω における粒子の沈降速度を求めることができる．遠心機を用いて高分子化合物の分子量や性質を調べる方法に，沈降平衡法や沈降速度法がある．

(3) 粘　度

　分散系（コロイド溶液）は，分散媒中に分散質が分散しているため，分散媒と比較してその粘度は大きい．分散系の粘度を η，分散媒の粘度を η_0 としたとき，η/η_0 を**相対粘度** relative viscosity と呼び η_r で表す．この相対粘度は，分散質の体積分率 ϕ と次の関係がある．

$$\eta_r = 1 + 2.5\phi \tag{9-5}$$

これを**アインシュタインの粘度式** Einstein's viscosity formula という．

　この式が成立するためには，①分散粒子は球形で粒径が均一である，②希薄な分散系である，③粒子間の相互作用を無視できる，④粒子は電荷をもたないなどの条件が必要となる．

　係数 2.5 は球形粒子の場合であり，この値は粒子の形によって決まる形状因子である．なお，エマルションの場合は液滴粒子内部における循環流のために，サスペンションから予想される粘度よりやや低くなる傾向がある．一方，高分子は良溶媒中では膨潤するので，高分子固相の体積分率から予想される粘度よりかなり高くなる．

9.3.2　光学的性質

　コロイド溶液に横から強い光線をあてると，光の道が輝いて見える．この現象を**チンダル現象** Tyndall phenomenon という．これはコロイド粒子が光を散乱するためであり，分子分散系（真の溶液）と区別できる．**限外顕微鏡** ultramicroscope は，チンダル現象を利用してコロイド粒子を観察するものである．入射光線がコロイド溶液を照らし，散乱した光だけがレンズを通って目に入るようになっている．限外顕微鏡では粒子の形や大きさを直接観察できないが，粒子の存在は確認できる．

　チンダル光を定量的に扱い，コロイド粒子の分子量を決定する方法が静的光散乱法である．また，レーザー光線を照射して，ブラウン運動をしているコロイド粒子からの散乱光の挙動を調べ，コロイド粒子の拡散係数とコロイド粒子の大きさを決定する方法が動的光散乱法である．

9.3.3　電気的性質

　コロイド粒子は，粒子自身の電離や溶液中からのイオンを吸着して正または負に帯電する．粒子が電荷を帯びると系全体は中性を保つために，それと反対符号の電荷をもったイオン（対イオン）を引き寄せ，**電気二重層** electrical double layer が形成される．

　ヘルムホルツ Helmholtz は，粒子表面から一定の距離に同数の対イオンが強く引きつけられ，溶液内の電位は粒子表面から離れるに従い直線的に低下するモデルを提案した．しかし，実際にはイオンの熱運動のために対イオンは，溶液中に均一に分布しようとする．すなわち，粒子表面

に静電力により引きつけられる効果と均一に拡散しようとする効果の，相反した2つの効果がはたらく．そのため，イオンの分布は広がりをもち，拡散的構造が加わった電気二重層が形成される．この電気二重層モデルを**拡散電気二重層** diffuse electric double layer といい，グーイ Gouy とチャップマン Chapman により提示された．

その後，シュテルン Stern により粒子表面に対イオンが吸着した固定層（**シュテルン層** Stern layer）の存在が指摘された（図9.1）．Stern のモデルは，Helmholtz のモデルと Gouy-Chapman のモデルを合わせた形からなる．

粒子表面からの距離と電位の推移をみると，固定層では電位は ϕ_0 から ϕ_1 へと直線的に低下し，拡散層では指数関数的に低下する．拡散層における電位（ϕ）は固定層の表面からの距離を x とすると両者の関係は近似的に，

$$\phi = \phi_1 \exp(-\kappa x) \tag{9-6}$$

と表される．ここで κ はデバイ Debye のパラメータといわれ，式（9-7）のように書き表される．

$$\begin{aligned}\kappa &= [10^3 N_A e^2 \Sigma (z_i^2 c_i)/(\epsilon_r \epsilon_0 k_B T)]^{1/2} \\ &= [2 \cdot 10^3 N_A e^2 I/(\epsilon_r \epsilon_0 k_B T)]^{1/2}\end{aligned} \tag{9-7}$$

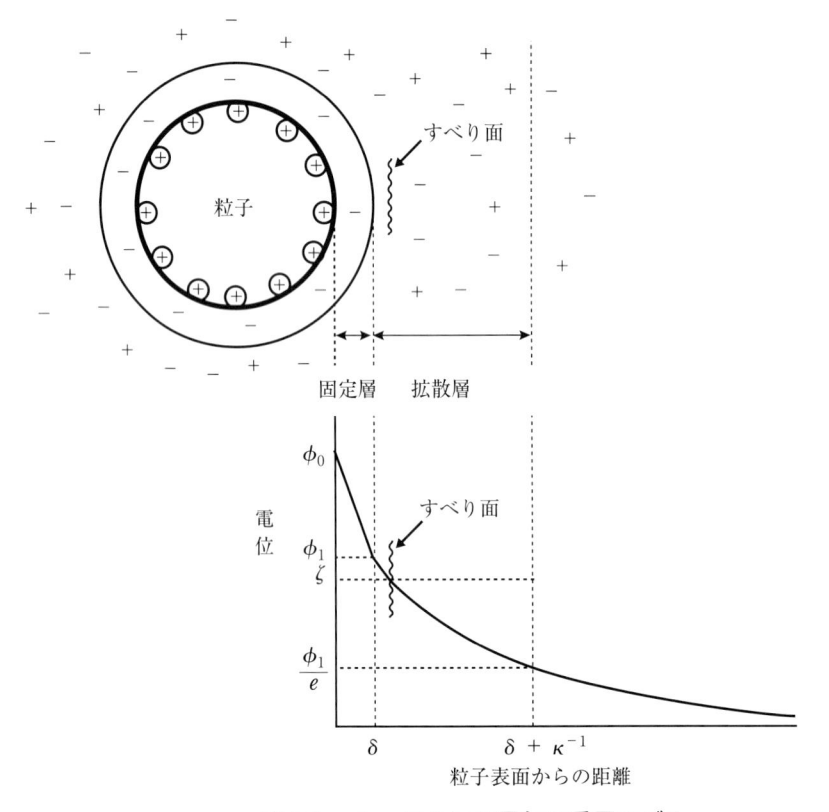

図9.1 シュテルンの電気二重層モデル

上の式で N_A, e, z_i, c_i, ϵ_r, ϵ_0, k_B, T, I はそれぞれアボガドロ定数，電気素量，支持電解質のイオンの価数，支持電解質濃度（単位：mol/dm^3），媒質（＝溶液）の比誘電率，真空の誘電率，ボルツマン定数，熱力学温度（絶対温度），イオン強度（＝ $\Sigma(z_i^2 c_i)/2$，単位：mol/dm^3）を表している．

式 (9-7) によれば，κ は $I^{1/2}$ に比例する．一方，式 (9-6) によれば $x = 1/\kappa$ のときに $\phi = \phi_1/e$ となる（図 9.1 参照）．すなわちイオン強度 I の増大とともに，κ が大となり，電位 ϕ の低下は著しくなり，静電的な反発が抑制され，分散粒子間の接近が容易となるので，分散粒子間の凝集も容易となる．ここに，単なる電解質濃度と異なる「イオン強度」の重要性がある．

距離 $x = 1/\kappa$ において，いずれの電位 ϕ も ϕ_1/e となるので，$1/\kappa$ を電位 ϕ の減衰の目安とし，これを拡散電気二重層の厚みの代表値とする．$1/\kappa$ は長さの次元をもつのでこの値のことを拡散電気二重層の厚み，デバイ長さ，イオン雰囲気の厚さなどという．この値はイオン強度 I のみの値で決まり，電解質の種類やイオンの価数とは無関係である．

粒子表面の電位は測定が困難であるが，粒子表面より少し外側の**すべり面（ずり面）** slipping plate における電位（**ゼータ電位** ζ (zeta) potential）は，界面動電現象（電気泳動や電気浸透など）により実験的に求めることができるので，これを表面電位（図 9.1 の ϕ_0 または ϕ_1）の近似値として用いる．ゼータ電位はコロイド粒子の安定性に関係し，ゼータ電位が高いほどコロイド溶液は安定である．コロイド溶液に電解質を加えると，上述したように，拡散電気二重層の厚さは減少し電位が急激に低下する．また，対イオンの原子価が増加するほど拡散電気二重層をより圧縮する．これらの結果，粒子間の反発力が低下しコロイド溶液の安定性が悪くなり凝析しやすくなる．

9.3.4 コロイドの安定性

（1）分散コロイドの安定性

分散コロイド（疎水コロイド）の安定性は，主に静電反発力とファンデルワールス引力によって決まる．デルヤギン Derjaguin，ランダウ Landau，フェルウェイ Verwey，オウベルベーク Overbeek の 4 人は，2 つの粒子が接近したときどのような力がはたらくかを理論的に考察した．これが分散コロイドの安定性の理論であり，4 人の頭文字をとって **DLVO 理論**という．

この理論によると，粒子が接近する際に粒子間に働くポテンシャルエネルギーは，静電反発力のポテンシャルエネルギー V_R とファンデルワールス引力によるポテンシャルエネルギー V_A との和（$V_R + V_A$，全ポテンシャルエネルギー）で表される．これらのポテンシャルエネルギーと粒子間距離との関係を図 9.2 (a) に示す．また，分散コロイドに電解質を加えた場合の全ポテンシャルエネルギーの変化について図 9.2 (b) に示す．

ポテンシャルエネルギーが正とは，粒子間反発力のほうが粒子間引力に勝ることを意味し，負

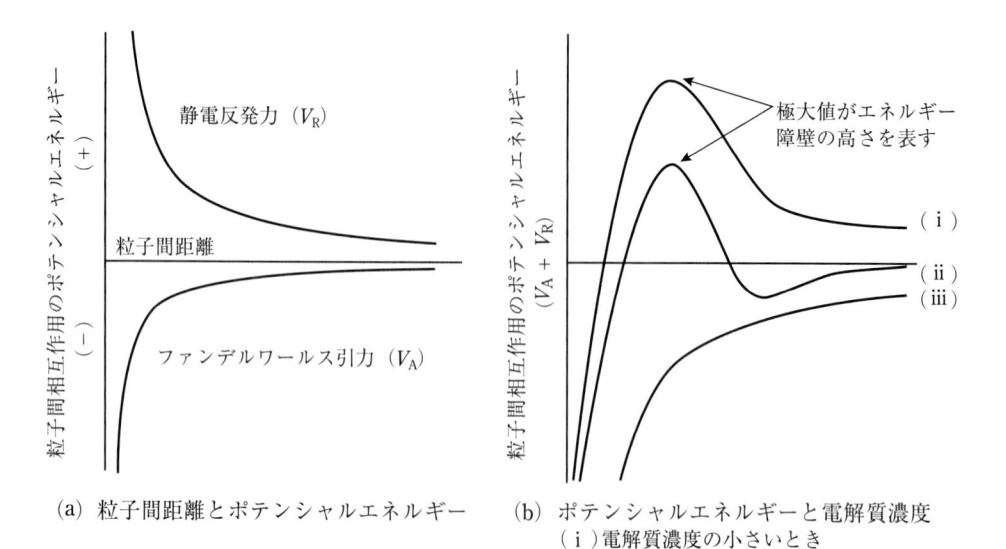

図9.2　粒子間ポテンシャルエネルギーの概念図（DLVO 理論）
粒子間距離の小さいときに，（ⅰ），（ⅱ），（ⅲ）いずれの場合にもポテンシャルエネルギーが著しく負になるのは，ファンデルワールス引力が強く作用するためである．

とは，逆に粒子間引力のほうが粒子間反発力に勝ることを意味する．（ⅰ）は電解質濃度が小さいときであり，全ポテンシャルエネルギーの山は高く，粒子間の反発が強いので，分散コロイドは安定である．（ⅱ）のように電解質濃度が増すと，全ポテンシャルエネルギーの山は小さくなり，粒子どうしは接近しやすくなる．また，粒子間距離の大きいところで小さな谷がみられるので，弱い凝集が起こる．（ⅲ）はさらに電解質濃度を高くした場合である．この場合には，いずれの粒子間距離においても粒子間引力が勝り，コロイド粒子は直ちに凝析する．

このように，分散コロイド（疎水コロイド）に電解質を加えると，（ⅲ）で表される場合のようにある濃度以上で急激にコロイド粒子は凝集して沈殿する．この現象を**凝析 coagulation** といい，凝析させるのに要する電解質濃度を**凝析価 coagulation value** という．この現象はコロイド粒子とは反対符号のイオンが粒子に吸着し，粒子の電荷が中和されるために起こる．凝析は反対符号の価数の大きいイオンによって起こりやすく，凝析価はイオン価のほぼ6乗に逆比例する．この規則を**シュルツ-ハーディーの規則 Schulze-Hardy law** という．

（2）親液コロイドの安定性

親液コロイド（親水コロイド）では，分散粒子が溶媒和（水和）しており，熱力学的に安定であるため，少量の電解質を加えただけでは凝析しない．しかし，多量の電解質を加えると，電解質の脱水作用により脱水和され凝析する．この現象を**塩析 salting out** という．電解質の塩析力は，イオンの脱水力の強さに依存し次の順となる．

アニオン：$SO_4^{2-} > F^- > Cl^- > Br^- > NO_3^- > I^- > SCN^-$
カチオン：$Li^+ > Na^+ > K^+ > NH_4^+ > Rb^+ > Cs^+$ ； $Mg^{2+} > Ca^{2+} > Sr^{2+} > Ba^{2+}$

この塩析力の強さの順序を**離液順列** lyotropic series または**ホフマイスター順列** Hofmeister series という．

　高分子溶液（ゼラチン，ポリビニルピロリドンなど）に塩化ナトリウムなどの塩析力の強い電解質や，エタノールやアセトンなどの脱水力が強い有機溶媒を加えると，濃厚な高分子層と希薄な高分子層の二層に分離する．この現象を**コアセルベーション** coacervation という．また，ゼラチン（正電荷）とアラビアゴム（負電荷）のように，反対符号の電荷をもつ高分子の溶液を加えた場合にもコアセルベーションは起こる．コアセルベーションは薬学的に重要な現象であり，**マイクロカプセル** microcapsule を調製するために利用される．マイクロカプセルは数 μm ～数百 μm の大きさのカプセルで，コアセルベーションを利用して微粒子の薬物の表面に高分子被膜を形成させて調製する．カプセル化により配合禁忌の薬物を配合できる，液体をカプセル化し粉末と混在させることができる，薬物の持続化が期待できるなどの利点がある．

9.3.5　吸　着

　電解質を加えるとコロイド粒子は凝集し沈殿することを述べたが，この原因の１つに粒子表面に反対符号のイオンが吸着して，コロイド粒子のもつ電荷が中和されることがあげられる．**吸着** adsorption とは，固体と気体または液体のように異なる２つの相が接する場合，その界面で一方の相を構成する物質の濃度が高くなる現象をいう．このとき吸着する側の物質を**吸着媒** adsorbent といい，吸着される物質を**吸着質** adsorbate という．

　吸着には，吸着質と吸着媒の分子間にファンデルワールス力が関与する物理吸着と，共有結合や配位結合などの化学結合による化学吸着がある．物理吸着は可逆的であり，化学吸着と比較して吸着質と吸着媒の相互作用は弱い．日本薬局方には薬用炭が収載されている．薬用炭の吸着性を利用して，過酸症や消化管内発酵により生成するガスの吸収，毒物の吸着などに用いられる．日本薬局方では，薬用炭の吸着力は硫酸キニーネやメチレンブルーの吸着量を測定することにより試験される．

（１）吸着熱

　吸着媒と吸着質との相互作用の結果，系のエネルギーは低下し安定化する．このとき，系のエネルギーが低下した分だけ，吸着場所から熱を発生し安定化する．この熱を**吸着熱** heat of adsorption という．化学吸着の吸着熱は反応熱に相当するため，物理吸着の吸着熱に比べてずっと大きい．吸着熱について次の熱力学の基本式から考えてみる．

$$\Delta G = \Delta H - T\Delta S \tag{9-8}$$

吸着が自発的に起きる場合には $\Delta G < 0$ である．吸着に伴い吸着質は秩序だった束縛された状態となるので $\Delta S < 0$ である．したがって，$\Delta G < 0$ になるためには $\Delta H < 0$ でなくてはならない．すなわち，吸着はエントロピーが低下し，同時に発熱が起こる．

（2）吸着等温線

一定温度において，吸着媒による吸着量 V と吸着質の平衡圧 p または平衡濃度との関係を表す曲線を**吸着等温線** adsorption isotherm という．吸着等温線には（a）ラングミュア型，（b）BET 型，（c）フロイントリッヒ型などがある（図 9.3）．

a）ラングミュアの吸着等温線

ラングミュア Langmuir は以下の仮定をもとに，理論的に吸着等温式（9-9）を導いた．①吸着サイト（吸着する位置）はエネルギー的に均一である，②単位面積あたりの吸着サイトの数はあらかじめ定まっており，1 つの吸着サイトに 1 つの吸着分子しか吸着できない，③吸着した吸着分子は，他の吸着分子の吸着のじゃまをしない，吸着の促進もしない．

$$\frac{V}{v_m} = \frac{bp}{1 + bp} \tag{9-9}$$

式（9-9）を変形すると，

$$\frac{1}{V} = \frac{1}{v_m b} \cdot \frac{1}{p} + \frac{1}{v_m} \tag{9-10}$$

ここで，v_m は飽和吸着量，b は吸着の強さを表す定数である．アンモニアや窒素などの活性炭への吸着現象はこの例である．吸着サイトが吸着質により完全に占有されると，圧力を増しても吸着の限界に達する．このような吸着を**単分子層吸着**という．

b）BET の吸着等温線

ブルナウアー Brunauer，エメット Emmett，テラー Teller の三人により，ラングミュアの理論を発展させ導かれた吸着等温式がある．

（a）ラングミュア型　　（b）BET 型　　（c）フロイントリッヒ型

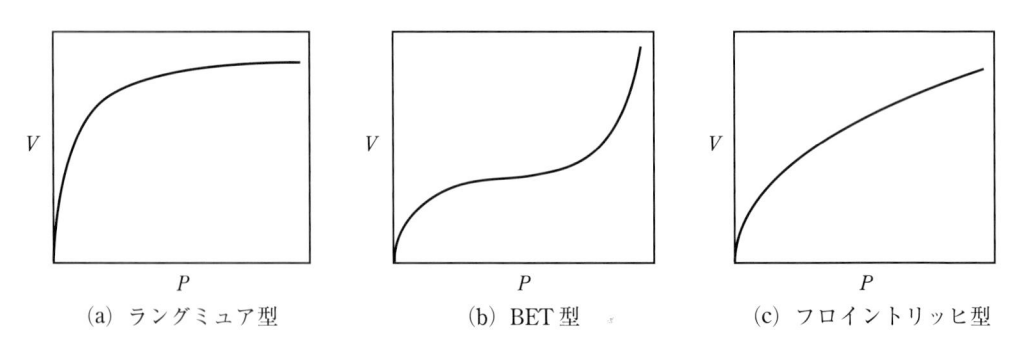

図 9.3　吸着等温線の型

（a）と（c）は形状がよく似ている．しかし（a）には飽和吸着量があるが，（c）には飽和吸着量がない．また，（a）の初期傾斜は式（9-9）を用いて $v_m b$ で表されるのに対して，（c）の場合には垂直（$= \infty$）となる．

$$\frac{p}{V(p_0 - p)} = \frac{1}{v_m c}\left\{1 + \frac{(c-1)p}{p_0}\right\} \qquad (9\text{-}11)$$

ここで，p_0 は吸着質の飽和蒸気圧，c は定数である．この吸着は圧力の増加とともに吸着量が一定値に近づき，その後再び吸着量が増加する挙動をとる．すなわち，単分子層吸着から**多分子層吸着**に変わる．図 9.3（b）に BET 吸着等温線の典型的な例を示す．式（9-11）に含まれている変数の組合せによって BET 吸着等温線の形状は数種類に分類されている．

c) フロイントリッヒの吸着等温線

フロイントリッヒ Freundlich は，実験データを比較的よく表現する次の経験式を考案した．

$$V = k p^{1/n} \qquad (9\text{-}12)$$

対数をとると，

$$\log V = \frac{1}{n}\log p + \log k \qquad (9\text{-}13)$$

ここで，k と n は定数であり，n は 1 より大きい値をとる．溶液中からの吸着に対しては，平衡圧（p）を平衡時の溶液濃度（平衡濃度）にかえる．

（3）吸着の効果

分散媒が水であるサスペンションやエマルションなどの粗大分散系における分散相（固体粒子または液滴）への界面活性剤，水溶性高分子および微粉体の吸着について考えてみる．

分散相が固体粒子や油滴の場合には疎水性が強いため，界面活性剤は疎水基を分散相側へ，親水基を分散媒側へ向けて吸着する．その結果，イオン性界面活性剤の場合には正または負の電荷が，非イオン性界面活性剤の場合には水和した親水基が分散相の表面に配列する（図 9.4（a），(b)）．そのため電気的あるいは立体障害的な反発が生じて，分散相粒子の凝集が妨げられ分散系は安定化する．

高分子は分子中に疎水基と親水基をもつものが多く，弱い界面活性作用もあり，分散相に吸着する．吸着した高分子の吸着層の反発力により分散相粒子の凝集は妨げられる（図 9.4（c））．電荷をもった高分子の場合には，このほかに静電的な反発作用も期待できる．なお，吸着した高分

(a) イオン性界面活性剤　　(b) 非イオン性界面活性剤　　(c) 水溶性高分子　　(d) 微粉体

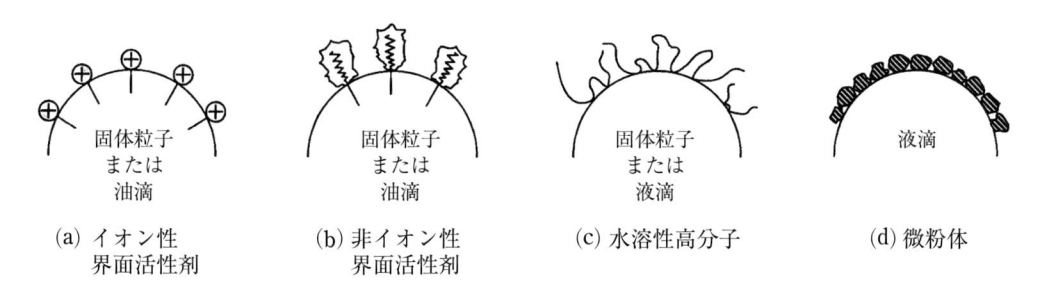

図 9.4　界面活性剤・高分子・微粉体の吸着

子による粒子間の架橋や吸着した高分子間の絡み合いにより，凝集が促進されることもある．また，シリカやカーボンブラックなどの微粉体は，エマルションの液滴表面に付着して立体的に保護し，エマルションを安定化する（図 9.4 (d)）．

9.4 サスペンション

　分散系の典型的な例として，**サスペンション** suspension と**エマルション** emulsion がある．これらは粒子径がコロイド次元を超え，粗大分散系の領域に入る場合が多く熱力学的に不安定な系である．しかし，通常のエマルションとは異なり一般に熱力学的に安定と考えられている数十 nm の直径（コロイド次元）をもつ**マイクロエマルション** microemulsion もある．このマイクロエマルションは大きくふくらんだ「可溶化ミセル」ともいえる．マイクロエマルションは，分散相の液滴が自然光の波長よりはるかに小さいため，光の散乱が減少し半透明または透明である．サスペンションやエマルションは，水に不溶な薬物や味が悪い薬物に対する改善などが期待できる薬学の分野において重要な剤形である．

　サスペンション（懸濁液）とは，液体中に固形微粒子が分散した系をいう．サスペンションからなる剤形には多くの種類がある（表 9.3）．水性懸濁液にすることにより，エストラジオール安息香酸エステル水性懸濁注射液のように効力の持続性が期待できる．なお，懸濁している薬物粒子の粒子径は，効力やその持続性に大きな影響を及ぼすので，製剤においては重要な因子となる．分散粒子は沈降が遅いことに加え，撹拌により容易に再分散できることが必要である．粒子の沈

表 9.3　サスペンション（懸濁液）からなる剤形

	サスペンション（懸濁液）
経口投与する製剤	懸濁剤
	シロップ剤（懸濁性）
	分散錠
口腔内に適用する製剤	口腔用スプレー剤（懸濁性）
注射により投与する製剤	懸濁性注射剤（粒子径 150 μm 以下）
	持続性注射剤（懸濁性）
気管支・肺に適用する製剤	吸入エアゾール剤（懸濁性）
	吸入液剤（懸濁性）
目に投与する製剤	懸濁性点眼剤（粒子径 75 μm 以下）
耳に投与する製剤	点耳剤（懸濁性）
鼻に適用する製剤	点鼻液剤（懸濁性）
直腸に適用する製剤	注腸剤（懸濁性）
皮膚などに適用する製剤	ローション剤（懸濁性）
	外用エアゾール剤（懸濁性）
	ポンプスプレー剤（懸濁性）
	水性ゲル剤（懸濁性）

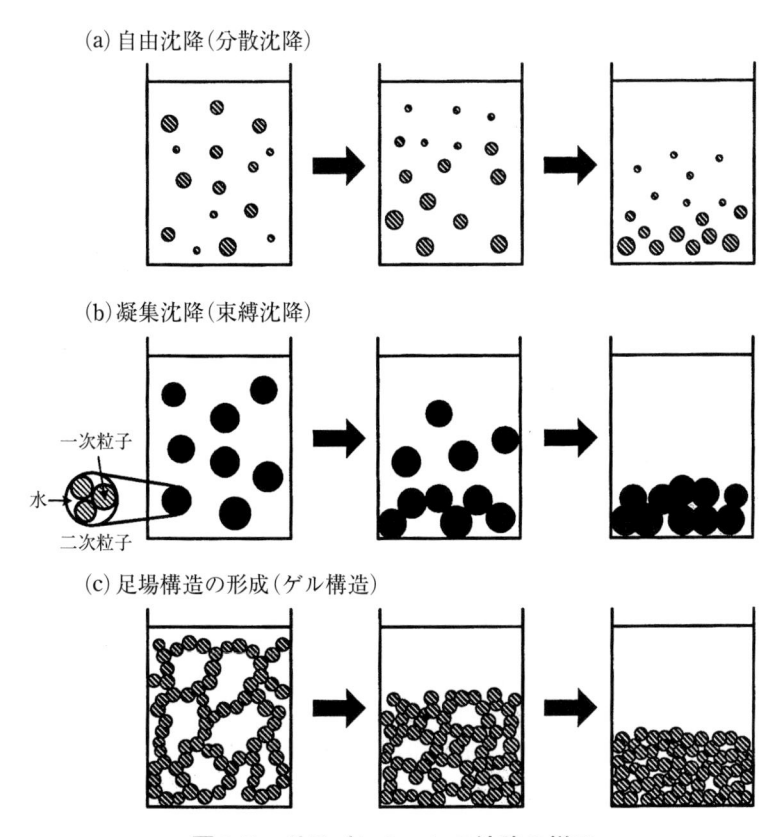

図9.5 サスペンションの沈降の様子

降を遅らせたり防いだりするためには，9.3.1 (2) で述べたストークスの式に基づく対策をとるとよい．

図9.5にサスペンションの沈降の様子を示す．(a) は自由沈降と呼ばれ，粒子が1つずつ独立の運動体として，小さい粒子は遅く，大きい粒子は速く沈降する．沈降物と上澄み液との境界は不明瞭である．自由沈降性の粒子は静置しておくと，底部に密でかたい沈積層を形成する．この沈積層ができる現象を**ケーキング** caking という．できた沈積層はかなり強固で，軽く振とうしたくらいでは再分散しない．(b) は凝集沈降と呼ばれ，粒子がいくつか集まって集団となり沈降する場合をいう．沈降物と上澄み液との境界は明瞭である．なお，できた沈積層はかさ高く，振とうにより容易に再分散する．(c) は粒子間の結合により，分散媒を多量に含んだ足場構造（網状構造，ゲル構造）を形成する場合である．この構造は時間とともに圧縮され底部に収縮していく．なお，この場合も容易に再分散できる．

分散系の小粒子は大粒子と比べ溶解度が高く，粒子径に大小の差がある場合には，小粒子は溶解し，その溶解した物質が大粒子の表面に析出する．すなわち，小粒子は溶解してついには消滅し，大粒子がますます大きくなる．この現象を**オストワルド熟成** Ostwald ripening といい，サ

スペンションやエマルションなどの分散系にみられる．

9.5 エマルション

　エマルション（乳濁液）とは，水と油のように互いに混ざり合わない2液相間において，一方の液体が他方の液相に粒子状に分散した系をいう．エマルションからなる剤形にもサスペンションと同様に，注射剤やクリーム剤など多くの剤形がある（表9.4）．エマルション化することにより味の改善，皮膚刺激性の緩和，薬効の持続化などが期待できる．例えば，瀉下剤として用いる流動パラフィン乳剤と呼ばれるo/w型乳剤がある．エマルション化することにより，かなり飲みやすくなる．なお，日本薬局方には乳剤の名称をもつ収載品目はない．

　エマルションは，図9.6に示すような水中に油滴が分散した**o/w型エマルション**と油中に水滴が分散した**w/o型エマルション**に大別される．身近な例でいうと，牛乳やマヨネーズはo/w型エマルションであり，マーガリンはw/o型エマルションである．

表9.4　エマルション（乳濁液）からなる剤形

	エマルション（乳濁液）
経口投与する製剤	乳剤
	シロップ剤（乳濁性）
口腔内に適用する製剤	口腔用クリーム剤
注射により投与する製剤	乳濁性注射剤（粒子径7 μm以下）
直腸に適用する製剤	直腸用クリーム剤
皮膚などに適用する製剤	ローション剤（乳濁性）
	クリーム剤

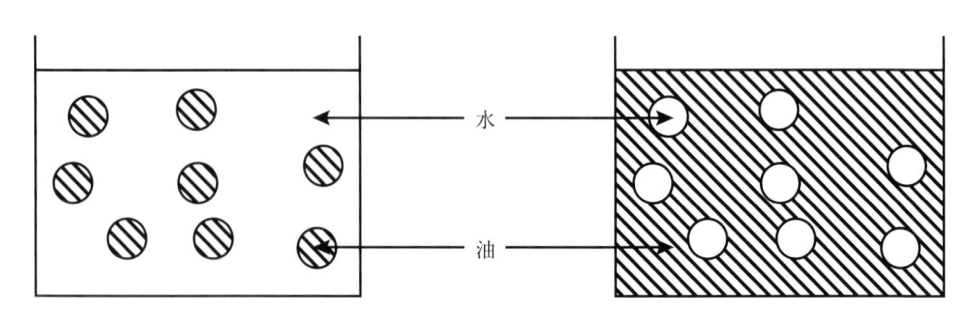

o/w型（水中油型）　　　　　　　　w/o型（油中水型）

図9.6　エマルションの型

(1) エマルションの生成

水と油のように互いに溶解しない2つの液体を混合して激しくかき混ぜると，一方の液体が微粒子（分散相，不連続相）となって，他方の液体（分散媒，連続相）中に分散する．エマルションはこのような操作で生成されるが，攪拌を止めて放置すると分散相は集合して元の二層に分離する．すなわち，微粒子となって表面積を増大させ界面自由エネルギーが増加する（乳化の状態）よりも，二層に分かれ自由エネルギーを低下させるほうが安定なために分離するのである．この分離を防ぎエマルションの安定性を保つためには，**乳化剤** emulsifier と呼ばれる物質を加えて液-液界面に吸着させ，界面張力（界面自由エネルギー）を低下させることが重要となる．

表9.5に代表的な乳化剤の例を示す．中でも界面活性剤は汎用される乳化剤である．これら乳化剤は液滴界面に吸着して（図9.4），①界面張力を低下させる，②吸着膜および電気二重層を形成する，③界面に粘弾性を与えるなどの作用により，エマルション粒子を安定化させる．なお，イオン性界面活性剤を用いて乳化したとき，電解質が共存すると分散相の粒子表面に存在する電気二重層が圧縮されるため，エマルションは不安定になる．

(2) エマルションの型

エマルションの型は，o/w型とw/o型に大別されることはすでに述べた．この型を決める因子として乳化剤の種類，両液体の体積比，調製容器の壁の性質，油相と水相の混合の仕方などがあげられる．一般に，HLB値が4～6の界面活性剤を用いて乳化するとw/o型エマルションが，HLB値が8～18ではo/wエマルションが形成されやすい．すなわち，「乳化剤がより溶解する相が分散媒となりやすい」あるいは「水溶性乳化剤を用いるとo/w型エマルションとなりやすく，油溶性乳化剤を用いるとw/o型エマルションとなりやすい」ともいえる．これを**バンクロフトの規則** Bancroft's rule という．

表9.5 乳化剤の種類

乳化剤	例	型	作用
界面活性剤	ソルビタンセスキオレイン酸エステル（Span 83）	w/o	吸着 界面張力の低下
	多価金属石けん	w/o	
	ポリソルベート80（Tween 80）	o/w	
	ラウリル硫酸ナトリウム	o/w	
水溶性高分子	ゼラチン	o/w	吸着 高分子膜の形成
	アラビアゴム	o/w	
	メチルセルロース	o/w	
微粉体	カーボンブラック	w/o	力学的障壁の形成
	シリカ	o/w	
	硫酸バリウム （ドデカン酸ナトリウム処理）	o/w	

エマルションの型の判定は容易で，次の方法により判定できる．(a) 色素による方法：水溶性で油に溶けない色素（メチレンブルー，メチルオレンジなど）をエマルションに加えたときに，色素の色が直ちに広がればo/w型エマルションと判定され，油溶性で水に溶けない色素（ズダンⅢなど）が直ちに広がればw/o型エマルションと判定できる．(b) 希釈による方法：水にエマルションを加えたときに，エマルションが全体に広がればo/w型エマルションと判定され，広がらずに滴のままであればw/o型エマルションと判定できる．同様に，油にエマルションを加えても判定ができる．(c) 導電率による方法：水は油に比べると導電率がはるかに高い．すなわち，o/w型エマルションでは電気抵抗が低く導電率は高いが，w/o型エマルションでは電気抵抗が高く導電率は低い．

(3) エマルションの解消

先に述べたようにエマルションは熱力学的に不安定なため，やがて破壊して元の水と油の二層に分離する．このエマルションの解消（破壊）のプロセスは，**クリーミング** creaming, **凝集** flocculation および**合一** coalescence に分けられる．エマルションの解消のプロセスを図9.7に示す．クリーミングとは，分散相の液滴が浮上や沈降する現象であり，分散相と分散媒との密度差のために起こる．この液滴の浮上や沈降の速度は，ストークスの式に従う．したがって，クリーミングを防ぐには9.3.1 (2) で述べた対応策をとるとよい．なお，クリーミングを起こしても振り混ぜることにより，元のエマルション状態に戻すことは可能である．

凝集とは，分散粒子どうしが集まって集合体を形成する現象をいう．粒子間に含まれている分散媒が追い出され（排液），粒子の濃度が高くなって相互作用がはたらき集合体が形成される．

合一とは，分散粒子の周囲に存在していた界面活性剤や高分子がおしのけられ，粒子どうしが融合して1つの大きな粒子になることをいう．これは，エマルションの破壊であり，振とうしただけでは元のエマルション状態に戻すことができない．なお図9.7とは異なり，水中での凝集→クリーミング→合一のプロセスをとる場合もある．

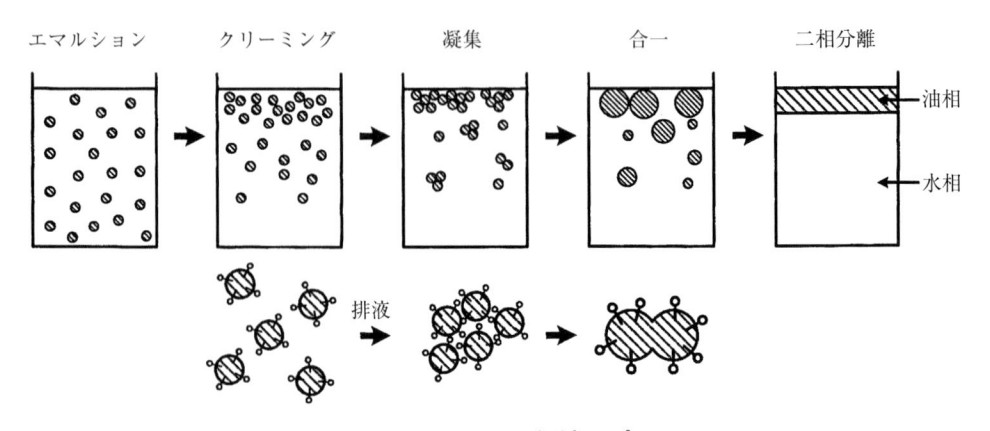

図9.7 エマルションの解消のプロセス

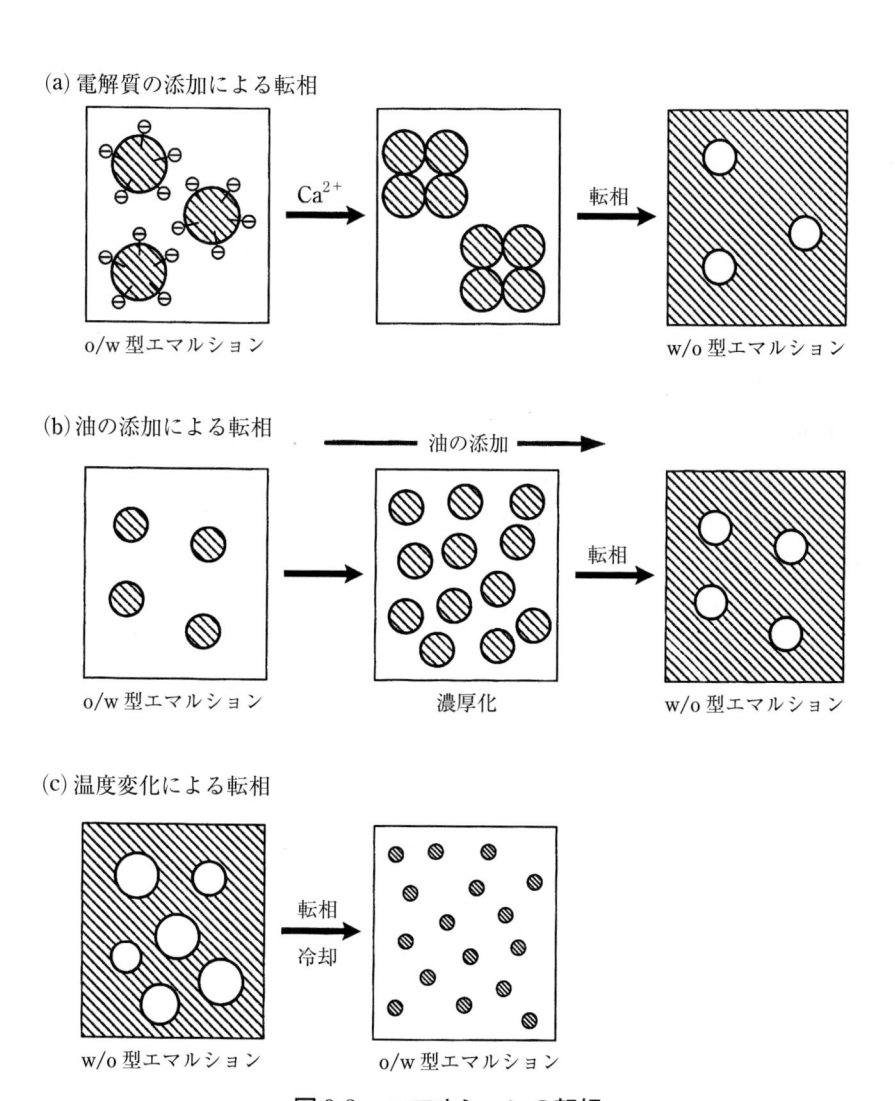

（4）エマルションの転相

エマルションの分散相と分散媒とが入れ替わり，エマルションの型が逆転することを**転相** phase inversion という．転相はいろいろな原因で起こる．

（a）ナトリウム石けんを乳化剤として用いた o/w 型エマルションに，2価アルカリ土類金属イオン，例えばカルシウムイオンを加えると w/o 型エマルションに転相する（図9.8（a））．この転相は次のように説明される．すなわち，ナトリウム石けんにカルシウムイオンを加えると水難溶性のカルシウム石けんとなる．このカルシウム石けんは油溶性であるので，バンクロフトの規則により w/o 型のエマルションへ転相すると考えられる．

（b）分散相の体積分率が大きくなるとエマルションは濃厚となり，分散相と分散媒が逆転し

図9.8 エマルションの転相

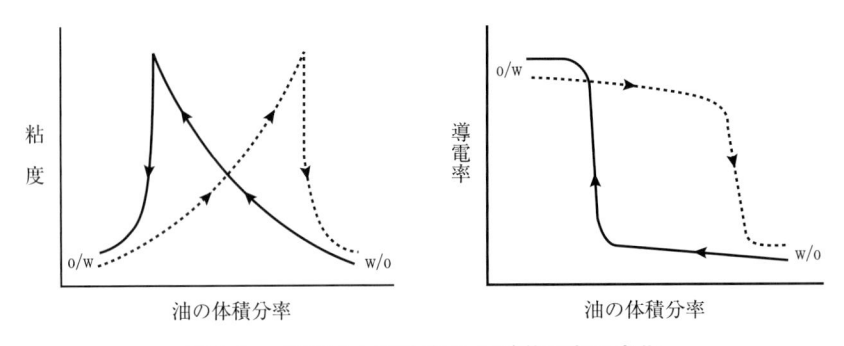

図 9.9 転相による粘度および導電率の変化

転相する.すなわち,o/w 型エマルションに油を加えて油の体積分率を大きくすると,w/o 型エマルションとなる(図 9.8(b)).同様に,w/o 型エマルションに水を加えていくと,o/w 型エマルションとなる.

分散相の体積分率の増加に伴い分散粒子間の相互作用が強まり,エマルションの粘度は増大する.しかし,転相が起こると粘度が急激に低下する.同様な不連続の変化は導電率の変化にも現れる.図 9.9 にエマルションの転相と粘度および導電率の変化の様子を示す.

(c) 温度変化に伴う転相もある.ポリオキシエチレン系非イオン性界面活性剤の親水基は,低温では十分に水和しており親水性は高いが,高温では水分子との水素結合が切れて脱水和し,親水性が低下する.すなわち,低温では o/w 型エマルションができやすく,高温では w/o 型エマルションができやすい.このような理由により,高温で得られた w/o 型エマルションを冷却すると,ある温度で転相が起こり o/w 型エマルションとなる(図 9.8(c)).この温度を**転相温度** phase inversion temperature(PIT)という.転相温度付近では油/水の界面張力が低いので,撹拌によって液滴が容易に微細化される.そのため,高温で粗粒化,転相温度付近で微細化したのち,冷却すれば常温で安定な o/w 型エマルションが得られる.この乳化法を転相温度乳化法という.

練習問題

問題 9.1 コロイド分散系に関する次の記述について正誤を答えよ.
    a 限外顕微鏡は,コロイド粒子のチンダル現象を利用したものである.
    b コロイド粒子のブラウン運動は,コロイド粒子どうしの無秩序な衝突によって起こる.
    c 少量の電解質を添加すると疎水コロイドが凝集し沈殿するのは,コロイド粒子間の静電的反発力が増加するためである.

第 9 章　分散系

　　　d　タンパク質などの親水コロイドは，アルコールなどの脱水剤や少量の電解質を添加すると，凝集し沈殿する．

（第 96 回薬剤師国家試験一部改変）

問題 9.2　分散系に関する次の記述について正誤を答えよ．
　　　a　チンダル現象は，コロイド溶液では観察されるが，低分子物質溶液では観察されない．
　　　b　親水コロイド溶液にエチルアルコールを添加すると，コロイドに富む相と希薄な相に分離するコアセルベーションが起こる．
　　　c　疎水コロイドは，その表面が親水性で水和層が形成されて安定化している．
　　　d　エマルション（乳濁液）では，液体の分散媒中に固体物質が微細な粒子として分散している．

（第 93 回薬剤師国家試験一部改変）

問題 9.3　乳剤を放置したときに起こりうる状態変化を表す語句として，正しいものを 2 つ選べ．
　　　a　クリーミング
　　　b　ケーキング
　　　c　ゾル化
　　　d　塩析
　　　e　合一

（第 95 回薬剤師国家試験一部改変）

問題 9.4　懸濁剤・乳剤に関する次の記述について正誤を答えよ．
　　　a　転相温度（PIT）より高い温度で粗乳化を行い，その後，撹拌しながら温度を PIT 以下に下げると，転相の際に微細化が行われ，安定な乳剤を調製することができる．
　　　b　自由沈降性の粒子は，ケーキングしやすく，容易に再分散しない．
　　　c　HLB（hydrophile-lipophile balance）値の大きい乳化剤は，w/o 型乳剤を安定化させる．
　　　d　Stokes の式によれば，クリーミングの速度は分散媒の粘度が高いほど大きくなる．

（第 83 回薬剤師国家試験一部改変）

問題 9.5　乳剤に関する次の記述について正誤を答えよ．
　　　a　o/w 型乳剤の場合，メチレンブルーで連続相が着色する．
　　　b　電気伝導度は o/w 型より w/o 型の方が大きい．

c 乳剤のクリーム分離は，内相すべてが完全に合一することによって起こる．

d w/o型乳剤の水滴の粒子径は，乳化剤の種類や濃度とは無関係である．

(第73回薬剤師国家試験一部改変)

解答・解説

問題9.1 正解 a 正，b 誤，c 誤，d 誤
解説 b ブラウン運動は，コロイド粒子の周りの分散媒分子の不規則な熱運動に基づくものである．
c 電解質の添加によりコロイド粒子の電荷が中和され，静電的反発力が減少するために凝集する．
d 親水コロイドはアルコールなどの脱水剤および少量の電解質を加えると沈殿する．

問題9.2 正解 a 正，b 正，c 誤，d 誤
解説 c 親水コロイドの記述である．
d サスペンションの記述である．エマルションは，液体の分散媒中に他の液体が分散している．

問題9.3 正解 a 正，b 誤，c 誤，d 誤，e 正
解説 b サスペンションでは，自由沈降性の粒子は静置すると底部にかたい沈積層ができる．この現象をケーキングという．
c 液体中へ固体がコロイド状に分散したものが流動的な場合をゾルといい，流動的でない場合をゲルという．
d 親水コロイドに多量の電解質を加えると脱水和され凝析する現象を塩析という．

問題9.4 正解 a 正，b 正，c 誤，d 誤
解説 c HLB値が大きい乳化剤（HLB：8～18）は，o/w型乳剤を安定化させる．
d クリーミングの速度は，分散媒の粘度が高いほど小さくなる．ストークスの式を参照．

問題9.5 正解 a 正，b 誤，c 誤，d 誤
解説 b o/w型乳剤の電気伝導度は高いが，w/o型乳剤では低い．
c クリーム分離は分散相の液滴が浮上したり沈降したりする現象である．液滴は元のままであり，液滴が合わさり粗大化する合一とは異なる．
d 乳化剤の種類や濃度により分散相（分散質）である水滴の大きさは変化する．

参考書
1) 第十六改正日本薬局方解説書，廣川書店（2011）
2) 中村和郎 編（2005）わかりやすい物理化学，廣川書店
3) 大塚昭信，近藤 保 編（1997）薬学生のための物理化学，廣川書店
4) 近藤 保，鈴木四朗（1983）やさしいコロイドと界面の科学，三共出版

第9章 分散系

5) 井上正敏, 寺田 弘 (2004) 製剤物理化学, 廣川書店
6) 北原文雄, 古澤邦夫 (1979) 分散・乳化系の化学, 工学図書
7) 北原文雄 (1994) 界面・コロイド化学の基礎, 講談社サイエンティフィク
8) 中垣正幸, 福田清成 (1993) 新基礎化学シリーズ⑤ コロイド化学の基礎, 大日本図書
9) 池田勝一 (1993) 基礎化学選書22 コロイド化学, 裳華房

10 レオロジー

　レオロジー rheology は，物質の変形と流動を対象とする学問分野であり，その名称はギリシャ語の *rhéos*（流れ）に由来する．理想的で単純な変形・流動については古くから研究が行われており，ばね弾性に対するフック Hooke の法則（1676）や，粘性流動に関するニュートン Newton の法則（1685）が知られている．また，**流体** fluid（気体と液体）の振る舞いを精密に記述する**流体力学** fluid dynamics も，19 世紀末までに大きく発展した．一方で，1920 年代になって，様々な分散系や高分子など，複雑な系の変形流動が工学的・基礎科学的な関心を集めるようになり，レオロジーが誕生した．命名は米国の科学者，ビンガム Bingham による．

　製剤学で取り扱う飲み薬，塗り薬，パップ剤なども，コロイド分散系や高分子溶液である．それらの流動・変形特性は，製剤設計のうえで重要な指標であり，飲みやすさ・塗りやすさなどに直接的に関係する．本章では，まず純粋な弾性と粘性を学び，次にこれらを併せた粘弾性を学習する．さらに，製剤学で重要な様々な流動現象の様式，および粘度測定法についても学習する．

10.1 弾 性

10.1.1 フックの法則の拡張

　ゴムやプラスチックのような物体に力を加えると，その物体は変形し，力を解放すればもとの形に戻る．このような性質を**弾性** elasticity といい，弾性をもつ物体を**弾性体** elastic body という．弾性を表現する最も簡単なモデル（理想化された機械）が "ばね spring" である．図 10.1 のように，力を加えない状態で長さ l_0 をもつばねに力 f を加えたとき，長さが l になったとする．このときの変形量，すなわちばねの伸び $\Delta l = l - l_0$ は加えた力 f に比例する．これを**フックの法則** Hooke's law といい，

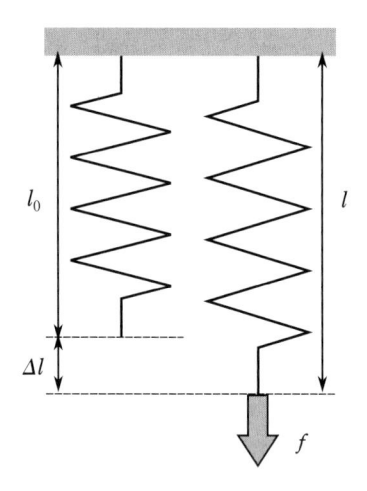

図10.1 ばねに加える力 f と伸び Δl との関係

$$\Delta l = \frac{1}{k}f \quad \text{または} \quad f = k\Delta l \tag{10-1}$$

と表現される．比例係数 k（> 0）は**ばね定数** spring constant と呼ばれる．k の値が大きいほど，同じ Δl だけ伸ばすために必要な力は大きくなる．したがって k はばねの硬さを表している．

フックの法則を3次元的な物体の変形と力の関係に拡張してみよう．そのためには"変形量"と"力"の概念を少し明確にする必要がある．均質な物質でできた長さ L，断面積 S の棒を力 f で引っ張り，ΔL だけ伸ばす場合を考えよう（図10.2）．長さが同じでも細い棒より太い棒の方が ΔL 伸ばすのに大きな力が必要となることは，容易に想像できよう．つまり f は棒の断面積に依存する．もし式（10-1）の単純な拡張として $f = k\Delta L$ とすると，k は断面積によって値が異なり，物質に固有な性質を表す定数ではなくなる．そこで，考えている棒をたくさんのばねが束になったようなものとし，ばねの数は棒の断面積に比例すると考えれば，f は S に比例することになる．つまり S を2倍にすれば f は2倍になる．したがって，単位面積当たりの力 f/S を用いることにより，棒の断面積の影響をなくすことができる．

一方，断面積が同じ棒でも，短い棒と長い棒とでは，同じ力に対する伸びの量は異なる（長い棒の方が伸びの量は大きい）．そこで今度は，棒を長さ l_0 のばねが L/l_0 個だけ縦に（直列に）つながったものとして考えれば，ばね1個当たりの伸び Δl と全体の伸び ΔL は $\Delta L/L = \Delta l/l_0$ の関

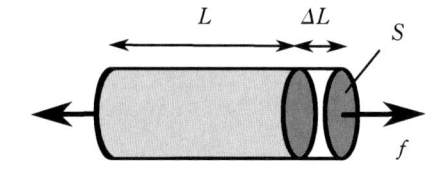

図10.2 長さ L，断面積 S の棒を力 f で引っ張ったときの棒の伸び ΔL

係があることがわかる．したがって，全体の長さに対する伸びの割合を考えることにより，棒の長さの影響をなくすことができる．

以上の考察により，図 10.2 のような棒の引っ張りに対して，拡張したフックの法則は，

$$\frac{\Delta L}{L} = \frac{1}{E}\frac{f}{S} \quad \text{または} \quad \frac{f}{S} = E\frac{\Delta L}{L} \tag{10-2}$$

と書ける．この式は単位面積当たりの力と単位長さ当たりの伸びとの比例関係を表す．比例定数 E は**ヤング率** Young's modulus と呼ばれ，物質固有の硬さを表す定数である（単位は Pa）．式 (10-2) に現れる量 f/S は**応力** stress と呼ばれ，圧力と同じ単位（Pa または N/m^2）をもっている．応力は面にはたらく力で，面を定めてはじめて決まる量である．上の例では変形方向（伸びの方向）に垂直な面の法線方向にはたらく単位面積当たりの力が f/S である．一方，量 $\Delta L/L$ は**ひずみ（歪）** strain と呼ばれる無次元の量である．これは引っ張った方向への伸びの割合を表している．一般に応力とひずみが比例関係にあるときの比例定数（上の場合 E）を**弾性率** elastic modulus という．

式 (10-2) のような応力とひずみとの比例関係は，ひずみが小さい場合には多くの固体に対してよく成り立つ．応力とひずみが比例関係にあるような性質を**線形弾性** linear elasticity といい，そのような性質をもった物体を**線形弾性体**という．結晶のように物質自体が方向性をもっている場合には，同じ物質でも方向によって弾性的性質が異なってくる．しかし，ゴムやプラスチックのように弾性的な性質が方向によらない物質，すなわち等方的な弾性を示す物質も多い．以下では，等方的な線形弾性体を扱うことにする．なお，式 (10-2) の第 1 式はひずみを応力の関数として書いたもの，第 2 式は応力をひずみの関数として書いたもので，それぞれ，応力を与えてひずみを測定した場合，ひずみを与えて応力を測定した場合に対応する．線形弾性の範囲では両者は等価である．

10.1.2 一様な変形

物体の変形の仕方はさまざまであるが，以下に実用的な観点から典型的な一様変形，すなわち，ひずみが場所によらず一定となる変形とそれに対する応力について見ておこう．

(1) 伸 長

物体を一方向に引っ張って伸ばす変形を伸長という．これは前項で議論したものと同じであるが，記号を変えて f/S の代わりに σ_n（面の法線方向にはたらく単位面積当たりの力という意味で，**法線応力** normal stress と呼ばれる），$\Delta L/L$ の代わりに e_n（**法線ひずみ** normal strain）と書くと，式 (10-2) は

$$e_n = \frac{1}{E}\sigma_n \quad \text{または} \quad \sigma_n = E e_n \tag{10-3}$$

となる．

　この変形では，引っ張る面以外の物体の側面には力ははたらいていない（物体内部の圧力と外部の圧力がつり合っている）が，引っ張る方向と垂直な方向にも変化が生じる．ゴムひもやチューインガムを引っ張ると細くなることは，日常経験することである．図 10.3（b）のように引っ張り方向のひずみを $\Delta L/L$，それと垂直な方向のひずみを $\Delta W/W$, $\Delta H/H$ とするとき，$\Delta L/L$ に対する $\Delta W/W$ あるいは $\Delta H/H$ の比に負号をつけたもの

$$\mu = -\frac{\Delta W/W}{\Delta L/L} = -\frac{\Delta H/H}{\Delta L/L} \tag{10-4}$$

を**ポアソン比** Poisson's ratio という．ポアソン比は無次元の物質定数である．理論的には $-1 < \mu < 1/2$ であることが示されるが，$\mu < 0$ となる物質，すなわち引っ張ると膨らむ物質は見つかっていないので，通常，$0 \leqq \mu < 1/2$ である．変形しても体積の変わらない物質では μ の値は 0.5 である．実際，ゴムのような物質のポアソン比は 0.5 に近い．

（2）圧縮・膨張

　図 10.3（d）のように体積 V の物体に圧力 p を加えて体積が $V + \Delta V$ になったとする．このとき

$$\frac{\Delta V}{V} = -\frac{1}{K}p \quad \text{または} \quad p = -K\frac{\Delta V}{V} \tag{10-5}$$

が成り立ち，K を**体積弾性率** bulk modulus という（$1/K$ は圧縮率である）．圧力は物体を囲む面の外向き法線方向とは逆向きに作用しているので，法線応力と $\sigma_n = -p$ という関係にある．

（3）せん断（ずり）

　上の 2 つの一様変形では，力の方向は，作用する面の法線方向と一致していた．しかし，面の接線方向（面と平行な方向）に力を作用させても変形は可能である．図 10.3（c）のように高さ H の直方体の形をした物体の底面を固定して，上面にそれと平行な方向に力を加えて上面の高さを維持しながら力の方向（x 方向）に ΔL だけずらす．これに伴って物体の内部は一様に変形され，物質内部の点 (x, y, z) は変形後，点 $(x + \gamma y, y, z)$ に移る．ここで $\gamma = \Delta L/H$ は**せん断ひずみ** shear strain（または**ずりひずみ**）と呼ばれる無次元の量で，変位（変形による点の移動量 γy）の y 方向の勾配（傾き）で与えられる．このような変形を**単純せん断** simple shear あるいは単に**せん断**または**ずり**という．ずり変形では物体の体積は変化しない．

　直方体の上面に加える x 方向の単位面積当たりの力 σ_s は**せん断応力** shear stress と呼ばれ，せん断ひずみと比例関係にある．すなわち，

$$\gamma = \frac{1}{G}\sigma_s \quad \text{または} \quad \sigma_s = G\gamma \tag{10-6}$$

が成り立つ．比例定数 G は**ずり弾性率** shear modulus と呼ばれる，物質に固有な定数である．

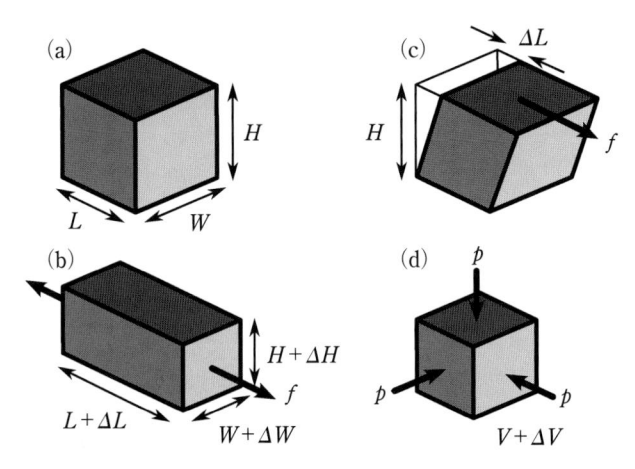

図 10.3　直方体（a）の典型的な一様変形：伸長（b），せん断（c），および圧縮・膨張（d）

（参考）弾性率の間の関係

　これまでに出てきたヤング率 E，体積弾性率 K，ずり弾性率 G はいずれも弾性率と呼ばれる物質定数である．等方性の線形弾性体の独立な弾性率は 2 個しかないことが理論的にわかっている．したがってこれまでに出てきた弾性率の間にはある関係式が成り立つ．例えば，K や G は E とポアソン比 μ を使って，

$$K = \frac{E}{3(1-2\mu)} \quad , \quad G = \frac{E}{2(1+\mu)}$$

と表すことができる．伸び変形によって E と μ を測定できれば，これらの式によって K と G の値が計算できるのである．

10.2　粘性

　水中に鉄の玉を静かに落とすと，鉄の玉は水中を落下し，やがてその速度は一定となる．この状態では，鉄の玉にはたらく重力と周りの水から受ける"抵抗力"がつり合っていると考えられる．鉄の玉の代わりに同じ大きさの鉛の玉を落としたらどうなるだろうか？　やはり一定の速度に達するだろうが，その速度は鉄の玉のときにくらべて大きい．また，そのときに受ける抵抗力も大きくなっている．なぜなら，抵抗力とつり合っているはずの重力は，比重の大きな鉛の場合の方が大きいからである．したがって，落下速度は玉に働く力に比例して大きくなることが推測される（水と同じ比重の玉の落下速度は 0 である）．このことは，水中で物を動かすとき，速く動かそうとすると，より大きな力が必要なことからも想像できる．

　このような抵抗力は水の**粘性** viscosity に起因するものである．水中あるいは一般に流体中で

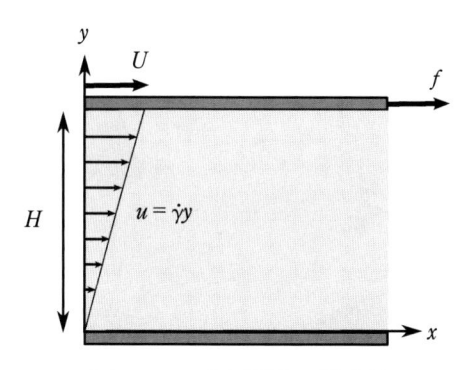

図10.4　せん断流の模式図
平行な2枚の板に挟まれた流体の速度 u は y 方向に直線的に増加し，x 方向には変化しない．上の板は下の板に対して速度 U で動いている．

玉を動かすと，その周りの流体は玉に押しのけられ，流れを生じる．このとき，流体は変形され，その変形の過程で流体内部に生じる"摩擦"が，玉に働く抵抗力となって現れるのである．

もう少し議論を正確にするために，図10.4のような2枚の平行な板に挟まれた流体を考えよう．下の板は固定したまま，上の板にそれと平行な方向（x 方向）に一定の力を作用させる．これは挟まれた流体にせん断変形を与えるが，弾性体のようにある一定のせん断ひずみで静止することはなく，時間とともに変形は増大し続ける．しかし板の速度はやがて一定の速度 U に達し，定常状態となる．このとき，流体の流れる速度 u は図10.4 に示されているように場所に依存して直線的に変化する（この場合 y 座標のみに依存する）．下の板の位置での流体の速度は 0 であるので，$\dot{\gamma} = U/H$ として $u = \dot{\gamma}y$ と書ける．ここで，$\dot{\gamma}$ は**せん断速度** shear rate と呼ばれる量（単位は s^{-1}）で，せん断変形の速度を表す（$\dot{\gamma}$ はせん断ひずみ γ の時間微分を表している）．$\dot{\gamma}$ は**速度勾配** velocity gradient とも呼ばれ，流れの空間的な変化の度合いを表している．このような流体の流れを**せん断流** shear flow という．

板に加える力を大きくすれば，定常状態での板の速度は大きくなるであろう．板の面積や板の間の距離によらない表現を用いれば，せん断応力 σ_s が大きくなればせん断速度 $\dot{\gamma}$ も大きくなる（板の速度は同じ $\dot{\gamma}$ でも板の間隔 H によって異なる）．多くの流体，特に気体や低分子の液体では，これらが比例関係にあることが実験的にわかっている．すなわち，

$$\dot{\gamma} = \frac{1}{\eta}\sigma_\mathrm{s} \quad \text{または} \quad \sigma_\mathrm{s} = \eta\dot{\gamma} \tag{10-7}$$

が成り立つ．比例係数 η は**せん断（ずり）粘性率** shear viscosity あるいは**粘度** viscosity と呼ばれる物質定数である（単位は Pa s）．η の値が大きいほど抵抗が大きくネバネバした流体である．式（10-7）を**ニュートンの粘性法則** Newton's law of viscosity といい，それが成り立つ流体を**ニュートン流体** Newtonian fluid という．一般的な粘性流体では，式（10-7）のような応力とせん断速度の比例関係は成り立たない．しかし，ニュートン流体は，理想気体が熱力学に大きな役割を果たしたのと同じように，理想的な粘性流体として流体力学やレオロジーの分野で基礎的な役

割を果たしている．

> **（参考）粘性率**
> 弾性体ではいろいろな弾性率が出てきたが，独立な弾性率は2つであることを述べた．等方的な粘性流体に対しても粘性率は基本的に2つであり，せん断粘性率のほかに，体積の膨張速度に関係した体積粘性率 bulk viscosity がある．しかし，レオロジーの分野ではほとんどの場合，体積変化のない流体（非圧縮流体）を扱うので，ここではこれ以上言及しない．

10.3 粘弾性

10.3.1 粘弾性とは

理想的な弾性体では，変形後に応力を解放すると元の状態を回復する．これは，変形により弾性体を構成する原子や分子の互いの距離はずれるが，相対的な位置関係は保たれているためである．したがって，一定の応力を加えると瞬時に変形し一定のひずみになるが，応力を解放すると完全に元に戻る．しかし，粘性流体では，応力を解放すると速やかに（新しい）平衡状態に緩和し，弾性的な回復は見られない．気体や液体では熱による乱雑な分子運動により過去の記憶がすぐに消されてしまうからである．理想的な粘性流体では一定の応力を加えると瞬時に一定のひずみ速度で流れ出し，応力を解放するとひずみ速度は0となり，ひずみは元に戻らない．

しかし，例えばやわらかい餅は，少し突っつくと元に戻るが，丸めてテーブルの上に置くとゆっくり変形して（流動して）平らな形になる．また，素早く引っ張って手を放せば，伸びた餅は少し元に戻る（縮む）．このように同じ物質でも弾性的に振る舞うときと粘性的に振る舞う場合がある．このような弾性と粘性をあわせもった性質を**粘弾性** viscoelasticity という．ゲルや高分子液体は粘弾性を示す典型的な物質である．

図 10.5 のように，粘弾性を示す物質に一定のせん断応力 σ_s を加えると，せん断ひずみ γ が一定値に近づくものと，せん断速度 $\dot{\gamma}$ が一定値に近づくものとがある．前者のような物質を**粘弾性固体** viscoelastic solid，後者のような物質を**粘弾性液体** viscoelastic liquid という．一般に，ある粘弾性体に時刻 $t = 0$ で一定のせん断応力を加えると，せん断ひずみ $\gamma(t)$ が $t > 0$ で時間とともに増加する現象を**クリープ** creep という．それを観測することにより物質のレオロジー特性を知ることができる．一方，ある粘弾性体に時刻 $t = 0$ で一定のせん断ひずみを加えると，せん断応力 $\sigma_s(t)$ が $t > 0$ で時間とともに減少していく現象を**応力緩和** stress relaxation という．

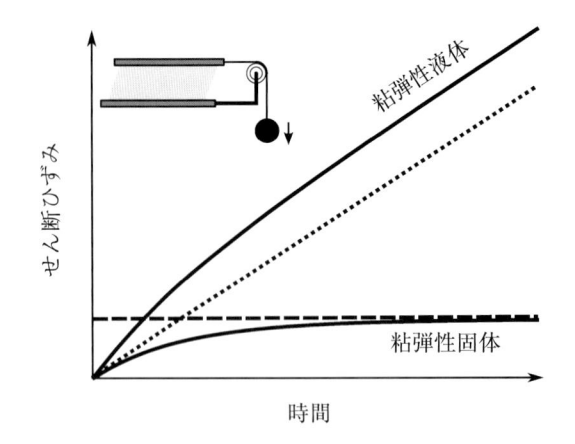

図 10.5　一定応力を加えたときのひずみの時間変化
上の実線が粘弾性液体，下の実線が粘弾性固体，点線が
理想粘性流体，破線が理想弾性体に対応する．

粘弾性固体では $t \to \infty$ で $\sigma_s(t)$ がある有限の値に近づくのに対し，粘弾性液体では $\sigma_s(t)$ は 0 に近づく．これによっても物質のレオロジー特性を知ることができる．

　以下では，記述を簡単にするため，せん断変形のみを考え，せん断ひずみ，せん断速度をそれぞれ単に，ひずみ，ひずみ速度ということにする．また，せん断応力 σ_s を単に応力と呼び，σ で表す．

10.3.2　粘弾性の力学モデル

　実際の物質の粘弾性は多種多様であり，それらを一般に記述することは困難である．多くの場合，個々の物質あるいは現象に対して分子論的あるいは現象論的な立場から議論される．しかし，**線形粘弾性** linear viscoelasticity に限れば，理想弾性体の性質をもつ弾性要素と理想粘性流体の性質をもつ粘性要素を組み合わせた力学モデルを用いて議論が可能である．弾性要素はフックの法則（式（10-6））で表されるような "ばね"，粘性要素はニュートンの粘性法則（式（10-7））で表されるような "ダッシュポット dash pot" の図を用いて表し（図10-6），それらを組み合わせて力学モデルを構成する．弾性要素の応力とひずみをそれぞれ σ_e, γ_e, 粘性要素の応力とひずみ速度をそれぞれ σ_v, $\dot{\gamma}_v$ とすれば，式（10-6）および式（10-7）から，

$$\sigma_e = G\gamma_e \quad \text{および} \quad \sigma_v = \eta\dot{\gamma}_v \tag{10-8}$$

が成り立つ．なお，ひずみ速度はひずみの時間微分であり，$\dot{\gamma}_e = d\gamma_e/dt$, $\dot{\gamma}_v = d\gamma_v/dt$ の関係がある．以下では，粘弾性固体および粘弾性液体に対する最も簡単な力学モデルを紹介する．

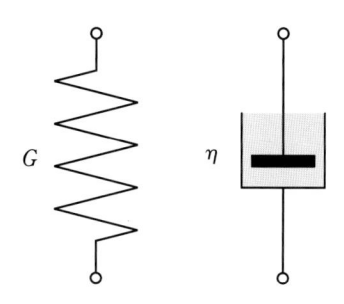

図10.6　弾性率 G の理想弾性要素を表すばね（左）と粘性率 η の理想粘性要素を表すダッシュポット（右）

（1）粘弾性固体の力学モデル

粘弾性固体の最も簡単なモデルは，**フォークトモデル** Voigt model あるいは**ケルビンモデル** Kelvin model と呼ばれ，ばねとダッシュポットを並列につないだものである（図10.7）．このとき，全体の応力 σ およびひずみ γ は，各要素の応力，ひずみと $\sigma = \sigma_e + \sigma_v$，$\gamma = \gamma_e = \gamma_v$ の関係がある．これらの関係式および式（10-8）から，フォークトモデルの粘弾性を表す式

$$\sigma = G\gamma + \eta\dot{\gamma} \quad \text{または} \quad \frac{d\gamma}{dt} = -\frac{G}{\eta}\gamma + \frac{\sigma}{\eta} \tag{10-9}$$

が得られる．

フォークトモデルでは，外から力を加えると，最初に粘性応力がそれとつり合い，徐々に粘性応力が緩和すると同時にひずみが増していき，弾性応力が外の力とつり合うようになる．実際，応力が一定値 σ_0 をとるとき，式（10-9）を γ について解くと，$t = 0$ のとき $\gamma = 0$ として，

$$\gamma = \frac{\sigma_0}{G}(1 - e^{-t/\lambda}) \tag{10-10}$$

となる．ここで，$\lambda = \eta/G$ は時間の次元をもった定数で**遅延時間** retarded time と呼ばれる．図10.8に示すように，ひずみ γ は時間とともに増加し，弾性体としての値（σ_0/G）に近づく（クリープ）．これは，粘性要素があることによって弾性的なひずみの回復が遅れるためである．こ

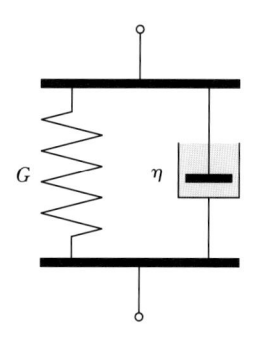

図10.7　ばねとダッシュポットで表現したフォークトモデル

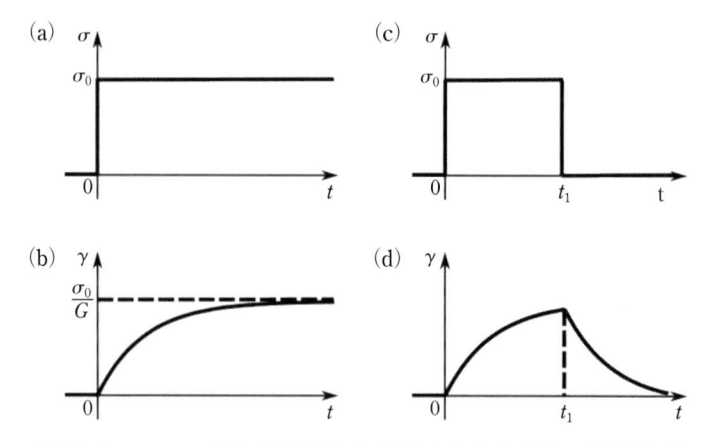

図 10.8 フォークトモデルにおける応力とひずみの時間変化
(a) に示した応力を与えたときのひずみの時間変化 (b)，および (c) に示した応力を与えたときのひずみの時間変化 (d)．

の遅れの特徴的な時間が λ である．図 10.8 には $\sigma = \sigma_0$ にしばらく保った後，$\sigma = 0$ としたときの γ の時間変化も示されている（クリープ回復）．ひずみが応力に遅れて変化しているのがわかる．

（2）粘弾性液体の力学モデル

粘弾性液体の最も簡単なモデルは**マックスウェルモデル Maxwell model** と呼ばれ，ばねとダッシュポットを直列につないだものである（図 10.9）．それぞれの要素の応力，ひずみの関係は，$\sigma = \sigma_e = \sigma_v$，$\gamma = \gamma_e + \gamma_v$（または $\dot{\gamma} = \dot{\gamma}_e + \dot{\gamma}_v$）である．式（10-8）の第1式を時間 t で微分すれば，$\dot{\gamma}_e = (d\sigma_e/dt)/G$ であるから，上の応力とひずみの関係から，

$$\dot{\gamma} = \frac{1}{G}\frac{d\sigma}{dt} + \frac{\sigma}{\eta} \quad \text{または} \quad \frac{d\sigma}{dt} = -\frac{G}{\eta}\sigma + G\dot{\gamma} \tag{10-11}$$

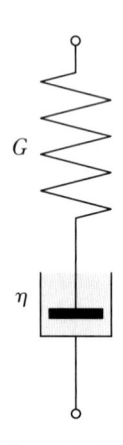

図 10.9 ばねとダッシュポットで表現したマックスウェルモデル

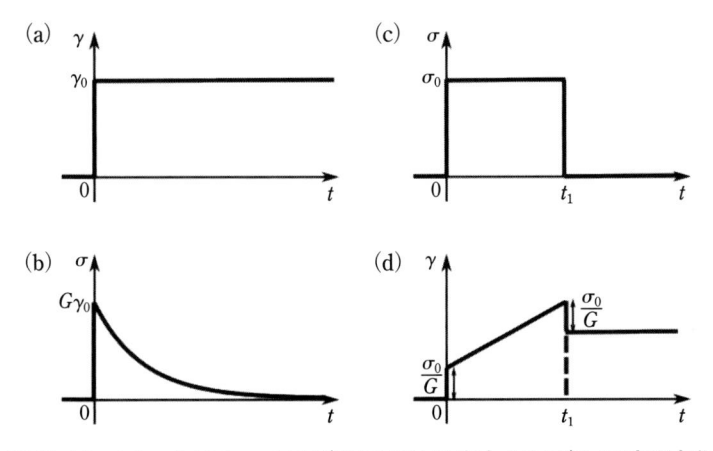

図10.10　マックスウェルモデルにおける応力とひずみの時間変化
(a) に示したひずみを与えたときの応力の時間変化 (b)，および (c) に示した応力を与えたときのひずみの時間変化 (d)．

が得られる．これがマックスウェルモデルの粘弾性を表す式である．

このモデルを理解するには，ばねの一端に玉を付け，もう一つの端を水中で動かすことを想像すればよいだろう．ばねの端を急速に動かせば玉に大きな抵抗力がはたらき，玉はほとんど動かずばねが伸びる．そこでばねの一端を止めると，玉はゆっくり動き，ばねにはたらく力は減少していく．実際，ひずみが一定値 γ_0 をとるとき（$\dot{\gamma} = 0$），$t = 0$ のとき $\sigma = G\gamma_0$ として，式 (10-11) を σ について解くと，

$$\sigma = G\gamma_0 e^{-t/\tau} \tag{10-12}$$

を得る．ここで，$\tau = \eta/G$ は時間の次元をもつ定数で**応力緩和時間** stress relaxation time と呼ばれる．図10.10に示すように，応力は減衰して時間とともに0に近づく（応力緩和）．また，応力が一定値 σ_0 をとる場合には，$\dot{\gamma} = \sigma_0/\eta$，したがって $\gamma = (\sigma_0/\eta)t +$ 定数であるので，γ は時間とともに直線的に増加する．

ひずみ速度 $\dot{\gamma}$ が $1/\tau$ に比べて十分速いとき（$\dot{\gamma}\tau \gg 1$），式 (10-11) は近似的に $d\sigma/dt \approx G\dot{\gamma}$ であり，マックスウェルモデルは弾性的に振る舞う．逆に $\dot{\gamma}$ が $1/\tau$ に比べて十分遅いとき（$\dot{\gamma}\tau \ll 1$），式 (10-11) は近似的に $\sigma \approx \eta\dot{\gamma}$ であるので，粘性的に振る舞う．したがって，物質に固有の緩和時間（τ）に比べて，変形の時間スケール（$1/\dot{\gamma}$）あるいは観測時間が長いか短いかによって，粘性的に見えるか弾性的に見えるかが異なってくるのである．

10.4 さまざまな流動現象

　水をはじめとする低分子液体や低分子の希薄溶液はニュートン流動を示す．すなわち，これらが流動するとき，せん断速度 $\dot{\gamma}$ はせん断応力 σ に比例する．しかし，製剤学で重要なコロイド分散系（懸濁液，乳濁液，半固形製剤など）や高分子溶液は，きわめて希薄な場合などを除きニュートン流動を示さない．ニュートン流動以外の流動を**非ニュートン流動** non-Newtonian flow と総称し，それを示す流体を**非ニュートン流体** non-Newtonian fluid と呼ぶ．粒子や高分子の形状・配向や，粒子間・高分子間の相互作用の大きさは，せん断によって変化する．このとき試料液体の流れやすさが変化し，流動は非ニュートン的になる．また，粒子間に強い引力がはたらくとき，粒子は互いにつながってゲル状の構造を作ることもある．このような場合には特に著しい非ニュートン性が現れる．さらに，せん断によりゲル構造が破壊されてゾル状になり，せん断力を除いても瞬間的に復元しない場合には，測定値に履歴現象が現れることもある．ここでは，いくつかの重要な非ニュートン流動のタイプを説明する．

　流動の特性は，$\dot{\gamma}$ と σ の関係をグラフに描くと理解しやすい．このようなグラフを**流動曲線**または**レオグラム** rheogram という．「応力を加えたときの試料の流れやすさ」を考える場合には，σ を横軸，$\dot{\gamma}$ を縦軸にとると便利である．このとき，レオグラムの勾配（$\dot{\gamma}/\sigma$）は粘度 η の逆数になり，**流動率**と呼ばれる．ニュートン流体のレオグラムは原点を通り，その傾き（$1/\eta$）は $\dot{\gamma}$ によらず一定である（図 10.11(a)）．

　　（参考）「あるせん断速度で試料を流したとき，試料に生じる応力（抵抗力）」を考える場合は，
　　逆に，$\dot{\gamma}$ を横軸，σ を縦軸にとると便利である．このとき，プロットの傾きは粘度 η になる．

10.4.1 塑性流動

　ニュートン流体は σ がどれほど小さくても流れる．一方，チンク油（酸化亜鉛を含む塗り薬），軟膏剤，ベントナイト分散液などでは，構成分子や粒子が互いに強く結びついているため，弱いせん断応力では流れず，σ がある有限の値（**降伏値** yield value，または**降伏応力** yield stress という）を超えたとき，初めて流動する．σ が降伏値より大きいとき，レオグラムはニュートン流体と同様，直線的になる（図 10.11(b)）．応力が限界を超えたとき変形が始まる性質を**塑性** plasticity というため，このような流動を**塑性流動** plastic flow（または**ビンガム流動** Bingham flow）という．レオグラムの傾きの逆数は粘度に相当する量であり，**塑性粘度** plastic viscosity（η_p）と呼ばれる．なお，高分子樹脂のことを一般に「プラスチック」と呼ぶが，これは高分子

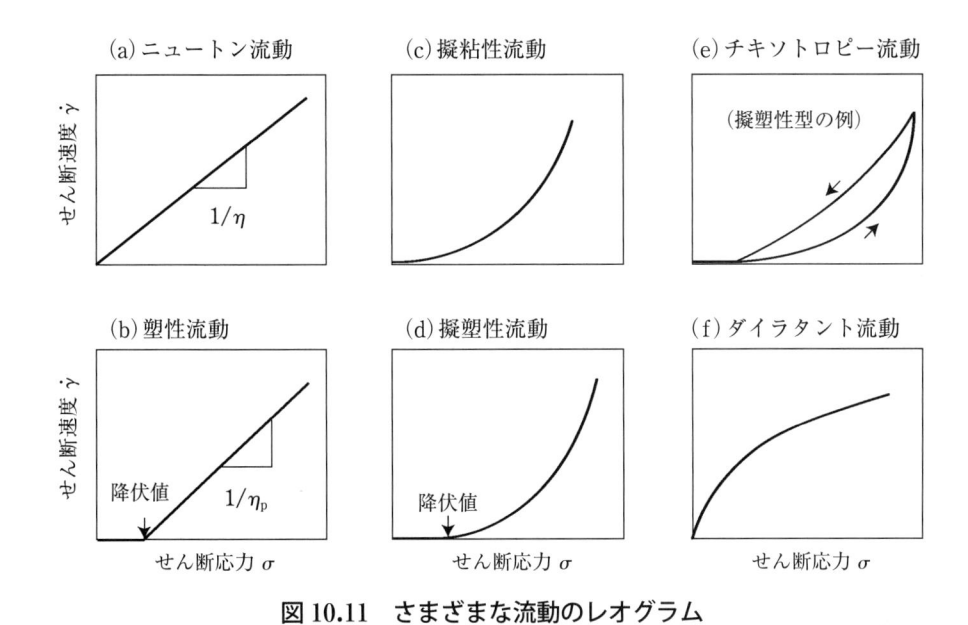

図 10.11 さまざまな流動のレオグラム

樹脂が塑性的な plastic 変形をする物質であるためである．

10.4.2 擬粘性流動

希薄な高分子溶液やコロイド分散液は降伏応力をもたないが，σ の増大に伴い流動率が増加（粘度が低下）して，次第に流れやすくなる場合がある（図 10.11(c)）．このような流動を**擬粘性流動** pseudoviscous flow（または**準粘性流動** quasiviscous flow）と呼ぶ．メチルセルロース水溶液やカルメロース（カルボキシメチルセルロース）水溶液は，濃度が 1％程度のとき，せん断による高分子鎖の変形や配向により擬粘性流動を示す．

10.4.3 擬塑性流動

擬粘性流動を示す高分子溶液やコロイド分散液の濃度を高くしていくと，塑性流動と同じく降伏応力をもち，それ以上の σ で擬粘性流動と同様のレオグラムを示すことがある（図 10.11(d)）．このような流動を**擬塑性流動** pseudoplastic flow（または**準塑性流動** quasiplastic flow）と呼ぶ．メチルセルロースやカルメロースの水溶液で，濃度が 2～3％の場合は，高分子間の相互作用が強く，条件によってはゲル化することもある．このため弱い力では流動せず，擬塑性流動を示す．

10.4.4 チキソトロピー流動

　水酸化鉄コロイドやベントナイト懸濁液などは，静置時にはコロイド粒子がつながってゲル状態となるが，撹拌すると粒子が分散したゾル状態となり，撹拌を止めると再びゲル状態に戻ることがある（図 10.12）．このような振とうや静置による可逆的なゾル-ゲル転移のことを**チキソトロピー** thixotropy と呼び（ギリシャ語で「揺すると変わる」を意味する），また，チキソトロピーを示す流体の流動を**チキソトロピー流動** thixotropic flow と呼ぶ．ただし，いったん破壊された構造は，応力を除いても瞬間的には回復しない．

　チキソトロピーを示す試料のレオグラムを，実験的に求める場合を考えよう．静置状態から σ を増加させていくと，ゲル構造が次第に壊れていくため流動性が増す．このため，図 10.11 (e) に示すようにレオグラムは下に凸の曲線となり，特に降伏応力をもつときは擬塑性型，もたないときは擬粘性型の流動になる（図 10.11(e) には前者の例を示す）．ある σ 値まで応力を増加させ，次に σ を減少させていくと，ゲル構造が次第に再形成されるが，瞬間的には形成されないため，増加時よりも流動性は高くなる．このため，レオグラムにはループが現れる．ある系の状態がその系の過去の状態によって異なることを一般に**履歴現象（ヒステリシス）** hysteresis という．レオグラムに履歴現象が現れることが，チキソトロピー流動の特徴である．

　（**参考**）チキソトロピー流動のレオグラムに見られるループ（ヒステリシスループまたはチキソトロピーループと呼ぶ）の大きさは，試料特性であるゲル化速度と，測定条件であるせん断応力の増加・減少の速さの両方によって変化する．ゲル構造が瞬間的に回復するとき，あるいは，せん断応力を十分ゆっくり変化させて測定する場合にはループは現れず，擬塑性型や擬粘性型の流動になる．測定条件を一定にして比較すれば，ループの面積がチキソトロピー性の指標になる．

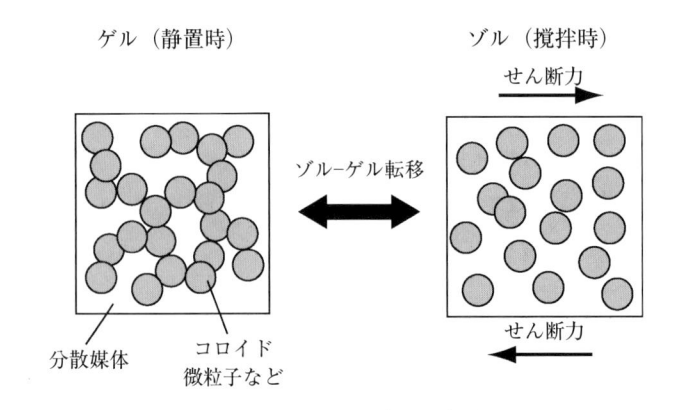

図 10.12　分散系のゾル-ゲル転移

10.4.5　ダイラタント流動

　デンプン粉末に少量の水を加えて練ったものをかき混ぜると，水が内部に吸収されて見えなくなり，同時に流動性が減少して，ついには固化することもある．また，波打ち際のぬれた砂浜の砂を踏むと，水が消えて一見乾燥したように見えることがある．いずれの例でも，よく観察すると外力によって分散系（デンプンや砂の懸濁液）の見かけの体積が増加して，かさ高い構造に変化していることがわかる．このような現象を**ダイラタンシー** dilatancy といい，ダイラタンシーを示す流体の流動を**ダイラタント流動**と呼ぶ（dilat は「膨らむ」を意味する）．その機構は次の通りである．図 10.13 に示すように，濃厚な分散系では粒子が密に充填した状態になっているが，これを速いせん断流により流そうとすると，粒子が互いに離れる必要があり少し疎な充填状態になる．液体の体積は一定であるので，このとき粒子どうしが液体を介さないで直接接触するため，粒子間の摩擦力が増し流動性が減少するのである（図 10.13 では異方性の粒子を描いているが，球状粒子の場合でもダイラタンシーは起きる）．このときのレオグラムは図 10.11(f) に示したようになる．ダイラタント流動は約 50 %以上の濃厚系で現れ，チキソトロピー流動とともに分散系の構造変化によるものであるが，静置状態でチキソトロピー流動は流れにくいのに対し，ダイラタント流動は流れやすい点で異なる．

　　（参考）粘度の温度依存性
　　　レオグラムは温度によって変化する．温度が高いほど分子の熱運動が激しく分子が動きやすいため，一般に流体の粘度は低い（流れやすい）．例えば，水の粘度は室温付近で温度 1℃ の上昇につきおよそ 2%減少する．水中でのイオンの移動度が高温ほど大きいが，これは主として水の粘性抵抗が減少することによる．

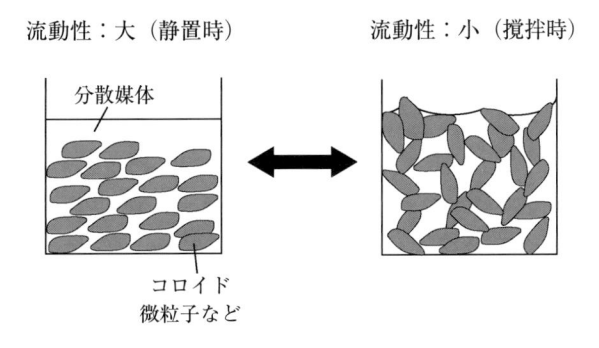

図 10.13　ダイラタント流動の機構

10.5 レオロジー測定法

本節では，日本薬局方に装置形状や実験条件の詳細が規定されている毛細管粘度計と回転粘度計による粘度測定を中心に述べる．この他に，試料液体中に金属球を落下させ，その速度を測定する方法（落球式粘度計法）などもある．クリープ挙動や粘弾性の測定法については，章末に示した参考書を参照されたい．

10.5.1 毛細管粘度計法

試料液体に圧力をかけて毛細管の中をゆっくり押し流す場合を考える．このとき液体の内部には，毛細管壁に接した部分は流れず（流速 = 0），毛細管の中央部分で流速が最大となるような速度勾配が生じている．これは図10.4に示したせん断流であり，粘度 η が高いほど液体は流れにくい．ドイツの技術者ハーゲン Hagen とフランスの医師ポアズイユ Poiseuille は独立に詳細な測定を行い，半径 r で長さ L の毛細管を単位時間に通過する液体量を Q，毛細管の両端の圧力差を ΔP とするとき，次の**ハーゲン-ポアズイユの式** Hagen-Poiseuille's equation が成り立つことを見出した．

$$\eta = \frac{\pi r^4 \Delta P}{8LQ} \tag{10-13}$$

この関係式に基づいて試料の粘度を測定する装置が毛細管粘度計である．図10.14に示したオストワルド Ostwald 型粘度計やウベローデ Ubbelohde 型粘度計などがよく用いられる．いずれも通常はガラス製である．

オストワルド型粘度計による測定では，粘度計を鉛直に保ち，2本の標線（m_1, m_2）で区切られた試料だめ A（体積を V とする）内の液体が，その下に設けた毛細管 B を通って流れ落ちるのに要する時間 t を測定する．このとき $Q = V/t$ であり，また，図中に示すように2つの液面の高さの差を Δh とすると $\Delta P = \rho g \Delta h$（$g$ は重力加速度，ρ は試料液体の密度）で与えられる（Δh は時間とともに減少するが，通常平均値を用いて考える）．したがって，

$$\eta = K\rho t \qquad \left(K = \frac{\pi r^4 g \Delta h}{8LV}\right) \tag{10-14}$$

となる．K の値は粘度計の形状で決まる定数であるが，通常，粘度 η_0 と密度 σ_0 が既知の標準試料（水など）の流出時間 t_0 を測定して K 値を決定する．試料の t を測定することで求まる η/ρ を**動粘度** kinematic viscosity といい，ν（単位は m^2/s）で表す．なお，$\eta_0/\rho_0 = \nu_0$ とすると，$K = \nu/t = \nu_0/t_0$ より $\nu/\nu_0 = t/t_0$ であり，2種の液体の流下時間の比は各々の動粘度の比に等しいこ

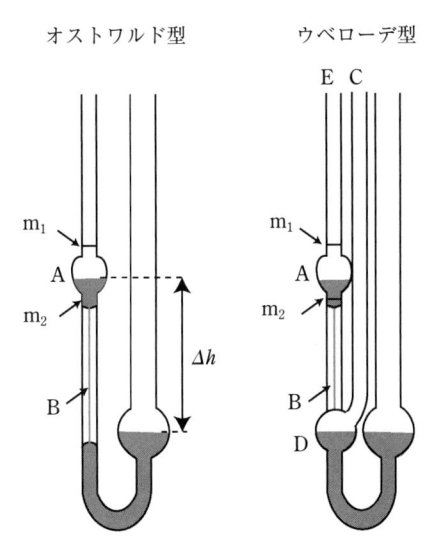

図 10.14　2 種類の毛細管粘度計
灰色の部分が液体試料（粘度測定時）．

とがわかる．ρ の値を別に求めておけば η が計算できる．希薄溶液では溶媒の密度を ρ として用いることが多く，そのときは $\eta/\eta_0 = t/t_0$ である．

オストワルド型粘度計では，Δh が測定試料の体積によって変わるため，試料体積の測定誤差が粘度値の誤差の原因となる．この点を改良したものがウベローデ型粘度計であり，側管 C を設けている．C を通して試料液体をゴム管などで少し吸い上げ，毛細管 B と液だめ D の間を試料で満たし，この状態で管 E を通して試料を吸い上げる．次に，E および C の吸引を止めて開放すると，毛細管の直下で液が切れた状態で試料液体が流下する．この方法により，粘度測定時の Δh が試料体積の誤差に影響されなくなり，粘度測定精度が向上する．

なお，毛細管粘度計法では一般に $\dot{\gamma}$ 値を自由に変えることができず，また t によって $\dot{\gamma}$ が変化する（t が短いほど $\dot{\gamma}$ は大きい）ため粘度の異なる液体試料ごとに $\dot{\gamma}$ が異なってしまう．このため非ニュートン流体の測定には適用できず，主にニュートン流体の測定に利用される．

10.5.2　回転粘度計法

試料液体の中で円筒を回転させると，試料の粘性により回転を妨げようとするトルクが発生する．このとき，σ の値はトルクの大きさに比例し，また $\dot{\gamma}$ は回転の角速度に比例するため，これらの値から η を求めることができる（動粘度 ν ではないことに注意する）．この原理に基づく粘度計を回転粘度計という．通常，一定の角速度 ω で回転させて $\dot{\gamma}$ を一定に保ち，その際に発生するトルク T を検出器で測定する．回転運動を利用することでせん断流（図 10.4）を継続して発生している．多くの装置では ω が可変であり $\dot{\gamma}$ を変えられるため，レオグラムを実験的に決

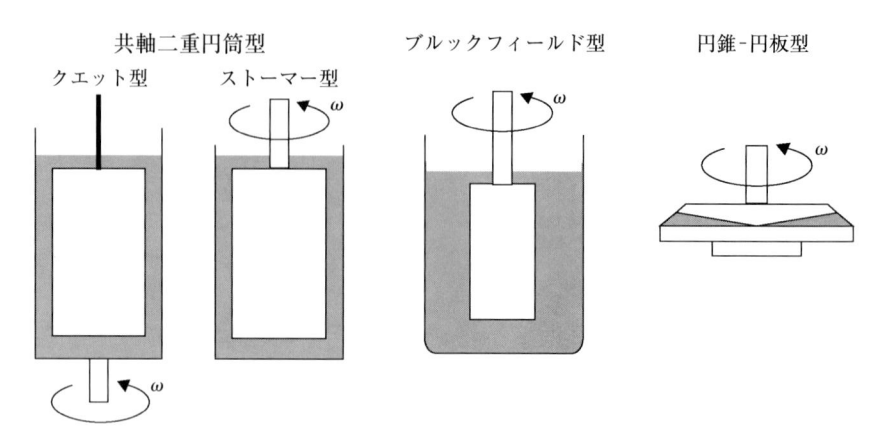

図 10.15　さまざまな回転粘度計
灰色の部分が液体試料．

定できる．このため，ニュートン流体だけでなく非ニュートン流体の測定にも有用である．図 10.15 に示すいくつかの装置がよく用いられるが，いずれの場合も試料液体の粘度は

$$\eta = K^* \frac{T}{\omega} \tag{10-15}$$

で与えられる．ここで K^* は各々の装置の形状により決まる定数である．

（1）共軸二重円筒型

同じ中心軸をもつ二重の円筒の隙間に試料を導入し，内外いずれかの円筒を回転させて測定する．外側の円筒が回転するものをクエット Couette 型，内側の円筒が回転するものをストーマー Stormer 型と呼ぶ．

（2）ブルックフィールド Brookfield 型

単一の円筒を比較的大きな液体容器に浸して回転させるもので，装置の構造を簡単にできる利点がある．頭文字をとって，B 型粘度計ともいう．

（3）円錐-円板（コーン-プレート）型

平らな円錐が円板と接しており，一方（通常は円錐）が回転する．両者の隙間に試料液体を充填する．回転軸からの距離を r とすると，円錐のさまざまな点での回転速度 v は r に比例し（= ωr），また円錐と円板の隙間の大きさ H も r に比例する．したがって $\dot{\gamma} = v/H$ は r によらず一定になり，非ニュートン流体の測定結果の解析が容易である．2 枚の平行平板を用いた装置もあるが，この場合は $\dot{\gamma}$ が一定にならない．

10.5.3　製剤のレオロジー測定法

　軟膏剤の伸びや硬さなど，製剤学的に重要なレオロジー特性を測定するために，特別な方法や装置が工夫されている．**針入度計**（ペネトロメーター penetrometer）は，試料に円錐状の針を侵入させるときの抵抗から，軟膏の硬さなどの指標である針入度を測定する．また，**カードテンションメーター** curd tension meter は，カード（curd，チーズなどの乳製品）の硬さの測定器であり，試料を動かして上方に設けた圧力センサーに侵入させ，硬さを測定する．**スプレッドメーター** spread meter は，2枚の平行板の間に試料を挟み，試料の広がり具合から流動性や伸びを測る装置である．

練習問題

問題 10.1　製剤のレオロジー特性の測定に関する次の記述の正誤を述べよ．
　a　ウベローデ粘度計は毛細管粘度計の1つであり，動粘度が求められる．
　b　回転粘度計法は，ニュートン液体だけでなく非ニュートン液体に対しても適用できる．
　c　ペネトロメーターは，軟膏剤の展延性を測定する装置である．
　d　粘弾性モデルには，マクスウェルモデルとフォークトモデルがあるが，前者はばねとダッシュポットの並列結合，後者は直列結合によって構成されている．
　　　　　　　　　　　　　　　　　　　　　　　　　　　（第84回薬剤師国家試験を改変）

問題 10.2　次の記述の正誤を述べよ．
　a　動粘度の単位は，mm^2/s である．
　b　毛細管粘度計の測定値からニュートン流体の動粘度を算出する場合，流体の密度の値を必要としない．
　c　ニュートン流体がチキソトロピーを示すことはない．
　d　ニュートン流体の流動曲線は温度の影響を受けないが，非ニュートン流体の流動曲線は温度の影響を受ける．
　　　　　　　　　　　　　　　　　　　　　　　　　　　（第90回薬剤師国家試験を改変）

問題 10.3　レオロジーに関する次の記述の正誤を述べよ．
　a　塑性流動では降伏値よりも大きなずり応力が与えられると，粘度はずり速度の増

加とともに増大する．

 b 固体含量が50％以上のデンプン懸濁液では，ずり速度の増加とともに粗な充てん構造への変化を起こすため粘度は増加する．

 c ニュートン流動体においては，ずり応力を一定に保つと，ずり速度は変化する．

 d 懸濁液ではチキソトロピー性が強いと沈降速度は減少するので，懸濁安定性は良くなる．

(第85回薬剤師国家試験問題を改変)

問題 10.4 日本薬局方における粘度測定法に関する記述の正誤を述べよ．

 a 液体の流れに平行な平面の単位面積あたりの内部摩擦力をずり応力（S），流れに垂直な方向の速度勾配をずり速度（D）と呼び，粘度（η）とは，$D = \eta S$ の関係式で示される．

 b 粘度の単位としてパスカル秒（Pa・s）またはミリパスカル秒（mPa・s）が用いられる．

 c 毛細管粘度計を用い，粘度及び密度既知の液体Aについて毛細管を通って流下するに要する時間を測定したところ，t秒を要した．同一の粘度計を用いて同条件で液体Bを測定したところ，$2t$秒を要した．両液体の密度にかかわらず液体Bの粘度は液体Aの2倍であるといえる．

 d 非ニュートン液体の粘度測定には回転粘度計法が適用でき，測定装置の一つにクェット型粘度計（共軸二重円筒形回転粘度計）がある．

(第88回薬剤師国家試験問題を改変)

解答・解説

問題 10.1 [正解] a 正，b 正，c 誤，d 誤
[解説] c 軟膏剤の針入度を測定する装置である．
    d 前者が直列で，後者が並列に結合したものである．

問題 10.2 [正解] a 正，b 誤（10.5.1項参照），c 正，d 誤
[解説] d いずれも温度の影響を受ける．

問題 10.3 [正解] a 誤，b 正，c 誤，d 誤
[解説] a 流動状態では粘度は一定．
    c 粘度は一定のため，ずり速度は一定．
    d チキソトロピー性が強いとゾルになりやすく，沈降しやすいため不安定．

問題 10.4 [正解] a 誤，b 正，c 誤，d 正

解説 a　$D = S/\eta$ である．
　　　　c　動粘度は 2 倍になる（10.5.1 項参照）．

参考書
1) 岡小天（1970）レオロジー入門，工業調査会
2) 中川鶴太郎（1978）レオロジー 第 2 版，岩波書店
3) 小野木重治（1982）化学者のためのレオロジー，化学同人
4) 尾崎邦宏（2011）レオロジーの世界——基本概念から特性・構造・観測法まで，森北出版
5) 佐野理（2000）連続体の力学，裳華房

11 拡散と膜透過

　分子や粒子がランダムな運動によって高濃度側から低濃度側へ濃度勾配に基づいて広がっていく現象を**拡散** diffusion という．第7章で学習した固体医薬品の溶解も医薬品の固体表面から溶媒への医薬品分子の拡散に基づいている．また，拡散は，時間的に変化する過程である輸送現象の多くに関与している．すなわち，経口投与製剤の消化管粘膜透過や経皮吸収製剤の皮膚透過を始めとする医薬品の吸収および医薬品の組織への移行は，多くの場合，医薬品分子の拡散に基づく受動輸送である**膜透過** membrane permeation によって行われている．この章では，拡散と膜透過の原理について学ぶ．これらの原理をもとにして，さらに固体医薬品の溶解速度との関係，薬学関連領域で利用される種々の人工膜について学ぶとともに，医薬品の膜透過速度の制御を利用したDDS製剤についても学ぶ．

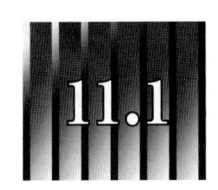

11.1 フィックの拡散法則

11.1.1　フィックの第一法則

　図11.1に示すように，断面積 S の境界面を介して，単位時間 Δt に ΔM だけの溶質が移動するとき，単位時間，単位面積当たりの溶質の通過量は，式（11-1）で示される**フラックス** flux（流束）J として定義される．

$$J = \frac{\Delta M}{S \cdot \Delta t} \tag{11-1}$$

ここでは，簡単のため境界面の表面に対して垂直方向の x 方向のみに溶質濃度 C が変化する一次元の拡散を考える．この場合，フラックスは，溶質の濃度勾配 dC/dx に比例するので，

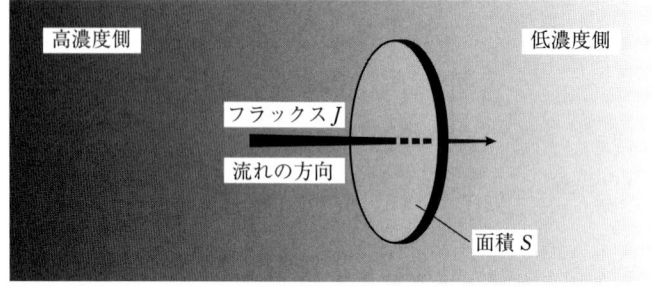

図11.1 濃度勾配による溶質の拡散現象

$$J = -D \frac{dC}{dx} \tag{11-2}$$

となる．ここで比例定数 D は**拡散係数** diffusion coefficient と呼ばれ，その単位は cm^2/s あるいは cm^2/min である．この関係式を，拡散現象を記述する**フィックの第一法則** Fick's first law という．拡散は濃度の減少する方向に起こるため，濃度勾配 dC/dx は負の値をとる．式（11-2）に示すように，式に負の符号を付けるので，フラックスは常に正の値となる．

拡散係数 D の値は溶質の種類によって異なり，また同じ溶質でも濃度，温度，圧力によって変化し，さらに粘度等の溶媒の性質によっても値が変化する．したがって，D は拡散定数ではなく，拡散係数である．理想溶液では，半径 a の溶質分子の拡散係数は，

$$D = \frac{k_B T}{6\pi\eta a} \tag{11-3}$$

となる．ただし，k_B はボルツマン定数である．式（11-3）は**アインシュタイン・ストークスの式** Einstein–Stokes equation と呼ばれる．この式は，溶質の拡散係数が溶質分子の半径と溶媒の粘度（粘性率）η に反比例することを示しており，溶質分子の大きさが小さいほど，また溶媒の粘度が小さいほど，拡散係数は大きくなる．また，温度が高いほど拡散係数は大きくなる．溶質の拡散係数と溶媒の粘度を実測することにより，この式から分子の半径を算出することができる．この式から算出される分子半径を**ストークス半径** Stokes radius と呼ぶ．

11.1.2 フィックの第二法則

拡散過程において，系のある点における溶質の濃度変化の速度を調べなければならないことがある．ある特定の場所での濃度の経時変化を示す式は，**フィックの第二法則** Fick's second law として知られている．いま，図11.2に示すように，x 方向の x と $x + \Delta x$ との間にある厚さ Δx で単位断面積をもつ領域において微小時間 Δt 間に生じた溶質の濃度変化が ΔC であったとする．この領域での溶質の増加量は $\Delta C \times \Delta x$ で表される．ここでは単位断面積を考えているので，Δx

第 11 章 拡散と膜透過

濃度変化 ΔC
フラックス J　　フラックス $J + \Delta J$

$x = 0$　　　　x　$x + \Delta x$

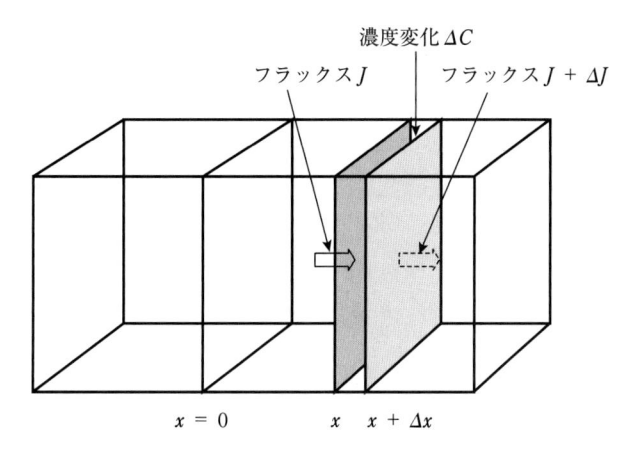

図 11.2　厚さ Δx で単位断面積をもつ領域における微小時間 Δt 間に生じた溶質の濃度変化 ΔC

は微小な体積を表している．したがって $\Delta C \times \Delta x$ は溶質の増加量を表すことになる．この溶質の増加は，x と $x + \Delta x$ におけるフラックスの差 $-\Delta J$ によって生じたものであり，溶質の増加量 $\Delta C \times \Delta x$ は単位時間，単位面積当たりの流出量の差 $-\Delta J$ に時間 Δt を掛けた $-\Delta J \times \Delta t$ に等しくなる．これより，

$$\frac{\partial C}{\partial t} = -\frac{\partial J}{\partial x} \tag{11-4}$$

が得られる．式 (11-2) を x について微分すると

$$\frac{\partial J}{\partial x} = -D\frac{\partial^2 C}{\partial x^2} \tag{11-5}$$

となるので，式 (11-4) に式 (11-5) を代入すると，

$$\frac{\partial C}{\partial t} = D\frac{\partial^2 C}{\partial x^2} \tag{11-6}$$

が得られる．これをフィックの第二法則という．フィックの第二法則は，系のある領域における溶質の濃度の経時変化（式 (11-6) の左辺）が，その部位の濃度勾配の座標による変化の度合（式 (11-6) の右辺）に比例することを示している．したがって，定常状態で，どの場所においても濃度勾配が一定であれば，濃度の時間的変化は 0 となる．

これらの拡散理論は固体表面からの溶解現象や人工膜および生体膜での溶質の拡散による輸送現象の理論などに応用される．

11.1.3　ネルンスト・ノイエス・ホイットニーの式

第 7 章で学んだ溶解速度に関する理論は，上記のフィックの拡散法則に基づいたものである．通常，固体の溶解速度は拡散速度に比べてはるかに速く，固体表面からの溶解は，拡散層におけ

る溶質の拡散過程が律速となる．したがって固体の溶解速度は，拡散層における濃度勾配（$C_s - C$）$/h$ に比例し，**ネルンスト・ノイエス・ホイットニーの式** Nernst–Noyes–Whitney's equation で表される．

$$\frac{dC}{dt} = \frac{S}{V}\frac{D(C_s - C)}{h} \tag{11-7}$$

ここで，C は溶液中での溶質濃度，D は拡散係数，S は固体の表面積，V は溶液の容積，C_s は固体の溶解度（飽和層における溶質濃度），h は拡散層の厚さを示す．

11.2 膜透過

11.2.1 膜内での拡散と膜透過係数

人工膜や生体膜を介しての物質の移動は**透過** permeation と呼ばれ，シリコン膜のような疎水性の膜での透過や生体膜脂質二重層での透過でみられるように溶質が膜実質に溶解した状態で移動する場合と，透析膜での低分子の透過にみられるように溶質が膜の親水性の小孔を通過する場合とがある．ここでは，前者の様式について考えてみる．いま，図 11.3 に示すように，面積 S，厚さ h の膜を介した溶質の透過を考える．膜の高濃度側界面，低濃度側界面での溶質濃度をそれぞれ C_2, C_3 とすると，微小時間における定常状態での溶質のフラックス J は

$$J = \frac{dM}{Sdt} = \frac{D(C_2 - C_3)}{h} \tag{11-8}$$

で表される．このように，溶質の膜透過の駆動力となる濃度勾配は膜の高濃度側界面と低濃度側界面との間の濃度勾配（$C_2 - C_3$）$/h$ である．膜-溶媒（通常は水）間での溶質の**分配係数** distribution（または partition）coefficient[*] を K とすると，高濃度側溶液の溶質濃度を C_1，低濃度側溶液の溶質濃度を C_4 とした場合，

$$K = \frac{C_2}{C_1} = \frac{C_3}{C_4} \tag{11-9}$$

が成り立つ．この式から得られる $C_2 = KC_1$, $C_3 = KC_4$ を式（11-8）に代入すると，

$$J = \frac{dM}{Sdt} = \frac{DK(C_1 - C_4)}{h} = P(C_1 - C_4) \tag{11-10}$$

となり，溶液中の濃度を用いて表すことができる．ここで，$P = (DK/h)$ を**膜透過係数**

---

[*] 厳密には coefficient（係数）ではなく constant（定数）であるが，慣例として coefficient を用いることが多い．

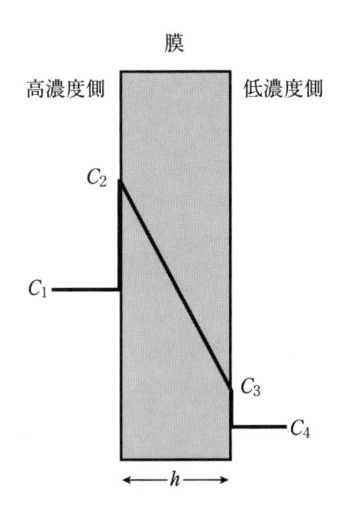

図 11.3　溶質の膜透過と濃度勾配

membrane permeability coefficient という．

低濃度側の溶質濃度がゼロとみなせる**シンク条件** sink condition（$C_4 ≒ 0$（$C_3 ≒ 0$））が保たれている場合には，

$$J = \frac{\mathrm{d}M}{S\mathrm{d}t} ≒ \frac{DKC_1}{h} ≒ PC_1 \tag{11-11}$$

となる．したがって，高濃度溶液側の溶質濃度 C_1 がほぼ一定に保たれている場合には，

$$\frac{\mathrm{d}M}{\mathrm{d}t} ≒ PSC_1 ≒ 一定 \tag{11-12}$$

と考えることができることから，溶質の移動量 M を時間 t に対してプロットすると直線が得られ，その傾きから膜透過係数 P を算出することができる．

11.3　人工膜

11.3.1　人工膜と薬学領域での利用

物質の分離精製を目的とし，高分子多孔質材料を主体として開発されてきた**分離膜**は，膜の特性，駆動力，分離対象物質の性状などによって区別され，透析膜を初めとして，**精密ろ過膜**，**限外ろ過膜**，**逆浸透膜**などが工業，食品，医療の広い分野で利用されている．薬学分野でも，生物製剤の調製，**ろ過滅菌**や**無菌試験法**等で利用されるとともに，注射用水の調製にも利用される．

また，**人工膜**は製剤的にも利用され，錠剤や顆粒剤に**高分子皮膜**を施すことによって，主薬の不快な臭いや味の防止，光，酸素，水などからの主薬の保護，腸溶化，外観の改善等が図られている．また，11.4 節で述べるドラッグデリバリーシステムにも利用され，高分子膜を用いた医薬品の放出制御やリポソームによるターゲティングにも利用されている．

11.3.2　ろ過膜と透析膜

ろ過膜や**透析膜**は細菌等の微生物やコロイド粒子，高分子量物質などと低分子量物質とを分離するために用いられる．このうちメンブランフィルターは，一定の孔径を有し内部空間が液体の通路になっており，その孔より大きいものがフィルターの表面で捕捉される．酢酸セルロース系やポリカーボネート系のものが利用されている．メンブランフィルターはろ過滅菌で使用され，特に最終滅菌法を適用できない液状製品の滅菌法として用いられる．また，日本薬局方の**無菌試験法**ではメンブランフィルター法が直接法とともに用いられる．

分子量数千〜30 万程度の高分子量物質やコロイド粒子を対象とした膜による加圧ろ過による分離を**限外ろ過** ultrafiltration という．**限外ろ過膜**は，10 〜 300 Å の微細孔を有する高分子膜であり，高分子量物質やコロイド粒子は透過させずに，水や低分子量物質を透過させる．セルロース系やポリスルホン系の膜が用いられている．限外ろ過膜は食品分野でのタンパク質，糖液，果汁，乳製品等の濃縮，分離，精製，バイオ分野での発酵液からの菌体，高分子量物質の除去，発酵生成物の濃縮などをはじめとして幅広い分野で利用されている．

さらに低分子量物質の分離には**逆浸透膜**が用いられる．**逆浸透** reversed osmosis は浸透圧差よりも大きな圧力をかけることによって，水を希薄溶液側に移動させる現象である．限外ろ過よりさらに強い圧力をかけることによって塩水からの塩類の除去等の目的で利用されている．逆浸透膜としては酢酸セルロース系のものが幅広く使用されている．上述の限外ろ過膜と逆浸透膜を組み合わせて用いるろ過法に超ろ過法がある．超ろ過法は，すべての種類の微生物およびエンドトキシンを除去する能力をもつ逆浸透膜，限外ろ過膜またはこれらの膜を組み合わせた分子量約 6000 以上の物質を除去できる能力をもつ膜ろ過装置を用い，十字ろ過方式で水をろ過する方法であり，日本薬局方「注射用水」の製造に用いられる．

透析 dialysis は，微細孔をもつ膜を介しての拡散速度が，溶質によって異なることに基づいた自発的な分離過程として定義される．上述の限外ろ過や逆浸透とは異なり，透過に圧力を要しない．医療用透析膜としては，天然高分子のセルロース系膜と合成高分子系膜が用いられている．これまで，透析膜としては機械的強度が高く，低分子量物質の除去性能に優れたセルロース系膜の**再生セルロース膜**が広く使用されてきた．最近では，β_2-ミクログロブリンの除去など，より効率の高い溶質除去能を有する合成高分子膜が普及している．**合成高分子膜**としては，ポリアクリロニトリル膜やポリメタクリル酸膜が用いられている．

11.4 膜透過とDDS

11.4.1 DDSの基本概念

　ドラッグデリバリーシステム（DDS，薬物送達システム）は，医薬品投与の最適化を目的として設計された新しい投与システムであり，医薬品分子を作用部位に選択的に，必要な量，必要な時間だけ送達する投与技術および方法のことをいう．すなわちDDSとは，医薬品の投与方法および形態を工夫することによって，体内動態を制御し，選択的に標的部位に送り込むことによって，副作用を回避するとともに優れた治療効果を達成する投与形態のことである．医薬品の適正使用を実現するために望ましい投与形態であり，近年大きく発展しつつある．DDSは図11.4に示すように，大きく①**放出制御**（コントロールドリリース controlled release），②**吸収改善**，③**ターゲティング** targeting（標的指向化）の3つに分類される．

　まず①の放出制御は，製剤からの薬物の放出速度を制御することによって，作用部位での薬物濃度を一定時間維持しようとするものである．薬物の作用部位の違いにより，全身作用の制御を目的としたもの，局所作用の制御を目的としたものに分かれる．薬物の放出速度を制御する方法の1つとして「高分子皮膜」を用いる方法があり，「マトリックス」による放出速度の制御とともに，繁用されている．この方法では，溶解度以上の薬物を分散させたリザーバーを水不溶性の高分子膜で被覆することにより，一定の薬物放出速度が得られる．薬物の放出が高分子皮膜中の拡散のみに支配されると仮定すると，その放出速度は式（11-10）で表される．また，シンク条件が成り立つ場合には，放出速度は式（11-11）で表される．したがって，リザーバー内の薬物濃度が飽和濃度に保たれている期間は，一定の放出速度，すなわちゼロ次放出が維持される．放出速度は膜の厚さを変えることで調節できる．眼治療システム Ocusert®，子宮粘膜適用システム Progestasert®，Transderm–Nitro® などの**経皮治療システム** transdermal therapeutic system（TTS）は高分子皮膜を用いた放出制御の例である．これらの製剤では，エチレン・酢酸ビニル共重合体等の放出制御膜が利用されている．

　一方，**マトリックス型の製剤**は，高分子の網目構造の中に通常，薬物が均一に分散した製剤である．マトリックス型の製剤では，表面部分から薬物が放出されるものと考えられる．そのため，時間の経過とともにマトリックスはその表面部分から薬物を含まない空のものになっていく．空になったマトリックスとまだ固体の薬物を含むマトリックスとの境界面が時間とともに後退し，その結果，薬物の拡散距離が経時的に延長する．このことを考慮してフィックの第一法則を適用すると，式（11-13）で示される**ヒグチの式** Higuchi equation が導かれる．

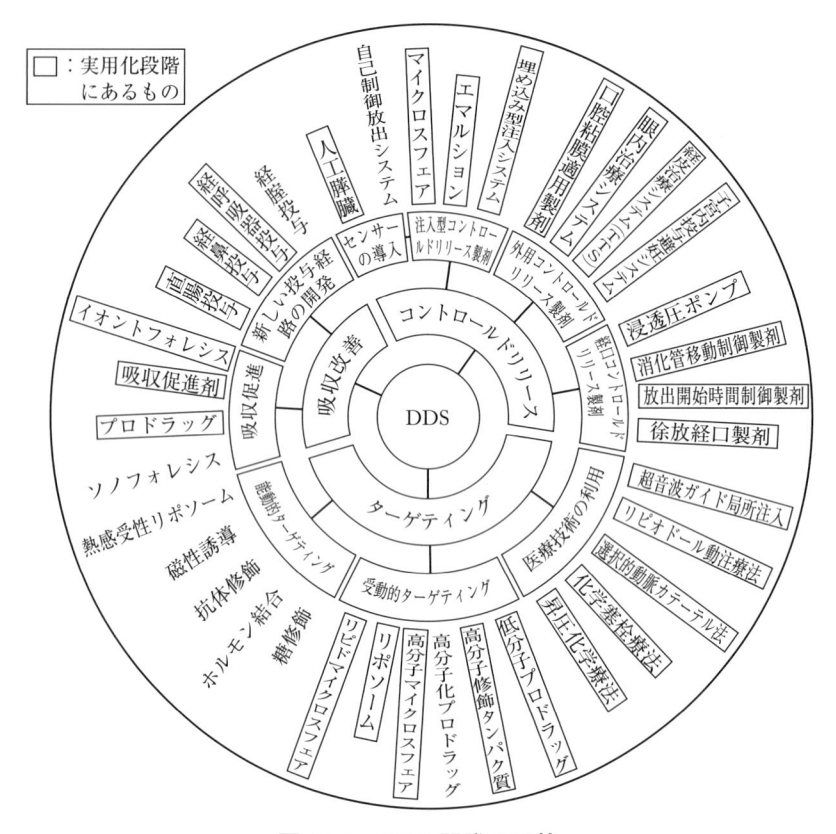

図 11.4　DDS 開発の現状
(高橋俊雄, 橋田充編 (1999) 今日の DDS　薬物送達システム, p.27, 医薬ジャーナル社より改変)

$$Q = \sqrt{D(2A - C_s)C_s t} \tag{11-13}$$

ただし，Q は単位面積当たりの累積薬物放出量，D はマトリックス中の薬物の拡散係数，A はマトリックス中の薬物の全濃度，C_s はマトリックス中の薬物の溶解度である．一般に $A \gg C_s$ が成り立つので，式（11-13）は式（11-14）のように簡略化される．

$$Q = \sqrt{2ADC_s t} \tag{11-14}$$

②の吸収改善は，膜透過性の低い薬物の吸収性の改善を目的としたものである．吸収促進剤を利用する方法，薬物分子を化学的に修飾したプロドラッグを用いる方法，イオントフォレシスやソノフォレシスのような物理的な吸収促進技術を利用する方法，経鼻吸収や経肺吸収等のような新しい投与経路を利用する方法等がある．

③のターゲティングは，生体に入ってからの薬物の動きを制御することによって目的とする臓器や組織に，薬物を選択的に送達しようとするものである．薬物の治療係数を改善するための最も有用な方法の1つである．ターゲティングは**受動的ターゲティング**と**能動的ターゲティング**

の2つに大別される．このうち受動的ターゲティングでは，利用する微粒子や高分子等の薬物運搬体（キャリアー）の物理化学的性質に依存して薬物の体内分布が決定される．一方，能動的ターゲティングでは標的となる臓器や組織に対して生物学的な認識機構を有する抗体，ホルモン，糖タンパク等を結合させたり，あるいは外部からの磁場の負荷や標的となる組織の温度を上げることによって薬物の挙動を制御し，積極的に薬物の標的指向化をはかるアプローチである．

11.4.2　リポソームとDDSへの適用

薬物運搬体を利用したターゲティングに，**リポソーム** liposome，リピッドマイクロスフェア（11.4.3項参照），高分子ミセルを利用した方法がある．リン脂質を水溶液に懸濁させると，脂質二分子膜からなるリポソームと呼ばれる安定閉鎖型の小胞体が形成される．リポソームは生体膜の基本骨格である脂質二分子膜構造を有することから，生体膜の重要なモデルとして長年研究に利用されてきた．また，脂溶性薬物を膜内の疎水性部分に，水溶性薬物を内水相に包含することができることから，薬物送達のための運搬体としても利用されている．形態的には図11.5に示すように**多重層リポソーム** multilamellar vesicles（MLV），**大きな一枚膜リポソーム** large unilamellar vesicles（LUV）および**小さな一枚膜リポソーム** small unilamellar vesicles（SUV）に大別できる．最近は粒子径100 nm前後の一枚膜リポソームが多く用いられている．リポソームは，生体成分であるリン脂質から構成されているため生体適合性が高く，しかも生体内で分解され，脂質成分として代謝されるため安全性が高い．さらに，荷電状態を変えたり，表面修飾をしたりすることが容易である．

リポソームを静脈内に投与すると，速やかに肝臓や脾臓などの**細網内皮系** reticuloendothelial

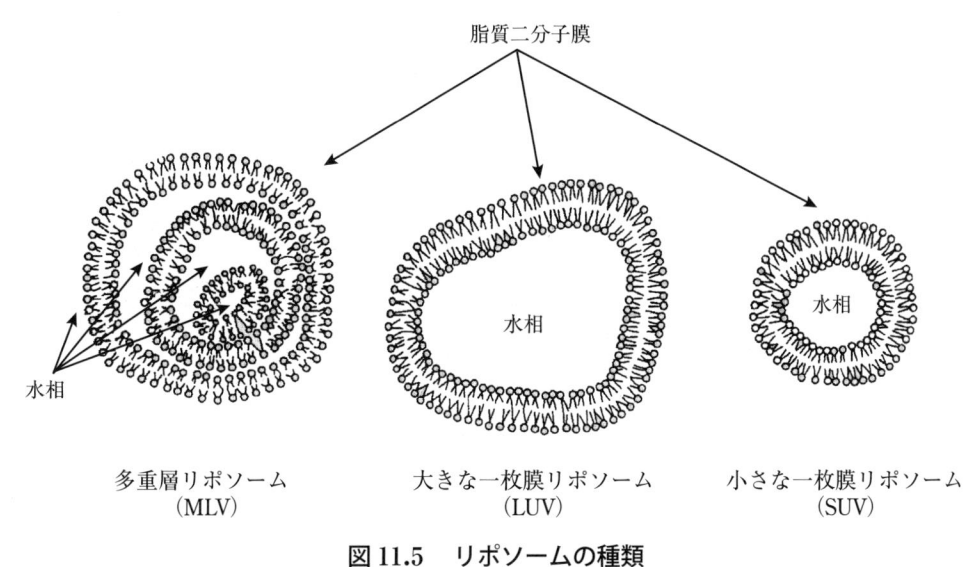

図11.5　リポソームの種類

（上釜兼人，川島嘉明，松田芳久（2011）最新製剤学 第3版，p.222，廣川書店より改変）

system（RES）に取り込まれるので，これらの部位へ容易にターゲティングできる（受動的ターゲティング）．これを利用して，アムホテリシン B 含有リポソームなどが，欧米を中心に医薬品として上市されている．しかし，他の組織を標的とする場合には，肝臓や脾臓の細網内皮系組織による排除を回避する必要がある．膜表面をポリエチレングリコール（PEG）で修飾した**ステルスリポソーム** stealth liposome はこの問題を解決したものであり，長時間血中に滞留することが可能である．抗がん剤ドキソルビシンなどを内封したものが実用化され，**抗腫瘍 DDS 製剤**として利用されている．

　このようなステルスリポソームによる抗腫瘍製剤としての適用は，新生血管の **EPR 効果** enhanced permeability and retention effect を利用したものである．EPR 効果とは次のような現象のことをいう．腫瘍細胞は増殖が速く，栄養分を多量に必要とするので，腫瘍組織周辺には新生血管が多く発達している．この新生血管は内皮の構造が正常血管に比べて粗雑であるため，正常血管からはほとんど漏れ出すことのないリポソーム等の微粒子や高分子が漏れ出しやすい．通常，血管から漏れ出た微粒子や高分子はリンパ管を通して速やかに回収されるが，腫瘍組織周辺にはリンパ管は未発達であるため，漏れ出した微粒子や高分子は回収されずに腫瘍組織周辺に滞留することになる．実際，ステルスリポソームに内封されたドキソルビシンでは，非内封ドキソルビシンに比べて固形がんに対する 10 倍高い集積がヒトで確認されている．

11.4.3　リピッドマイクロスフェア

　一方，リポソームとよく比較される薬物運搬体に**リピッドマイクロスフェア** lipid microsphere がある．リピッドマイクロスフェアは大豆油をレシチンで乳化させた o/w 型エマルションの一種であり，従来から脂肪乳剤として，術前や術後の栄養補給に用いられてきた．平均粒子径は約 0.2 μm であり（図 11.6），長期間保存しても粒子径は安定している．リピッドマイクロスフェア

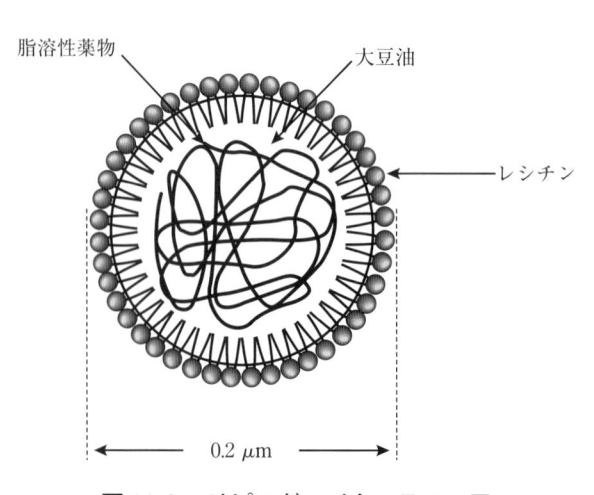

図 11.6　リピッドマイクロスフェア

を静注すると，網内系組織をはじめ，マクロファージや白血球などの炎症細胞を中心とする炎症巣，あるいは，傷害のある血管内皮細胞や動脈硬化壁などに集積する．このような特性を利用して，リピッドマイクロスフェアに炎症性疾患や血管壁に傷害のある疾患の治療薬（脂溶性薬物）を封入したプロスタグランジンE_1製剤，デキサメタゾンパルミチン酸エステル製剤，フルルビプロフェンアキセチル製剤等が市販され，臨床の現場で使用されている．

練習問題

問題 11.1 放出制御型薬物送達システムに関する記述について，正誤を答えよ．

a マトリックス型製剤は，膜制御型製剤に比べて一定の薬物放出速度を示す．
b 時限放出型製剤は，特定の消化管部位での薬物放出を目的として利用される．
c マトリックスからの薬物放出がHiguchi式に従う場合，累積薬物放出量は，時間の2乗に対して比例する．
d 水に不溶性の高分子で皮膜を施した製剤では，リザーバー内の薬物濃度が飽和状態にある期間は，薬物が一定速度で放出される．

(第91回薬剤師国家試験)

問題 11.2 薬物送達システム（DDS）に関する記述について，正誤を答えよ．

a 大豆油とレシチンで調製した脂肪乳剤（リピッドマイクロスフェア）は，炎症部位への薬物運搬体として用いられる．
b ニトログリセリン貼付剤は，生体内分解性の乳酸・グリコール酸共重合体を高分子膜に用いた製剤で，24時間にわたって薬物を一定速度で放出するので，狭心症発作の予防に用いられる．
c リポソームは，脂質二分子膜からなる閉鎖小胞で，脂質相および水相の両方の相を有しているため，脂溶性および水溶性いずれの薬物も包含することができる．
d マイクロカプセルは，通例，直径数μm～数百μmの大きさで，薬物を芯物質としてこれを高分子膜などで被覆したもので，薬物の安定化や放出制御に利用される．

(第88回薬剤師国家試験)

解答・解説

問題11.1 正解　a 誤，b 正，c 誤，d 正
解説　a 一定の薬物放出速度を示すのは膜制御型製剤．

c 時間の1/2乗（平方根）に比例する．

問題 11.2 正解　a 正，b 誤，c 正，d 正
解説　b　エチレン・酢酸ビニル共重合体膜を用いる．生体内分解性の乳酸・グリコール酸共重合体を高分子膜に用いた製剤はリュープロレリン酢酸塩である．

参考書
1) 日本薬学会編（2011）スタンダード薬学シリーズ2，物理系薬学Ⅰ．物質の物理的性質 第2版，東京化学同人
2) 花井哲也（1978）膜とイオン－物質移動の理論と計算－，化学同人
3) 寺田勝英，高山幸三編（2007）製剤化のサイエンス 改訂3版，ネオメディカル
4) 後藤茂監，金尾義治，渡辺善照編（2002）パワーブック物理薬剤学・製剤学，廣川書店
5) 砂田久一，寺田勝英，山本恵司編（1999）マーチン物理薬剤学 第4版，廣川書店
6) 高橋俊雄，橋田充編（1999）今日のDDS　薬物送達システム，医薬ジャーナル社
7) 金尾義治（2002）進歩する薬物治療　DDS最前線，廣川書店

12 反応速度

医薬品の化学的安定性を評価する場合，着色や分解反応などの変化がどのような速度で起こるかを知る必要がある．熱力学を基礎とした化学平衡論が，時間的概念のない平衡状態を取り扱うのに対し，実際に化学反応が起こる速度や反応機構を取り扱うのが**化学反応速度論** chemical kinetics である．薬学においては，医薬品の安定性の他にも，医薬品の溶解，体内での吸収，代謝，排泄など，速度過程を取り扱う分野は多岐にわたり，反応速度論はこれらの基礎理論として重要である．

12.1 反応速度と反応次数

反応速度 rate of reaction は，単位時間当たりの反応物質の濃度の減少量，あるいは生成物質の濃度の増加量で表される．したがって，速度の単位は［濃度］/［時間］の関係で表される．いま，反応物 A から生成物 P が生じる反応（A → P）を考えると，反応速度 v は

$$v = -\frac{d[A]}{dt} = \frac{d[P]}{dt} \tag{12-1}$$

で定義される．ここで，反応物濃度［A］は減少するので，負号をつけて速度が正になるようにしてある．図 12.1 に示したように，反応速度 v は時刻 t における濃度-時間曲線の勾配に相当し，濃度とともに変化することがわかる．

一定温度での反応速度は，反応物の濃度のべき乗の関数となり，

$$v = -\frac{d[A]}{dt} = k[A]^n \tag{12-2}$$

のような**反応速度式** rate equation で表される．ここで，k は**速度定数** rate constant と呼ばれ，濃度に依存しない定数である．また，n は実験によって求められる定数であり，**反応次数** order of reaction と呼ばれる．

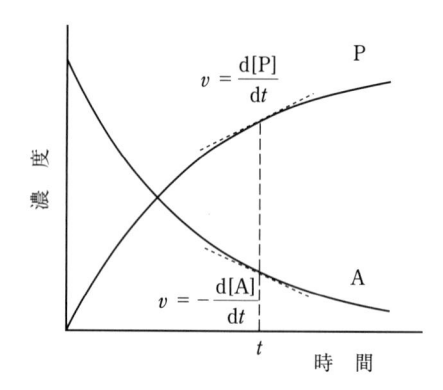

図 12.1　化学反応の濃度-時間曲線

より一般的な反応（$a\mathrm{A} + b\mathrm{B} \longrightarrow c\mathrm{C} + d\mathrm{D}$）では，反応速度は

$$v = -\frac{1}{a}\frac{d[\mathrm{A}]}{dt} = -\frac{1}{b}\frac{d[\mathrm{B}]}{dt} = \frac{1}{c}\frac{d[\mathrm{C}]}{dt} = \frac{1}{d}\frac{d[\mathrm{D}]}{dt} \tag{12-3}$$

で定義される．このとき速度式は

$$v = k[\mathrm{A}]^m[\mathrm{B}]^n \tag{12-4}$$

の形で表され，反応次数は $m + n$ である．ここで，m や n は実験によって決定されるもので，反応式中の係数 a, b とは必ずしも一致しないことに注意しなければならない．例えば，HBr の生成反応

$$\mathrm{H}_2 + \mathrm{Br}_2 \longrightarrow 2\,\mathrm{HBr} \tag{12-5}$$

は，反応初期において，次の速度式に従うことが実験的に示されている．

$$v = k[\mathrm{H}_2][\mathrm{Br}_2]^{1/2} \tag{12-6}$$

これは，HBr の生成反応が，いくつかの基本的な反応（**素反応** elementary reaction）が組み合わさった複合反応であるからである．

12.2　反応速度式

以下では，基本的な 0 〜 2 次反応の速度式について説明する．

12.2.1　0次反応

0次反応 zero-order reaction は，反応速度が反応物 A の濃度に無関係に一定な反応である．速度式は

$$v = -\frac{d[A]}{dt} = k \tag{12-7}$$

で表され，積分すると

$$[A] = -kt + [A]_0 \tag{12-8}$$

となる．ここで，$[A]_0$ は A の初濃度（$t = 0$ での濃度）である．したがって，反応物の濃度は時間とともに直線的に減少し，そのときの勾配が $-k$ に等しい（図 12.2）．このような反応は，触媒表面での特定の反応や，懸濁液中での医薬品の加水分解反応などにみられる．

反応物の濃度が初濃度の半分になる時間を**半減期** half-life，$t_{1/2}$ と呼ぶ．式（12-8）に $[A] = \frac{1}{2}[A]_0$ を代入すると

$$t_{1/2} = \frac{[A]_0}{2k} \tag{12-9}$$

が得られ，0次反応では半減期が初濃度に比例することがわかる．

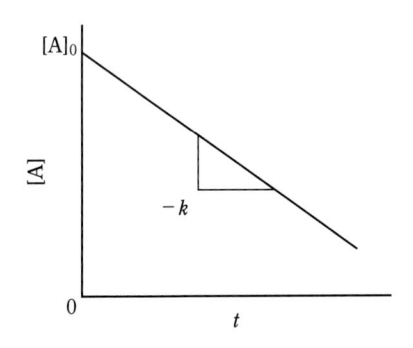

図 12.2　0次反応のグラフ

12.2.2　1次反応

1次反応 first-order reaction では，反応速度が1つの反応物の濃度に比例する．すなわち，速度式は

$$v = -\frac{d[A]}{dt} = k[A] \tag{12-10}$$

と表される．変数を分離して

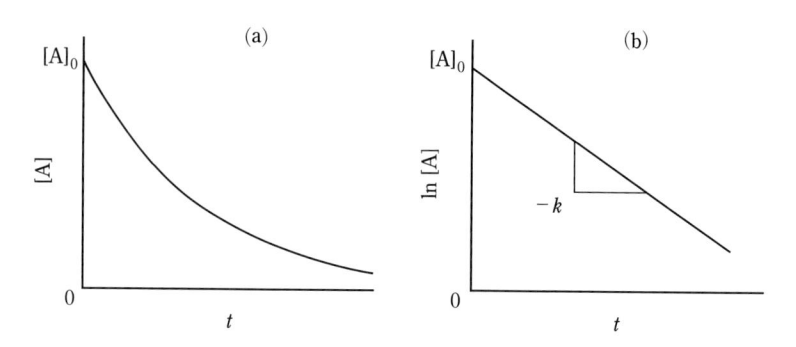

図 12.3　1次反応のグラフ
(a) [A]とtの関係，(b) ln[A]とtの関係を調べると直線になる．

$$-\frac{d[A]}{[A]} = k\,dt \tag{12-11}$$

の形にし，両辺を積分すると，

$$\ln[A] = -kt + \ln[A]_0 \tag{12-12}$$

$$[A] = [A]_0 e^{-kt} = [A]_0 \exp(-kt) \tag{12-13}$$

が得られる．図 12.3 に示したように，1次反応では，反応物の濃度が時間とともに指数関数的に減少していくことがわかる．このとき，反応物濃度の対数を時間に対してプロットすると直線が得られ，その勾配は $-k$ となる．

半減期は，式 (12-12) に $[A] = \frac{1}{2}[A]_0$ を代入して，

$$t_{1/2} = \frac{\ln 2}{k} = \frac{0.693}{k} \tag{12-14}$$

となり，初濃度に依存しないことがわかる．したがって，反応進行後のどの時点からみても半減期は一定となる（図 12.5 参照）．

(参考) 擬一次反応

医薬品の分解や放射性物質の壊変等，1次反応に従う現象は多い．また，ショ糖の転化やエステルの加水分解反応は，見かけ上1次反応として取り扱うことができる．例えば，サリチル酸メチルの加水分解反応

$$C_6H_4(OH)COOCH_3 + H_2O \longrightarrow C_6H_4(OH)COOH + CH_3OH \tag{12-15}$$

において，反応速度は

$$v = -\frac{d[C_6H_4(OH)COOCH_3]}{dt} = k[H_2O][C_6H_4(OH)COOCH_3] \tag{12-16}$$

と表されるが，溶媒である水はサリチル酸メチルに比べて大過剰に存在するため，反応によ

って濃度はほとんど変化しない．したがって，$k[\mathrm{H_2O}] = k'$（一定）とおけるため，

$$v = k'[\mathrm{C_6H_4(OH)COOCH_3}] \tag{12-17}$$

となり，反応速度はサリチル酸メチルの濃度のみに依存し，見かけ上1次反応として取り扱うことができる．このような反応を擬1次反応 pseudo-first-order reaction と呼ぶ．

12.2.3 2次反応

2次反応 second-order reaction には2つの場合が考えられる．第1は，反応速度が1つの反応物の濃度の2乗に比例する場合であり，速度式は

$$v = -\frac{d[\mathrm{A}]}{dt} = k[\mathrm{A}]^2 \tag{12-18}$$

で表される．変数分離型

$$-\frac{d[\mathrm{A}]}{[\mathrm{A}]^2} = k\,dt \tag{12-19}$$

の両辺を積分すると，

$$\frac{1}{[\mathrm{A}]} = kt + \frac{1}{[\mathrm{A}]_0} \tag{12-20}$$

あるいは上式（12-20）を変形して

$$[\mathrm{A}] = \frac{[\mathrm{A}]_0}{k[\mathrm{A}]_0 t + 1} \tag{12-20'}$$

が得られる．図 12.4 に式（12-20'）および式（12-20）の関係を示した．図 12.4 の右側に示したように，2次反応では，反応物の濃度の逆数を時間に対してプロットすると直線になり，その勾配は k に等しい．また，半減期は

$$t_{1/2} = \frac{1}{k[\mathrm{A}]_0} \tag{12-21}$$

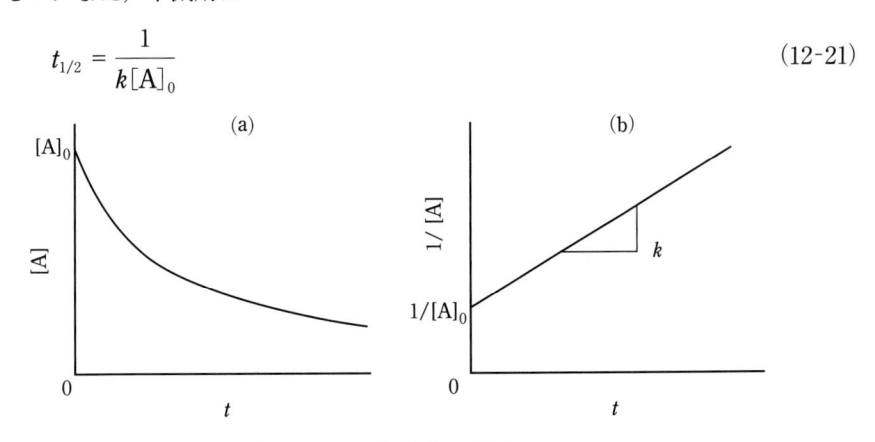

図 12.4 2次反応のグラフ
(a) $[\mathrm{A}]$ と t の関係，(b) $1/[\mathrm{A}]$ と t の関係を調べると直線になる．

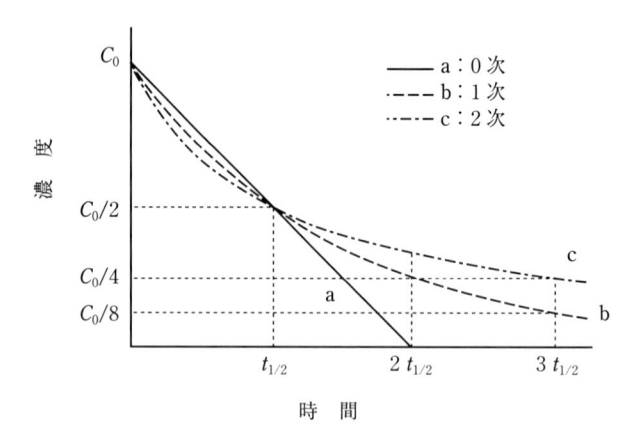

図 12.5　初濃度 C_0 および半減期 $t_{1/2}$ が同じである 0 次，1 次，2 次反応のグラフの比較

$C_0 \to 1/2\, C_0$ になる時間が $t_{1/2}$ であるが，1 次反応では $1/2\, C_0 \to 1/4\, C_0$，$1/4\, C_0 \to 1/8\, C_0$ となる時間も $t_{1/2}$ である．これに対し 2 次反応では，$1/2\, C_0 \to 1/4\, C_0$ となるのに $2t_{1/2}$ かかる．

となり，初濃度に反比例することがわかる．したがって，図 12.5 に示すように，反応の進行に従って半減期が次第に増加する．

第 2 は，反応速度が 2 つの反応物 A，B の濃度の積に比例する場合である．

$$v = -\frac{d[A]}{dt} = -\frac{d[B]}{dt} = k[A][B] \tag{12-22}$$

積分型（導出については，例えば章末に示した参考書 5 を参照）は

$$\frac{1}{[B]_0 - [A]_0} \ln \frac{[A]_0[B]}{[B]_0[A]} = kt \tag{12-23}$$

となる．$[B]_0 \gg [A]_0$ の場合，反応前後で B の濃度は一定とみなせるので，上式は

$$\ln \frac{[A]_0}{[A]} = [B]_0 kt = k't \tag{12-24}$$

となり，見かけ上 1 次反応の式が得られる．

表 12.1　0 次，1 次，2 次反応速度式のまとめ

次数	微分型速度式	積分型速度式	半減期 $t_{1/2}$	速度定数 k の単位
0	$-\dfrac{dc}{dt} = k$	$c = -kt + c_0$	$\dfrac{c_0}{2k}$	濃度 / 時間
1	$-\dfrac{dc}{dt} = kc$	$c = c_0 e^{-kt}$ $\ln c = -kt + \ln c_0$	$\dfrac{0.693}{k}$	1 / 時間
2	$-\dfrac{dc}{dt} = kc^2$	$\dfrac{1}{c} = kt + \dfrac{1}{c_0}$	$\dfrac{1}{kc_0}$	1 / (時間・濃度)

c_0：初濃度 $(t = 0)$，c：時刻 t における濃度．

1つの反応物についての0次，1次，2次反応の特徴を表12.1にまとめた．また，図12.5には，初濃度および半減期が同じである場合の，0～2次反応のグラフを比較して示した．これより，半減期までの残存濃度は2次＜1次＜0次の順となるが，半減期を過ぎるとこの関係は逆転し，0次＜1次＜2次となることがわかる．

12.3 複合反応

複数の素反応が組み合わさった反応を複合反応と呼ぶ．ここでは基本的な複合反応である可逆反応，併発反応，逐次反応について説明する．

12.3.1 可逆反応

反応が逆方向にも進行し反応物と生成物が平衡に達するような反応を，**可逆反応** reversible reaction と呼ぶ．

$$A \underset{k_2}{\overset{k_1}{\rightleftharpoons}} B \tag{12-25}$$

簡略化のため，両方向の反応とも1次反応である場合を考える．反応開始時にAのみが存在する（初濃度 $[A]_0$）とすると，$[A]_0 = [A] + [B]$ であるからAの減少速度は

$$-\frac{d[A]}{dt} = k_1[A] - k_2[B] = k_1[A] - k_2([A]_0 - [A]) \tag{12-26}$$

で表される．平衡に達したときのA，Bの濃度をそれぞれ $[A]_{eq}$，$[B]_{eq}$ とおくと

$$-\frac{d[A]}{dt} = k_1[A]_{eq} - k_2([A]_0 - [A]_{eq}) = 0 \tag{12-27}$$

であるから，これより

$$[A]_{eq} = \frac{k_2}{k_1 + k_2}[A]_0 \tag{12-28}$$

が得られる．Bについては

$$[B]_{eq} = [A]_0 - [A]_{eq} = \frac{k_1}{k_1 + k_2}[A]_0 \tag{12-29}$$

となるので，平衡定数 K は

$$K = \frac{[B]_{eq}}{[A]_{eq}} = \frac{k_1}{k_2} \tag{12-30}$$

となり，正反応と逆反応の反応速度定数の比として表されることがわかる．式 (12-30) は，平

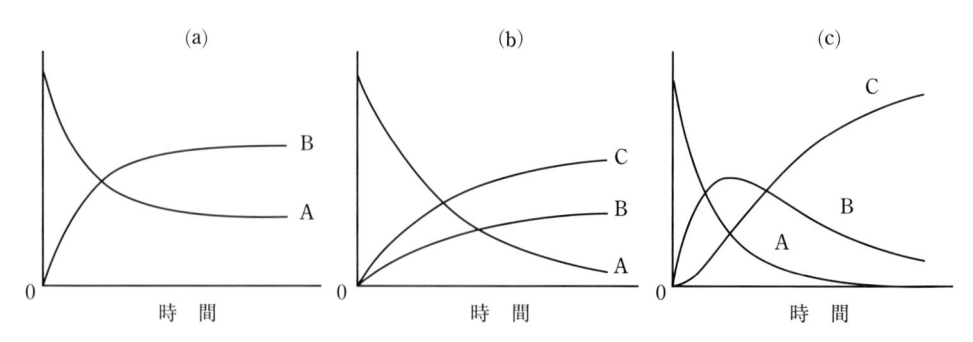

図 12.6 可逆反応（a），併発反応（b），逐次反応（c）のグラフ

衡時における [A] の減少速度 $k_1[\text{A}]_{\text{eq}}$ が [B] の減少速度 $k_2[\text{B}]_{\text{eq}}$ と等しい，すなわち $k_1[\text{A}]_{\text{eq}} = k_2[\text{B}]_{\text{eq}}$ となることを表している．可逆反応に伴う A，B の濃度の時間変化の例を図 12.6（a）に示す．

12.3.2　併発反応

1つの反応物から2つ以上の独立した反応が同時に並行して進行する反応を**併発反応** simultaneous reaction あるいは**平行反応** parallel reaction と呼ぶ．

$$\text{A} \begin{array}{c} \xrightarrow{k_1} \text{B} \\ \xrightarrow{k_2} \text{C} \end{array} \tag{12-31}$$

いま，上式のような2つの1次反応からなる併発反応を考える．A の分解反応速度は

$$-\frac{d[\text{A}]}{dt} = k_1[\text{A}] + k_2[\text{A}] = k[\text{A}] \quad (k = k_1 + k_2) \tag{12-32}$$

で表されるから，積分して，

$$[\text{A}] = [\text{A}]_0 e^{-kt} \tag{12-33}$$

を得る．また，B，C の生成速度はそれぞれ，

$$\frac{d[\text{B}]}{dt} = k_1[\text{A}] = k_1[\text{A}]_0 e^{-kt} \tag{12-34}$$

$$\frac{d[\text{C}]}{dt} = k_2[\text{A}] = k_2[\text{A}]_0 e^{-kt} \tag{12-35}$$

と表されるので，積分すれば

$$[\text{B}] = \frac{k_1}{k}[\text{A}]_0 (1 - e^{-kt}) \tag{12-36}$$

$$[C] = \frac{k_2}{k}[A]_0(1 - e^{-kt}) \tag{12-37}$$

が得られる．したがって，併発反応における A, B, C の濃度の時間変化は図 12.6 (b) のようになる．ここで，生成物 B, C の濃度比を式 (12-36) と式 (12-37) から求めると，

$$\frac{[B]}{[C]} = \frac{k_1}{k_2} \tag{12-38}$$

となり，反応時間に関係なく常に反応速度定数の比に等しいことがわかる．

12.3.3 逐次反応

複数の素反応が連続して起こり，生成物が次の反応の反応物となっているような反応を**逐次反応** consecutive reaction あるいは**連続反応** successive reaction と呼ぶ．

いま，いずれの素反応も 1 次反応に従う逐次反応

$$A \xrightarrow{k_1} B \xrightarrow{k_2} C \tag{12-39}$$

において，

A の分解速度： $-\dfrac{d[A]}{dt} = k_1[A]$ (12-40)

B の生成速度： $\dfrac{d[B]}{dt} = k_1[A] - k_2[B]$ (12-41)

C の生成速度： $\dfrac{d[C]}{dt} = k_2[B]$ (12-42)

と表される．式 (12-40) を積分すると，

$$[A] = [A]_0 e^{-k_1 t} \tag{12-43}$$

となる．これを式 (12-41) に代入して積分し，$t = 0$ のとき $[B] = 0$ の条件を代入すると

$$[B] = \frac{k_1}{k_2 - k_1}[A]_0(e^{-k_1 t} - e^{-k_2 t}) \tag{12-44}$$

が得られる．さらに，$[A]_0 = [A] + [B] + [C]$ の関係に式 (12-43)，式 (12-44) を代入して

$$[C] = [A]_0\left[1 + \frac{1}{k_1 - k_2}(k_2 e^{-k_1 t} - k_1 e^{-k_2 t})\right] \tag{12-45}$$

を得る．

逐次反応に伴う A, B, C の濃度の時間変化を図 12.6 (c) に示す．A の濃度は指数関数的に減少していくのに対し，C の濃度は S 字型曲線を描いてゆっくりと増加していく．中間体 B の変化曲線には極大が現れるが，この値は k_1 と k_2 の大小関係によって決まる．例えば，k_1 に比べて

k_2 が非常に大きい場合，生成したBは速やかにCに変化していくためBの極大値は非常に小さくなり，あたかもAが速度定数 k_1 でCに変化していく反応のように振る舞う．このように，逐次反応全体の反応速度は速度の最も遅い素反応によって支配され，この最も遅い反応段階を**律速段階** rate-determining step という．

12.4 反応速度の温度依存性

　反応速度は温度によって大きな影響を受けることが知られている．図 12.7 にはいろいろなタイプの反応速度と温度との関係を示したが，温度の上昇とともに反応速度が指数関数的に増加する (a) の型が一般的であり，アレニウス Arrhenius 型反応と呼ばれる．この場合，速度定数 k と熱力学（絶対）温度 T との関係を表す式として，次の**アレニウスの式** Arrhenius equation が知られている．

$$k = A \exp\left(\frac{-E_a}{RT}\right) \tag{12-46}$$

　ここで，E_a は反応の**活性化エネルギー** activation energy と呼ばれ，反応を引き起こすのに必要なエネルギーを示す．また，A は**頻度因子** frequency factor と呼ばれ，温度にほとんど依存しない定数である．式 (12-46) の両辺の対数をとると，

$$\ln k = \ln A - \frac{E_a}{RT} \tag{12-47}$$

となり，図 12.8 に示すように $\ln k$ を $1/T$ に対してプロットすると直線が得られる．これを**アレニウスプロット** Arrhenius plot と呼び，直線の勾配と切片から E_a と A を求めることができる．

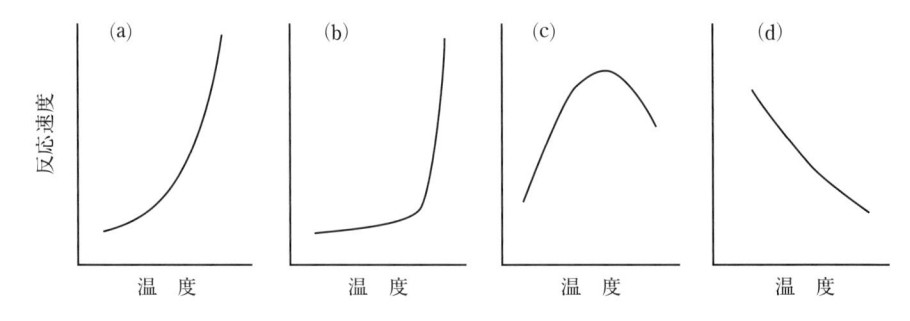

図 12.7　反応速度の温度依存性
(a) 温度の上昇とともに反応速度が増加するアレニウス型，(b) ある温度を超えると急激に反応速度が大きくなる爆発型，(c) 至適温度を超えると反応速度が小さくなる酵素反応型，(d) 温度の上昇とともに反応速度がみかけ上減少する特殊な型．

第 12 章　反応速度

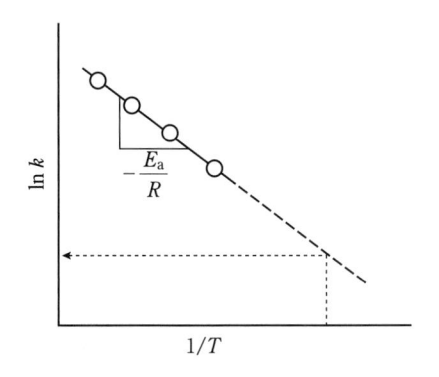

図 12.8　アレニウスプロット
直線の傾きから E_a が，切片から A がそれぞれ求められる．医薬品の加速試験の場合，高温側での測定から得られた直線を低温側に外挿することにより，室温での分解反応速度を予測できる．

したがって，逆に E_a と A が既知であれば，任意の温度での反応速度定数が予測できる．そのため，加速試験等で医薬品の安定性を予測する場合に，アレニウスプロットは非常に有用である．
　また，E_a が温度に依存しないとして式（12-47）の両辺を T で微分すると

$$\frac{d\ln k}{dT} = \frac{E_a}{RT^2} \quad (12\text{-}48)$$

が得られる．

（参考）アレニウスの式とファントホッフの式との関係
　図 12.9 に示した反応の進行過程において，活性化エネルギーを得た反応物は，エネルギーの高い活性化状態（遷移状態）を経て生成物へと変化すると考えることができ，このときのエネルギー障壁の高さが活性化エネルギーである．また，正反応と逆反応の活性化エネルギ

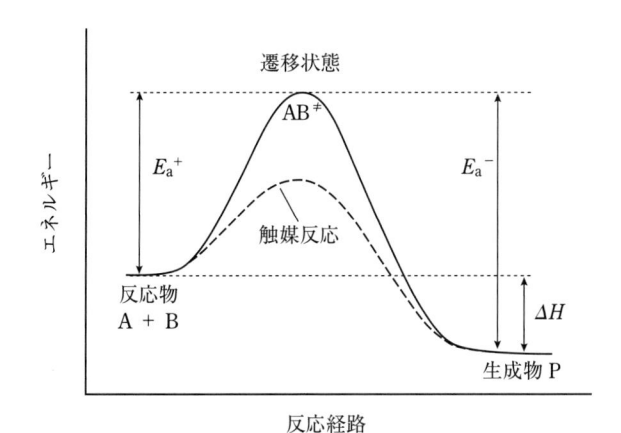

図 12.9　反応経路におけるエネルギー変化
E_a^+ は正反応の活性化エネルギーを，E_a^- は逆反応の活性化エネルギーをそれぞれ表し，反応熱 ΔH は両者の差 $\Delta H = E_a^+ - E_a^-$ として表される．

一の差が反応熱に相当する．いま，正反応の速度定数を k_+，活性化エネルギーを E_a^+，頻度因子を A_+ とし，逆反応の場合をそれぞれ，k_-，E_a^-，A_- とすれば，式（12-47）より

$$\text{正反応} \quad \ln k_+ = \ln A_+ - \frac{E_a^+}{RT} \tag{12-49}$$

$$\text{逆反応} \quad \ln k_- = \ln A_- - \frac{E_a^-}{RT} \tag{12-50}$$

であるから，両者の差をとれば

$$\ln \frac{k_+}{k_-} = \ln \frac{A_+}{A_-} - \frac{(E_a^+ - E_a^-)}{RT} \tag{12-51}$$

が得られる．ここで，反応熱 $\Delta H = E_a^+ - E_a^-$ であり，可逆反応での平衡定数は式（12-30）より $K = k_+/k_-$ と表される．$\ln(A_+/A_-)$ を定数 C とおけば，上式は

$$\ln K = -\frac{\Delta H}{RT} + C \tag{12-52}$$

となり，平衡定数と温度との関係を表す**ファントホッフの式** van't Hoff equation が得られる（4.3.3 項参照）．

12.5 反応速度理論

アレニウスの式における活性化エネルギーと頻度因子の物理化学的意味を理解するには，反応過程の理論的考察が必要となる．反応速度の理論としては，衝突理論と遷移状態理論がある．

12.5.1 衝突理論

衝突理論では，気体分子運動論に基づいた分子間の衝突によって反応を説明する．

(a) 反応は分子どうしの衝突によって起こる．全衝突回数を Z とする．
(b) 衝突した分子のすべてが反応するわけではなく，活性化エネルギーより大きな衝突エネルギーをもつ分子のみが反応する．ボルツマンの分布則（4.1.4 項参照）によれば，E_a より大きなエネルギーをもつ分子の割合は $\exp(-E_a/RT)$ に比例する．
(c) 衝突する部位や方向が適切なときにのみ反応が起こり，その割合を立体因子 P（$0 < P < 1$）として補正する．

したがって，反応速度定数 k は

$$k = PZ \exp(-E_a/RT) \tag{12-53}$$

と表され，アレニウスの式と同じ形となる．この理論では，分子間の反応の概念を直感的に理解しやすいが，立体因子を実験的に求める必要があるため，速度定数を理論的に予測することはできない．

12.5.2 遷移状態理論

遷移状態理論では，反応物が活性錯合体と呼ばれるエネルギーの高い遷移状態を経て生成物を生じると考える．

$$\text{A} + \text{B}(\text{反応物}) \rightleftharpoons \text{AB}^{\ddagger}(\text{活性錯合体}) \longrightarrow \text{P}(\text{生成物})$$

反応物 A, B と活性錯合体 $AB^{\ddagger}$ とが平衡状態にあると仮定すると，平衡定数 $K^{\ddagger}$ は

$$K^{\ddagger} = \frac{[AB^{\ddagger}]}{[A][B]} \tag{12-54}$$

で表される．一方，活性錯合体 $AB^{\ddagger}$ は，速度定数 $k_B T/h$ で生成物に変化していくことが理論的に計算される．ここで，k_B はボルツマン定数，h はプランク定数である．したがって反応速度 v は

$$v = \frac{k_B T}{h}[AB^{\ddagger}] = \frac{k_B T}{h} K^{\ddagger}[A][B] \tag{12-55}$$

となり，$A + B \longrightarrow P$ 反応の速度定数 k は式 (12-54) から，

$$k = \frac{k_B T}{h} K^{\ddagger} \tag{12-56}$$

と表される．これに，活性錯合体生成の自由エネルギー $\Delta G^{\ddagger}$ と平衡定数との関係式

$$\Delta G^{\ddagger} = -RT \ln K^{\ddagger} \tag{12-57}$$

を代入して，

$$k = \frac{k_B T}{h} \exp\left(-\frac{\Delta G^{\ddagger}}{RT}\right) \tag{12-58}$$

が得られる．$\Delta G^{\ddagger} = \Delta H^{\ddagger} - T\Delta S^{\ddagger}$（$\Delta H^{\ddagger}$, $\Delta S^{\ddagger}$ はそれぞれ活性化エンタルピー，活性化エントロピー）の関係式を代入して，

$$k = \frac{k_B T}{h} \exp\left(\frac{\Delta S^{\ddagger}}{R}\right) \exp\left(-\frac{\Delta H^{\ddagger}}{RT}\right) \tag{12-59}$$

となる．この式の両辺の対数をとり T で微分した式を，式 (12-47) と比較することにより

$$E_a = \Delta H^{\ddagger} + RT \tag{12-60}$$

の関係が得られるが，通常 $E_a \gg RT$ であるから，活性化エンタルピーは活性化エネルギーにほぼ等しい．また，式（12-60）の関係を式（12-59）に代入し，アレニウスの式（12-46）と比較することにより

$$A = \frac{e\,k_B T}{h} \exp\left(\frac{\Delta S^{\ddagger}}{R}\right) \tag{12-61}$$

が得られる．頻度因子 A の項に含まれる $\Delta S^{\ddagger}$ は活性錯合体生成に伴うエントロピー変化を表しており，活性錯合体の構造の乱雑さが減少する反応では A は小さくなり，反応は起こりにくくなる．例えば水溶液中のイオン間の反応では，同符号の電荷をもつイオンが活性錯合体を形成すると，イオン雰囲気を形成している対イオン間の反発のためエントロピーは減少し，A の値は小さくなる．

12.6 触媒と酵素

触媒とは，それ自身は反応によって変化することなく，反応速度に影響を与える物質のことをいう．図12.9に示したように，触媒は，反応物質に関与することによって，活性化エネルギーを低下させて反応速度を増大させる．しかしながら触媒反応では，平衡定数や反応熱などの熱力学パラメータは影響を受けない．ここでは代表的な触媒反応として，酸-塩基触媒反応と酵素反応を取り上げる．

12.6.1 酸-塩基触媒反応

医薬品にはエステル結合やアミド結合をもつものが多く，これらの加水分解反応は，水素イオン H^+（ヒドロニウムイオン H_3O^+）あるいは水酸化物イオン OH^- によって反応速度が著しく促進される場合がある．これは H^+ や OH^- が触媒としてはたらくためであり，このような反応を**特殊酸-塩基触媒反応**と呼ぶ．反応物 A がこのような触媒作用を受けるとき，反応速度は一般に

$$v = k[A] = k_0[A] + k_{H^+}[H^+][A] + k_{OH^-}[OH^-][A] \tag{12-62}$$

と表される．ここで，k はみかけの速度定数，k_0 は触媒作用を受けない反応の速度定数，k_{H^+}，k_{OH^-} はそれぞれ H^+ および OH^- の触媒作用による反応の速度定数である．したがって，みかけの速度定数 k は

第12章　反応速度

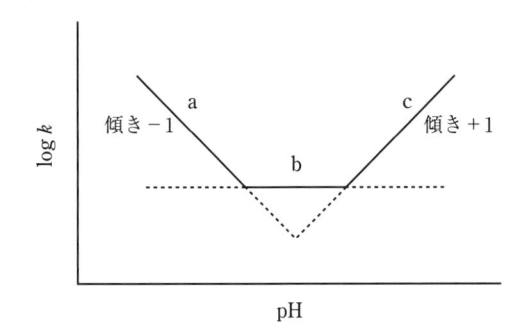

図12.10　酸-塩基触媒反応におけるpH-反応速度プロファイル
(a)：式 (12-63) 中の第2項 $k_{H^+}[H^+]$ が支配的な酸触媒反応領域, (b)：第1項 k_0 が支配的な無触媒反応領域, (c)：第3項 $k_{OH^-}[OH^-]$ が支配的な塩基触媒反応領域

$$k = k_0 + k_{H^+}[H^+] + k_{OH^-}[OH^-] \tag{12-63}$$

となる. pH が低い場合には，式 (12-63) の第2項のみが支配的となり

$$k \fallingdotseq k_{H^+}[H^+] \tag{12-64}$$

とおけるので，両辺の対数をとり

$$\log k = \log k_{H^+} - \text{pH} \tag{12-65}$$

が得られ，$\log k$ を縦軸に，pH を横軸にとってプロットすると傾き -1 の直線となる（図12.10a）. 逆に pH が高い場合には，式 (12-63) の第3項が支配的なため

$$\log k = \log k_{OH^-} - \log[OH^-] = \log k_{OH^-} + \text{pH} - pK_w \tag{12-66}$$

となる. ただし，K_w は水のイオン積である. すなわち，OH^- 触媒反応では，pH-反応速度プロットは傾き1の直線となる（図12.10c）. このほかに，式 (12-63) の第1項が支配的となるような pH 領域（図12.10b）も存在するため，広い pH 範囲にわたって $\log k$ を pH に対してプロットすると，一般的に図12.10 のような pH-反応速度プロファイルが得られる.

　H^+ や OH^- 以外に，緩衝液中に存在する酸あるいは塩基によっても反応速度が影響を受けることがある. 例えば，酢酸-酢酸ナトリウム緩衝液を用いた場合，遊離の酢酸が酸として，酢酸イオンが塩基として触媒作用を示す. このような H^+ や OH^- 以外の酸や塩基による触媒反応を**一般酸-塩基触媒反応**と呼ぶ. 一般酸-塩基触媒反応を受ける場合には，pH-反応速度プロファイルは式 (12-63) から予想されるもの（図12.10）からずれてくる.

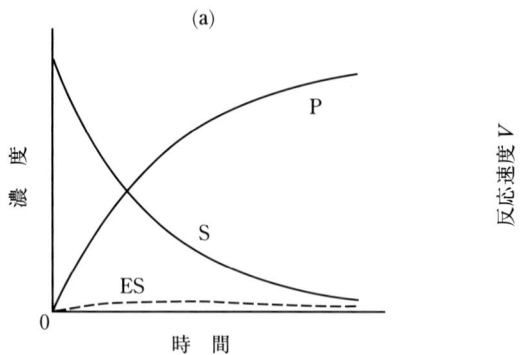

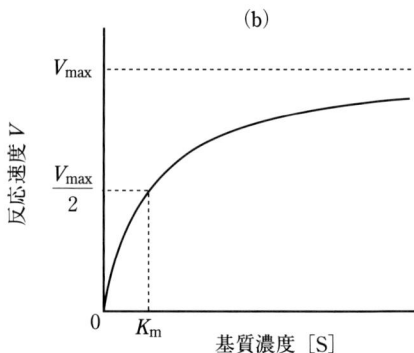

図 12.11　酵素反応
(a) 酵素反応における基質 S，酵素-基質複合体 ES，生成物 P の濃度の時間変化
(b) 基質濃度と反応速度との関係．K_m は最大反応速度 V_{max} の半分の速度を与える基質濃度である．

12.6.2　酵素反応

酵素反応は，生体内で起こる触媒反応である．酵素の本体はタンパク質であり，反応物（基質）に対する特異性が高く，生体中の環境で高い活性をもつ特徴がある．一般に，酵素は高温で失活してしまうため，反応速度の温度依存性はアレニウス型に従わず，図 12.7 (c) のように至適温度が存在する．

酵素反応では，酵素 E と基質 S が可逆的に結合して酵素–基質複合体 ES を形成した後，酵素の触媒作用により生成物 P が生成し，酵素から解離すると考えられる．

$$E + S \underset{k_2}{\overset{k_1}{\rightleftharpoons}} ES \xrightarrow{k_3} P + E \tag{12-67}$$

このとき，酵素反応の速度 V は

$$V = \frac{d[P]}{dt} = k_3[ES] \tag{12-68}$$

で表される．ここで，酵素は基質に比べて微量しか存在しないため，酵素–基質複合体 ES の濃度は非常に小さく，その濃度は図 12.11 (a) に示すように時間によってほとんど変化しない（定常状態）．これはちょうど，図 12.6 (c) に示した逐次反応において，中間体 B の濃度が非常に低い場合に相当する．この場合，

$$\frac{d[ES]}{dt} = k_1[E][S] - k_2[ES] - k_3[ES] = 0 \tag{12-69}$$

であるから，これより

が得られる.

$$[ES] = \frac{k_1[E][S]}{k_2 + k_3} = \frac{[E][S]}{K_m} \tag{12-70}$$

が得られる.ここで,

$$K_m = \frac{k_2 + k_3}{k_1} \tag{12-71}$$

であり,**ミカエリス定数** Michaelis constant と呼ばれる.通常 $k_2 \gg k_3$ であるので,K_m は酵素-基質複合体の解離定数（$= k_2/k_1$）にほぼ等しい.全酵素濃度を $[E]_0$ とすると $[E]_0 = [E] + [ES]$ であるから,これを式（12-70）に代入して整理すると

$$[ES] = \frac{[E]_0[S]}{K_m + [S]} \tag{12-72}$$

が得られる.これを,式（12-68）に代入して

$$V = \frac{k_3[E]_0[S]}{K_m + [S]} \tag{12-73}$$

となる.基質濃度が十分大きくなると（$[S] \gg K_m$）,反応速度 V は最大値 $V_{max} = k_3[E]_0$ に近づいていく.この関係を用いると

$$V = V_{max}\frac{[S]}{K_m + [S]} \tag{12-74}$$

となり,**ミカエリス-メンテンの式** Michaelis–Menten equation が得られる.反応速度を基質濃度に対してプロットすると,図 12.11（b）のようになる.図から明らかなように,K_m は反応速度が最大速度の 1/2 になるときの基質濃度である.

12.7 医薬品の安定性に影響を及ぼす因子 ──

　医薬品の安定性を評価し,それに基づいた合理的な安定化を検討するうえで,分解反応速度に影響を及ぼす要因とそのメカニズムを把握しておくことが重要である.医薬品の分解反応に影響を及ぼす主な因子として,温度,pH,イオン強度などがあげられる.

12.7.1 温　度

　一般に,医薬品の分解反応は温度の上昇に伴って増加し,式（12-46）のアレニウスの式に従う温度依存性を示す.溶液中での医薬品の分解反応の多くは加水分解反応であり,その活性化エネルギーの値は通常 40 ～ 120 kJ/mol 程度である.温度 T_1 および T_2 における反応速度定数が,k_1 および k_2 であるとき,式（12-47）から

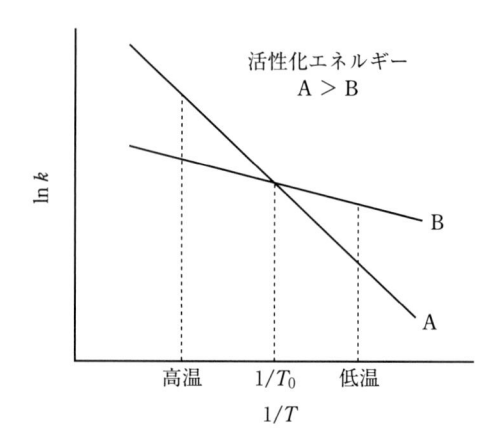

図12.12　分解反応の活性化エネルギーの異なる医薬品 A, B の安定性の比較

$$\ln \frac{k_2}{k_1} = \frac{E_a}{R}\left(\frac{1}{T_1} - \frac{1}{T_2}\right) \tag{12-75}$$

の関係が得られ，活性化エネルギーがわかっていれば，任意の温度における速度定数の予測が可能となる．例えば，活性化エネルギーが 80 kJ/mol の反応において温度を 20°C から 30°C に上げた場合，E_a = 80 kJ/mol，T_1 = 293.15 K，T_2 = 303.15 K を上式に代入すると $k_2/k_1 ≒ 3$ となり，室温付近での 10°C の温度上昇で分解速度が約 3 倍になることがわかる．

　図 12.8 から明らかなように，活性化エネルギーが大きいほど，反応速度に対する温度の影響は大きくなる．いま，図 12.12 のように 2 種類の医薬品 A と B の分解反応を比較する場合，A の分解反応の活性化エネルギーは B よりも大きく，温度 T_0 での両者の分解速度が等しくなる．T_0 より高温側では A の分解速度は B より大きいが，T_0 より低温側では逆に A の分解速度は B より小さくなる．このように，2 つの医薬品の安定性を比較する場合，活性化エネルギーの大小関係だけでは，高温条件での安定性から低温での安定性を一義的に推測できないことがわかる．

12.7.2　pH

　水溶液中での医薬品の安定性は pH によって影響を受けることが多いが，これは 12.6.1 で述べた酸-塩基触媒反応によって加水分解反応が促進されるためである．この場合，図 12.10 のような pH-反応速度プロファイルは，分解反応機構に関する情報を得るためにも，安定化や保存条件の検索にも有用である．弱酸性や弱塩基性の医薬品の場合には，溶液の pH により非解離型と解離型の存在割合が変化し，それぞれが異なった速度で分解するため，pH-反応速度プロファイルは一般に複雑となる．

12.7.3 イオン強度

水溶液中のイオン間の反応では，反応速度定数はイオン強度によって影響を受ける．希薄溶液中での反応物 A, B 間の反応では次式が成立する．

$$\log k = \log k_0 + 1.02\, z_A z_B \sqrt{I} \tag{12-76}$$

ここで，k_0 は無限希釈（$I = 0$）の場合の速度定数，z_A, z_B は A, B の電荷，I はイオン強度である．同符号のイオン間の反応（$z_A \cdot z_B > 0$）では，イオン強度の増加は反応速度を増加させ，逆に異符号の場合には（$z_A \cdot z_B < 0$），イオン強度の増加は反応速度を減少させる．また，反応物の一方が中性分子であれば，速度定数はイオン強度の影響を受けない．

練習問題

問題 12.1 医薬品の安定性に関する記述の正誤について答えよ．

a 特殊酸塩基触媒反応において，分解速度定数の常用対数を溶液の pH に対してプロットすると，H_3O^+ が触媒作用を示す範囲では +1，OH^- が触媒作用を示す範囲では −1 の傾きをもつ直線が得られる．

b 0 次及び 2 次反応で分解される医薬品の半減期は，反応物質の初濃度に影響を受ける．

c 分解反応の反応次数が同じでアレニウス式に従い，活性化エネルギーも同じ 2 種の医薬品の分解速度定数の比は，温度にかかわらず一定である．

d 異符号のイオン間の反応で分解する医薬品は，溶液のイオン強度が増大すると不安定になる．

（第 94 回薬剤師国家試験）

問題 12.2 化学反応に関する次の記述の正誤について述べよ．

a 2 つの不可逆的な一次反応からなる逐次反応 A → B → C の進行途中において，B の濃度が A の濃度よりも大となることがある．

b 可逆的な一次反応 P ⇌ Q が平衡に達すると，かならず P の濃度と Q の濃度は等しくなる．

c X から Z への多段階反応 X → ··· → Z の反応速度は，そこに含まれている素反応のうち，最も速く進行する反応できまる．

d 素反応の反応速度は，活性化エネルギーのみによって定まる．

(第85回薬剤師国家試験)

問題12.3 図は可逆反応のポテンシャルエネルギー曲線である．ただし，E_a及びE_bは活性化エネルギーである．次の記述の正誤を答えよ．

a 正反応の速度定数kと絶対温度Tの関係は，

$$k = A \exp\left(\frac{E_a}{RT}\right)$$

で表される．ここで，Aは頻度因子，Rは気体定数である．

b E_bは，正反応の活性化エネルギーである．

c 正反応は，吸熱反応である．

d 正反応の速度定数は，逆反応の速度定数より大きい．

(第95回薬剤師国家試験改変)

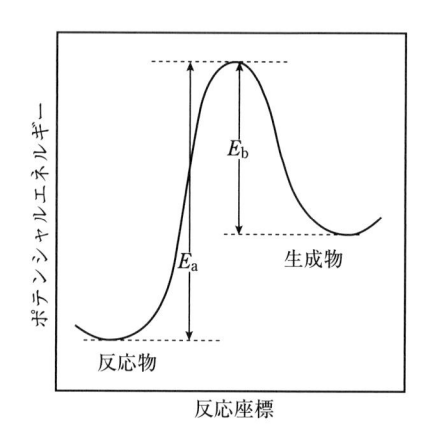

問題12.4 水溶液中の分解1次速度定数が次式で表される薬物がある．

$$k = k_H[H^+] + k_{OH}[OH^-]$$

ここで，k_Hは水素イオンによる触媒定数，k_{OH}は水酸化物イオンによる触媒定数である．k_H = 1.0 × 10² L/mol·hr，k_{OH} = 1.0 × 10⁴ L/mol·hr 及び水のイオン積K_w = 1.0 × 10⁻¹⁴ とすれば，この薬物を最も安定に保存できるpHはどれか．

1　9.0　　　2　8.0　　　3　7.0　　　4　6.0　　　5　5.0

(第91回薬剤師国家試験)

問題12.5 ある薬物1.25 gを水0.10 Lに懸濁し，一定温度下で全薬物濃度Cを測定したところ，図1に示すように実験開始5時間後までは直線的に減少した．Cの値を時間に対して片対数プロットしたところ，図2に示すように5時間以降は直線となった．懸濁粒子の粒子径を変えて実験しても同じ実験結果が得られた．この実験に関する記述の正誤を答えよ．ただし，ln 2 = 0.69とする．

第 12 章　反応速度

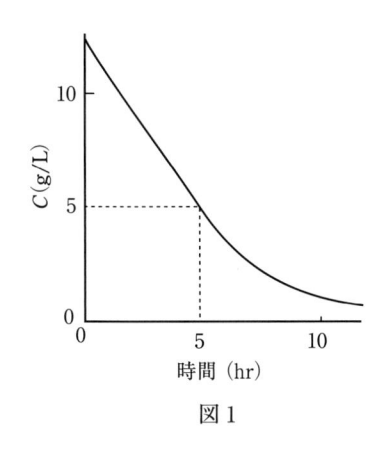

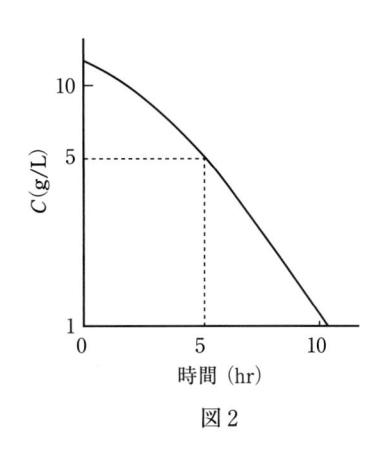

- a　実験開始 5 時間までは分解速度が溶解速度に比べて速い．
- b　実験開始 5 時間以降の分解は 1 次速度過程に従い，その 1 次速度定数は 0.05 hr^{-1} である．
- c　この薬物の水に対する溶解度は 5.0 g/L である．
- d　C が 1.25 g/L になるのは，実験開始 9.6 時間後である．

(第 93 回薬剤師国家試験)

解答・解説

問題 12.1 **正解**　a 誤，b 正，c 正，d 誤

解説　a　H_3O^+ が触媒作用を示す範囲では −1，OH^- が触媒作用を示す範囲では +1 の傾きの直線となる（図 12.10 参照）．
　　d　12.7.3 項参照．

問題 12.2 **正解**　a 正，b 誤，c 誤，d 誤

解説　a　図 12.6 (c) のグラフにおいて，反応 B → C の速度が反応 A → B の速度に比べて遅い場合，B の濃度が A の濃度よりも大きくなる．
　　b　図 12.6 (a) からわかるように，平衡状態では P の濃度と Q の濃度の比が等しくなる．
　　c　多段階反応全体の反応速度は，最も速度の遅い素反応によって支配される．この最も遅い反応段階を律速段階という．
　　d　アレニウスの式 (12-46) から明らかなように，素反応の反応速度は，活性化エネルギーのほかに温度と頻度因子の関数でもある．

問題 12.3 **正解**　a 誤，b 誤，c 正，d 誤

解説　a　式 (12-46) 参照．
　　b　E_b は逆反応の活性化エネルギーである．
　　d　頻度因子に関する記述がないため，反応速度定数の大小はわからない．

問題 12.4 正解 4

解説 $k = k_H[H^+] + k_{OH}[OH^-]$ は，水のイオン積 K_w を用いて $k = k_H[H^+] + k_{OH}\dfrac{K_w}{[H^+]}$ として表される．薬物が最も安定な pH 領域は，k の $[H^+]$ に対する変化率が 0，すなわち $dk/d[H^+] = 0$ となる領域である．したがって，

$$\frac{dk}{d[H^+]} = k_H - k_{OH}\frac{K_w}{[H^+]^2} = 0 \longrightarrow [H^+] = \sqrt{\frac{k_{OH}K_w}{k_H}} = 10^{-6}$$

よって，pH = 6

問題 12.5 正解 a 誤，b 誤，c 正，d 正

解説 薬物の懸濁液の分解反応において，分解するのは溶解している薬物のみと考えると，分解による溶液濃度の減少が固体薬物の溶解によって補われるため，溶液中の薬物濃度は一定（飽和濃度）に保たれる．

懸濁粒子 ⇌ 飽和溶液 →(k) 分解生成物

この場合，薬物濃度を c とすると分解速度は

$$v = -\frac{dc}{dt} = kc_{(飽和濃度)} = k' \tag{12-77}$$

と表され，見かけ上 0 次反応に従うことになる．このとき半減期は，薬物懸濁液の初濃度を c_0 とすると次式で与えられる．

$$t_{1/2} = \frac{c_0}{2k'} = \frac{c_0}{2kc_{(飽和濃度)}} \tag{12-78}$$

a 実験開始 5 時間まで直線（0 次反応）となるのは，固体薬物の溶解速度が溶解している薬物の分解速度よりも速く，飽和濃度が保たれるからである．

b 式（12-77）より見かけの分解速度定数 k' を求めると，$C_{(飽和濃度)}$ は図 1 より 5.0 g/L であるから，$k' = (12.5 - 5)/5 = 1.5$ g/L/hr．したがって分解の 1 次速度定数 k は，$k'/C_{(飽和濃度)} = 1.5/5.0 = 0.3$ hr^{-1}．

d 1 次分解速度定数 $k = 0.3$ hr^{-1} であるから，半減期 $t_{1/2}$ は $\ln 2/k = 0.69/0.3 = 2.3$ hr．薬物濃度 C が 5 → 1.25 g/L と 1/4 になるには $2t_{1/2}$ かかるので（図 12.5 参照），C が 1.25 g/L になるのは $5 + 2 \times 2.3 = 9.6$ 時間後である．

参考書
1) 日本薬学会編（2011）スタンダード薬学シリーズ 2 物理系薬学 I. 物質の物理的性質（第 2 版），東京化学同人
2) 大島広行，半田哲郎編（1999）物性物理化学 製剤学へのアプローチ，南江堂
3) 石田寿昌編（2007）ベーシック薬学教科書シリーズ 3 物理化学，化学同人
4) 上釜兼人，川島嘉明，松田芳久編（2004）最新製剤学，廣川書店

5) 齋藤勝裕（1998）反応速度論 化学を新しく理解するためのエッセンス，三共出版
6) 早川勝光，白浜啓四郎，井上亨（1995）ライフサイエンス系の基礎物理化学，三共出版

医薬品としての高分子 13

　高分子は分子量がきわめて大きいため，通常の低分子化合物にはみられない種々の特徴的な物性，すなわち高分子特性を有している．製剤材料における高分子では，分散・凝集性，接着・粘着性，被膜形成能，ゲル化能，生体内分解性，薬物担持性など，様々な性質を示すものがある．加えて，化学的安定性が大きい，溶液中での拡散係数が大きい，半透膜は透過しない，固体分散体を容易に作製できるなどの特性は，様々な薬物送達システムに応用される．製剤分野における高分子は各種の剤形を調製するうえで極めて重要である．本章では，高分子の基本的性質と製剤への応用について解説する．

13.1 高分子とは

　高分子はポリマー polymer ともいい，多数の基本的な構成単位が共有結合（重合）した分子で，一般的に分子量が 10,000 程度以上もしくは構成原子数が 1,000 個以上のものをいう．また，構成単位が繰り返されて多数つながっている高分子は high polymer，タンパク質などの生体高分子のように多種類の構成単位が特定の順序でつながっているものは macromolecule とも呼ばれる．一方，分子量が 10,000 以下の分子あるいは構成原子数が 1,000 個以下の重合体はオリゴマー oligomer と呼ばれ，高分子とは区別される．高分子は多数の原子を共有結合で連結できる元素（炭素，ケイ素，酸素など）が骨格となっているが，そのほとんどは炭素を骨格とした有機化合物である．

　一方，低分子量の構成単位を**単量体**（モノマー）monomer といい，単量体どうしが化学反応により結合して巨大分子になる反応を重合という．デンプンやセルロースは単量体としてのグルコース分子がグリコシド結合によって重合した天然高分子である．また，アミノ酸がペプチド結合して分子量が数万以上となる物質をタンパク質，10,000 以下の分子量のものをペプチドと呼んでいるが，タンパク質も高分子量であるので高分子に分類される．

13.2 高分子の分類

　高分子は一般的に，天然高分子，半合成高分子および合成高分子の3つに分類することができる．表13.1に示すように，天然高分子は有機天然高分子と無機天然高分子とに分類される．有機天然高分子は植物や動物の生体内に存在する高分子で，糖質，タンパク質，核酸などが含まれる．これらの生体内での機能は，構造支持，栄養貯蔵・運搬，化学反応調節，遺伝子情報の記憶・伝達などである．合成高分子には，ナイロンなどの熱可塑性高分子，フェノール樹脂などの熱硬化性高分子，ポリビニルピロリドンなどの架橋ゲルなどがある．半合成高分子は天然高分子を原料とした誘導体である．セルロース誘導体には様々な種類があり，各種の賦形剤，結合剤および増粘剤などの製剤添加物として医薬品の製造に汎用されるほか，透析膜として限外ろ過装置，逆浸透装置，血液透析装置などにも利用される．近年は，環境の温度やpH条件に感応するポリマーも開発され，薬物送達の分野ではそれらの特性を活かした研究が盛んに行われている．

13.3 高分子の用途

　衣食住関連製品や医薬品など，生活のさまざまな分野において高分子が利用されている．高分子材料がもつ長所として，軽量，易加工性，柔軟性，安定性などが挙げられる．逆に短所として，低強度，低耐熱性，環境負荷などが挙げられる．強度については，高分子の重合条件を変えて分子の結晶性を増加させたり，生成した高分子を一定方向に引っ張ることで結晶部分の配向性をそろえたりするなどして，高分子自体の機械的強度を増加させることができる．耐熱性については，高分子鎖中に内部回転に対して障壁をもつ芳香環を組み込み，さらに分子間相互作用を増加させるような置換基を導入することにより，300℃以上の高温にも耐える高分子も開発されている．さらには，種類の異なる高分子を結合させて共重合体を作製することにより，その応用範囲がますます広がっている．近年は，高分子素材を使用した製品のリサイクル，環境分解性に関する研究が推進され，ポリビニルアルコールのような環境分解性の素材の開発や，セルロース，キチン，プルランといった天然高分子の再評価が積極的に行われている．食品や医薬品分野においては，加工デンプン，ポリ乳酸，ポリエチレングリコール-ポリ乳酸共重合体など，生体に無害な高分子が応用されている．

表 13.1 高分子の分類

① 生成の起源による分類	
有機天然高分子	多糖類： セルロース，デンプン，デキストラン，寒天，アラビアゴム，ヘパリン
	タンパク質： ゼラチン，アルブミン，グロブリン，インスリン，ペプシン，ジアスターゼ，β-ガラクトシダーゼ
	核酸： DNA，RNA
無機天然高分子	ダイヤモンド，石英，雲母，黒鉛
有機合成高分子	ポリビニルピロリドン（PVP），ポリエチレングリコール（PEG）
無機合成高分子	シリコン樹脂，ポリシロキサン，ポリホスファゼン
半合成高分子	硝酸セルロース，メチルセルロース，カルボキシメチルセルロース（カルメロース，CMC），ヒドロキシプロピルセルロース（HPC），ヒドロキシプロピルメチルセルロース（ヒプロメロース，HPMC），ヒドロキシプロピルメチルセルロースフタレート，酢酸セルロース
② 荷電の状態による分類	
非イオン性高分子	ポリビニルピロリドン（PVP），ポリビニルアルコール（PVA）
アニオン性高分子	コンドロイチン硫酸ナトリウム，アルギン酸ナトリウム
カチオン性高分子	ポリ臭化ビニルブチルピリジン，キトサン
両性高分子	タンパク質
③ 構成成分による分類	
単重合体（ホモポリマー）	ポリビニルピロリドン（PVP），ポリビニルアルコール（PVA）
共重合体（ヘテロポリマー）	ポリスチレンスルホン酸
④ 環境感応による分類	
pH感応性高分子	ポリアクリル酸，ポリメタクリル酸，ポリエチルアクリル酸
温度感応性高分子	ポリ-N-イソプロピルアクリルアミド（PIPAAm）
⑤ 高分子の熱的特性による分類	
熱可塑性高分子	ナイロン，ポリエチレン，ポリプロピレン，ポリ塩化ビニル，ポリスチレン，ポリ酢酸ビニル，アクリル樹脂
熱硬化性高分子	エポキシ樹脂，フェノール樹脂，尿素樹脂，メラミン樹脂，ポリウレタン

13.3.1 医療用具・医薬品容器への高分子の応用

医療用具・医薬品容器は，感染予防の立場から，一度使用すると使い捨てとするディスポーザブル化が進展し，トータルコストが低い高分子やプラスチックの使用が重要視されている．注射筒，輸液瓶，輸液バッグなどの医薬品容器に要求される性能は，人体に無毒かつ衛生的であること，紫外線照射法，エチレンオキサイド法，加熱滅菌法，放射線照射法などの最終滅菌法に耐え

られることが必要である．近年，緊急性を要する注射剤の中には，衛生的かつ過誤なく迅速に使用できるよう，注射器に薬液があらかじめ充填されて滅菌処理されたプレフィルド化シリンジ製剤や輸液と抗生物質を一体化したキット製剤が開発されている．このような用途に用いられる高分子であっても，その製造過程で添加される可塑剤，安定化剤，モノマー，オリゴマーなどが溶出する可能性があるので，日本薬局方一般試験法では，プラスチック性医薬品容器試験法，輸液用ゴム栓試験法などが規定されている．

13.3.2　人工臓器・再生医療への高分子の応用

　細胞やその集合体である組織，器官，臓器の機能がより詳細に解明されつつある現在では，人工臓器の開発動向は，従来型の高分子や金属，セラミックスなどの材料を成形・加工して用いる方法から，細胞が本来有する生物的なネットワーク機能を利用したバイオハイブリッド型人工臓器の開発へと発展している．さらに，遺伝子工学，分子生物学，細胞工学などに関する技術の発展とともに，**組織工学** tissue engineering の重要性が認識され，*in vitro* あるいは *in vivo* で組織様構造を形成，再構築し，生体内で高機能の組織を再構成させることに主眼がおかれるようになった．生体組織は細胞だけから構成されているわけではなく，細胞が接着する足場としての細胞外マトリックス，さらに細胞の機能を発現するときに必須となる種々の生理活性物質が必要である．したがって，細胞の足場あるいは刺激物質としてのバイオマテリアルの研究なくして組織工学は成立しない．バイオマテリアルの長期使用のためには，高分子の生体適合性が不可欠となる．生体由来の，あるいは合成された生分解性高分子からなる足場を利用して細胞組織を構築すると，生体に生着する可能性が高まるばかりでなく，成長に伴って足場は分解され，組織が発達していくので，本来の組織と損分なく機能することが期待される．例えば，多孔性のポリ乳酸に血管を形成する細胞を混合すると，細胞が再配列して生体中の血管構造と同等の構造が形成される．足場のポリ乳酸は生体内で徐々に分解されるが，生体のもつ再生能力で適当な足場に置き換わっていくため，生体の血管と同等の，加齢とともに成長する血管が形成される．生体組織では，ある機能をもつ細胞がシートを形成し，異なる機能のシートが層構造をなして組織化されている．そこで，異なる種々の細胞を培養して細胞シートを作製し，これらのシートを重ね合わせることで組織様構造を形成するという**細胞シート工学** cell sheet engineering による再生医療の検討も推進されている．この分野では，正常な機能をもった細胞シートを培養する必要があり，ポリ-*N*-イソプロピルアクリルアミド（PIPAAm）で表面処理をした培養皿表面は，37℃の温度で疎水性となり細胞が接着・増殖する．一方，32℃以下の温度では水がポリマー分子内に浸入して親水性となり，増殖した細胞シートを細胞の機能を維持させたまま脱着・回収することができる．このような PIPAAm で表面処理した培養皿の使用は培養の過程において細胞のもつ本来の機能を損なわないので，同種あるいは異種機能を有する細胞シートを重層化させることができ，高い生理機能を有する細胞組織構造を *in vitro* で形成できる．

13.3.3 医薬品への高分子の応用

　医薬品は製剤であり，薬効を発揮する有効成分以外に，天然由来または合成高分子が様々な用途で製剤添加物として加えられている．製剤添加物としての高分子は，賦形剤，分散剤，結合剤，粘着剤，増粘剤，懸濁剤，安定化剤，吸着剤，腸溶性コーティング剤など，様々な目的で添加される．また，後述のドラッグデリバリーシステムとも関連するが，薬物の吸収促進，徐放化（コントロールドリリース），標的指向化（ターゲティング）を目的とした使用もある．表 13.2 に製剤添加物として使用される高分子を示す．

表 13.2　医薬品に使用される高分子添加剤

用　途	種　類
賦形剤	マントニール，デンプン，デキストリン，結晶セルロース，カルボキシメチルセルロース（カルメロース）
結合剤	マントニール，デンプン，デキストリン，結晶セルロース，ヒドロキシプロピルセルロース（HPC），ヒドロキシプロピルメチルセルロース（ヒプロメロース，HPMC），ゼラチン，ポリビニルピロリドン（PVP）
崩壊剤	デンプン，結晶セルロース，低置換度ヒドロキシプロピルセルロース，カルボキシメチルセルロース，カルボキシメチルセルロースカルシウム
糖衣結合剤	ゼラチン，アラビアゴム
水溶性コーティング剤	メチルセルロース（MC），ヒドロキシプロピルセルロース（HPC），ヒドロキシプロピルメチルセルロース（HPMC），ヒドロキシエチルセルロース
腸溶性コーティング剤	ヒドロキシプロピルメチルセルロースフタル酸エステル（HPMCP），セラフェート（CAP），メタアクリル酸コポリマー L, S
徐放性コーティング剤	エチルセルロース（EC），アミノアルキルメタクリレートコポリマー RS，

13.4　高分子の特徴

　高分子は長いひも状の分子であり，多くの内部自由度をもっているので，熱運動によっていろいろな形態をとる．このため，外力を加えることにより，高分子を簡単に引き延ばすことができる．例えば，濃厚な高分子溶液は粘度が高いので，引き延ばしてフィルム状にしたり，糸状にしたりすることができる．また，架橋や組織化などの処置を施すと，ゴムやゲルのように柔らかくかつ弾力性のある様々な材料を作ることが可能となる．

13.4.1 高分子固体の構造形成

ポリエチレンやセルロースなどの結晶性高分子には結晶領域と非晶領域があり,単結晶とはなりにくい.また,高分子全体が伸びきった状態で結晶化することはなく,折りたたまれた状態で結晶化する.この高分子の折りたたまれた部分の数や構造は高分子の物性を決定づける要因であり,結晶領域の微細構造単位を**ラメラ** lamella という.一方,結晶化されなかった領域はラメラを連結する部分となり,この領域が非晶領域となる.高分子の強度や固さは結晶領域の存在に基づくものであり,非晶領域は柔軟性や水分などの低分子の吸着に役立っている(図 13.1).

非晶領域でも,温度が低いと分子鎖の部分的な運動性(ミクロブラウン運動)が低くなり,柔

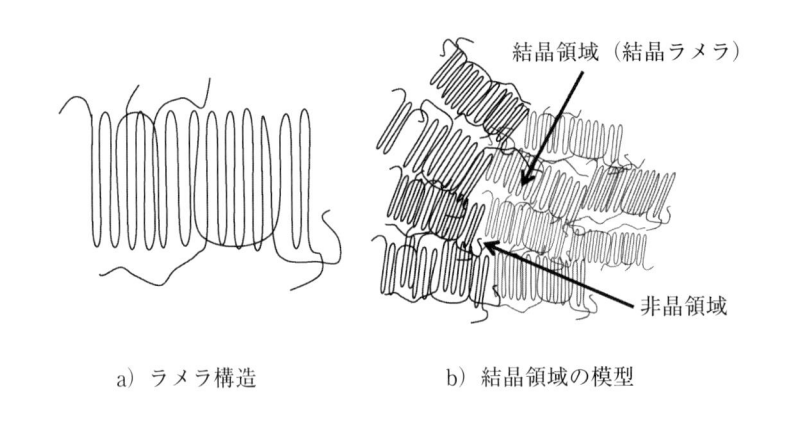

a) ラメラ構造　　　　b) 結晶領域の模型

図 13.1　高分子の結晶領域と非晶領域

軟性のないガラス状態となる.一方,温度が高くなると運動性が高くなり柔軟なゴム状態に変化する.この境界の温度をガラス転移点(T_g)という.結晶性高分子では融点(T_m)が存在するが,非晶質の高分子でも T_g において粘稠な液体またはゴム状態(変形しやすい固体)に変化する(図 13.2).

13.4.2 高分子構造の多様性

高分子は,構成している原子や原子団の種類あるいは結合様式によって,線状,分岐状および網状などの固有の化学構造をとる.これを高分子の一次構造と呼ぶ.一次構造が同じ分子であっても,構成原子の立体配置や相対位置が異なると,必然的に高分子の空間配座 conformation が変化する.また,高分子の物性(粘弾性,融点,熱膨張率,比重,密度,ガラス転移点温度,熱伝導率など)は,同一のモノマーが重合している場合で,同程度の平均分子量と分子量分布をも

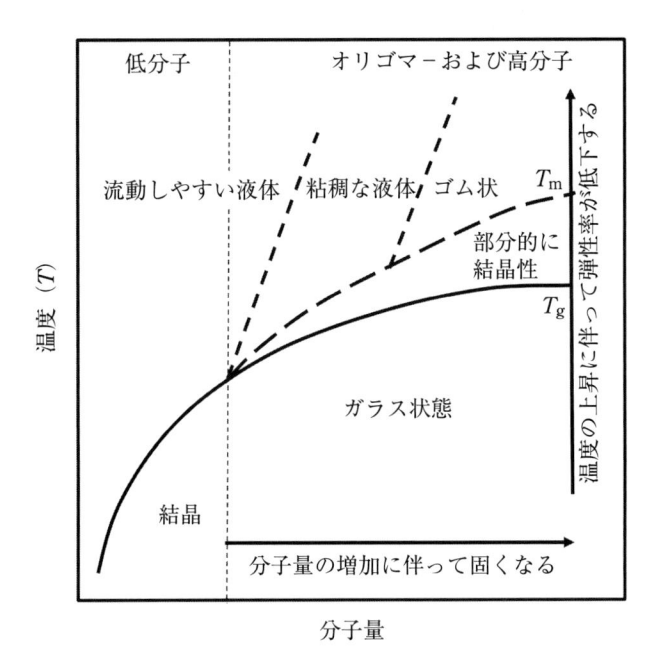

図 13.2　温度および分子量と物質の状態との関係

つ場合であっても，それらの高次構造によって異なってくる．高次構造として，主鎖面に対する置換基の向きが異なる場合，共重合体を形成する場合，分子間引力により集合体を形成する場合などがある．図 13.3 に高分子構造の多様性を示す．

(a) 線状高分子	(b) 分岐状高分子	(c) 網目状高分子	(d) 強直高分子	(e) 折りたたみ状高分子
セルロース	アミロペクチン	架橋高分子	コンドロイチン硫酸	β-ケラチン
(f) 高次集合体	(g) ランダムコイル型	(h) α-ヘリックス型	(i) ダブルヘリックス型	(j) トリプルヘリックス型
インスリン	酵素	ポリペプチド	DNA 鎖	コラーゲン
(k) β シート構造	(l) ブロック共重合体	(m) ランダム共重合体	(n) 交互共重合体	(o) グラフト共重合体
イソタクティックポリエチレン	●▲は異なるモノマー			

図 13.3　高分子構造の多様性

13.4.3 高分子の分子量分布

酵素タンパクや血清アルブミンのような一部の生体高分子を除き，高分子は均一な分子のみを含む低分子物質とは異なり，分子量や構造の異なる分子の混合物である．これは，高分子の生成過程あるいは抽出・精製の過程において不均一性が生じるためである．合成高分子は多官能性単量体を縮合反応や付加反応によって重合させて得るが，これら重合反応はその反応機構が確率論的支配であるため，生成した高分子は組成が同じであっても分子量や構造などに不均一性が認められ，高分子の物性に顕著な影響を及ぼすことになる．高分子の扱いにおいては，分子量の分布は分子量そのものと同様に重要であり，加工の容易さからは分子量分布（不均一性，多分散性）の広さが有利になる場合も多い．高分子の分子量分布は，図 13.4 に示すような微分形あるいは積分形の分布曲線として表される．

(A) 微分重量分布曲線 　　　　(B) 積分重量分布曲線

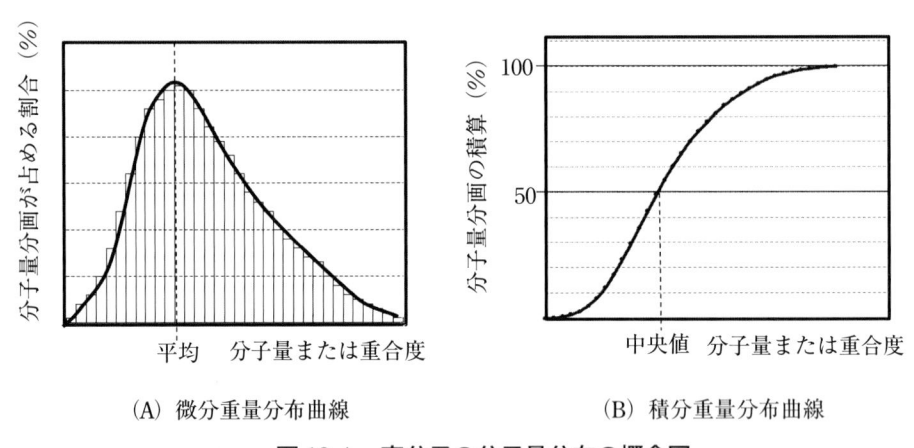

図 13.4　高分子の分子量分布の概念図

微分重量分布曲線（A）には，ヒストグラムの柱の幅で示される分子量（または重合度）の分子が全体に対して占める割合が縦軸に示されている．微分値をつないだ曲線のピーク値が平均分子量となる．この割合を低分子量側から順に足し合わせたものが積分重量分布曲線（B）であり，50%積算値から横軸に外挿したときの値が中央値（メジアン）となる．分子量 M_i の分子の個数を N_i，そのモル分率および重量分率をそれぞれ x_i および w_i とすると，**数平均分子量 $\overline{M_n}$，重量平均分子量 $\overline{M_w}$，z 平均分子量 $\overline{M_z}$ および粘度平均分子量 $\overline{M_\eta}$** を算出することができる．種々の平均分子量の算出法を表 13.3 に示す．

上記のうち，頻用されるのは数平均分子量 $\overline{M_n}$ および重量平均分子量 $\overline{M_w}$ である．数平均分子量 $\overline{M_n}$ は，分子の個数に基づいた平均であり，低分子量分子の影響を敏感に受ける．浸透圧や凝固点降下のような束一性を測定することにより得られる．重量平均分子量 $\overline{M_w}$ は，高分子量分

表 13.3　高分子の平均分子量の定義

数平均分子量	$\overline{M_n} = \dfrac{\sum M_i N_i}{\sum N_i} = \sum (x_i M_i)$	*1
重量平均分子量	$\overline{M_w} = \dfrac{\sum (M_i^2 N_i)}{\sum (M_i N_i)} = \sum (w_i M_i)$	*2
z 平均分子量	$\overline{M_z} = \dfrac{\sum (M_i^3 N_i)}{\sum (M_i^2 N_i)} = \dfrac{\sum (w_i M_i^2)}{\sum (w_i M_i)}$	
粘度平均分子量	$\overline{M_\eta} = \left[\dfrac{\sum (M_i^{a+1} N_i)}{\sum (M_i N_i)}\right]^{1/a} = \left[\sum (w_i M_i^a)\right]^{1/a}$	*3

*1　$x_i = \dfrac{N_i}{\sum N_i}$：成分 i のモル分率

*2　$w_i = \dfrac{M_i N_i}{\sum (M_i N_i)}$：成分 i の重量分率（質量分率）

*3　a の値は，Mark-Houwink の式のものと同じ．

の平均分子量への寄与を重視した値であり，光散乱法，超遠心分析法，ゲル浸透クロマトグラフィーなどにより得られる．したがって，多分散系高分子では一般に $\overline{M_w}/\overline{M_n} \geqq 1$ となり，この値が 1 より大きくなるほど分子量分布曲線も幅広くなることを示している．つまり，$\overline{M_w}/\overline{M_n}$ は分子量分布幅を示す指標となる．現在では，$\overline{M_w}/\overline{M_n}$ の値が 1.10 以下となるような分子量分布が狭い高分子も得られている．生体高分子のように単分散の場合，この値は 1 となる．z 平均分子量は，重量平均分子量よりもさらに高分子量分子の平均分子量への寄与を重視した値であり，超遠心分析法により測定可能である．

　分子量の分布幅を狭くする方法には，ろ過，透析，相分離，電気泳動，遠心分離およびゲルろ過などの分別法がある．これらのなかで，相分離法は合成高分子の分子量による分別法として有用である．相分離法には分別沈殿法と分別溶解法があり，いずれも高分子の固相と高分子溶液間の分別法である．これら 4 種類の平均分子量の値には $\overline{M_n} < \overline{M_\eta} < \overline{M_w} < \overline{M_z}$ の関係がある．

13.5　高分子の広がり

　コロイド安定性と最も関連の深い高分子の物性は溶液中での分子の広がりである．今，長さ一定のセグメントが N 個結合した鎖状高分子を考える場合，その空間配座は熱運動により絶えず

変化している．分子の広がりについて，平均両端距離を用いて表現する方法と鎖状高分子の平均慣性半径を用いて表現する2つの方法がある．ここでは，高分子間の相互作用がない条件，すなわち理想鎖モデル（希薄溶液中で温度や溶媒を調節することで実現可能）での高分子鎖の広がりを考える．

13.5.1 高分子の自由連結鎖モデル

　アミロース，セルロースのような高分子は柔らかなひも状の分子であって，定まった形をもたない．また，巨大な高分子鎖であるDNAを水に溶かして蛍光顕微鏡などで観察すると，DNA鎖が刻々と形を変えて運動している様子をみることができる．これら線状高分子の平均サイズを予測する場合，長さLのセグメント単位で屈曲性をもった高分子モデル（自由連結鎖モデル）を考え，高分子の平均サイズの広がりを調べる．図13.5のように，鎖の両端を結ぶベクトルを$\vec{R}$，n番目のセグメントの両端を結ぶベクトルを$\vec{r_n}$（$n = 1, 2, \cdots\cdots N$）とし，$\vec{R}$の二乗平均$\langle \vec{R}^2 \rangle$を考えると，$\vec{R} = \Sigma_{n=1}^{N} \vec{r_n}$であり，$\vec{r_n}$の分布は互いに独立でその長さは$L$であるので，

$$\langle \vec{R}^2 \rangle = \Sigma_{n=1}^{N} \vec{r_n}^2 = NL^2 \tag{13-1}$$

となる．したがって，式（13-1）から高分子の平均サイズ$\bar{R}$（平均両端距離）を予測すると，$\bar{R} = \sqrt{\langle \vec{R}^2 \rangle}$であるから，$\bar{R}$は$\sqrt{N}L$に等しくなる．これは，高分子全体の長さが$LN$であるので，平衡状態にある高分子鎖の両端をつまんで広げると，元の$\sqrt{N}$倍にまで広がることを意味している．一般的に，高分子のNは$10^2 \sim 10^6$程度の値をとるので，元の10倍～1000倍のサイズに可変しうることを示している．

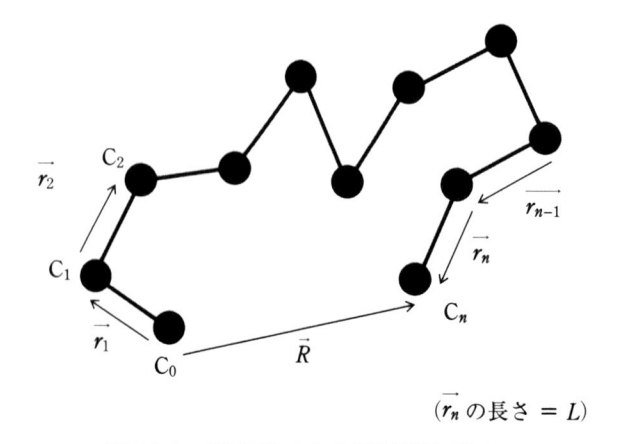

図 13.5　高分子の自由連結鎖モデル

13.5.2 高分子の自由回転鎖モデル

図13.6のように，隣り合う結合の角度が θ に固定されていて，末端のセグメントが結合の周りを自由に回転できる高分子鎖を想定する．長さ L のセグメント単位で鎖の両端を結ぶベクトルを $\vec{R}$，n 番目のセグメントの両端を結ぶベクトルを $\vec{r_n}$ ($n = 1, 2, \cdots N$) とする．このとき，$\vec{r_n}$ の平均 $<\vec{r_n}>$ は，

$$<\vec{r_n}> = \vec{r_{n-1}} \cos\theta \tag{13-2}$$

となる．さらに，ある位置 i, j における2つの結合間の相互作用 $<\vec{r_n} \cdot \vec{r_{n-1}}>$ は，

$$<\vec{r_n} \cdot \vec{r_{n-1}}> = L^2 \cos\theta^{|i-j|} \tag{13-3}$$

となる．したがって，相互作用は $|i-j|$ の差が大きくなると（離れると）小さくなる．また，式 (13-2)，式 (13-3) の関係から，末端間ベクトル $\vec{R}$ の二乗平均は次式により得られる．

$$<\vec{R^2}> = NL^2 \left\{ \frac{1+\cos\theta}{1-\cos\theta} - \frac{2\cos\theta}{N} \frac{1-(\cos\theta)^N}{(1-\cos\theta)^2} \right\} \tag{13-4}$$

高分子は N が非常に大きいので，式 (13-4) の第2項 $\cong 0$ となり，式 (13-5) のように簡略化される．

$$<\vec{R^2}> = NL^2 \frac{1+\cos\theta}{1-\cos\theta} \tag{13-5}$$

式 (13-5) において，θ の値が 60° に固定されている炭素鎖からなる高分子の場合，$\cos\theta = \dfrac{1}{3}$

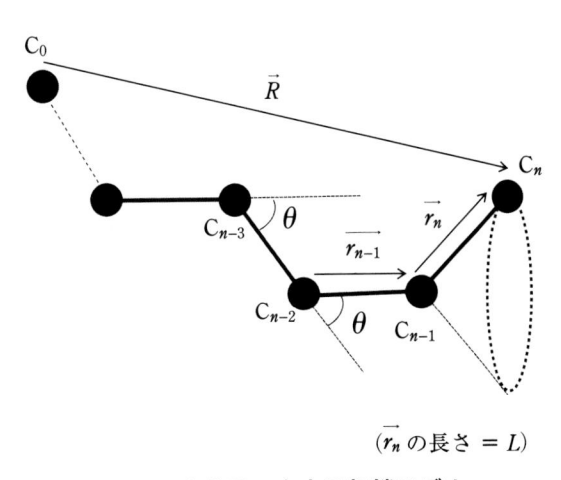

図 13.6 高分子の自由回転鎖モデル

となるので，式 (13-5) はさらに次のように簡略化される．

$$\langle \vec{R}^2 \rangle = 2NL^2 \tag{13-6}$$

すなわち，自由回転鎖モデルにより炭素鎖からなる高分子の平均サイズを同様に予測すると，$\overline{R}$ は $\sqrt{2N}L$ に等しくなる．

13.5.3 高分子の平均慣性半径

アミロペクチンのような分岐をもつ高分子では，高分子鎖の広がりは高分子セグメントの重心からの距離の二乗平均 R_g^2 を用いて算出する．図 13.7 に示すように，O を基準とした高分子の重心の位置ベクトルを $\vec{R}_c$，i 番目のセグメントの位置ベクトルを $\vec{R}_i$ とすると，重心から i 番目のセグメントまでの距離の二乗平均 R_g^2 は次の式で示される．

$$R_g^2 = \frac{1}{N} \Sigma_{i=1}^{N} \langle (\vec{R}_i - \vec{R}_c)^2 \rangle \tag{13-7}$$

ここで，$\vec{R}_c$ は，

$$\vec{R}_c = \frac{1}{N} \Sigma_{i=1}^{N} \vec{R}_i \tag{13-8}$$

である．したがって，式 (13-7) および式 (13-8) より，

$$R_g^2 = \frac{1}{2N^2} \Sigma_{i=1}^{N} \Sigma_{j=1}^{N} \langle (\vec{R}_i - \vec{R}_j)^2 \rangle \tag{13-9}$$

が成立する．式 (13-9) に示す R_g は慣性半径と呼ばれ，高分子のセグメントは重心を中心に半径が R_g 程度の球形領域に分布していることを示している．この領域を高分子糸まりという．慣性半径は，希薄な高分子溶液の光散乱，X線散乱，中性子散乱などの散乱実験により得ることが

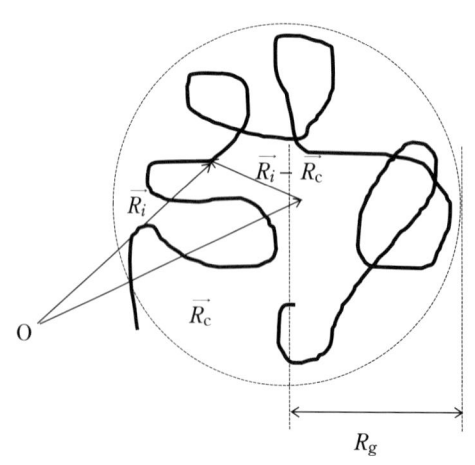

R_g：慣性半径
$\vec{R}_c$：重心の位置ベクトル
$\vec{R}_i$：i 番目のセグメントの位置ベクトル

図 13.7　高分子の慣性半径

できる．また，後述するが，R_g の大きさは高分子を溶かす溶媒の種類（良溶媒，貧溶媒）によって変化する（13.7.1 項参照）．

13.5.4 実在鎖モデルによる高分子の広がり

自由連結鎖モデルでは，分子内のセグメント間の相互作用は考慮されていない．このセグメント間の相互作用を考慮したモデルを実在鎖モデルと呼ぶ．セグメント間に相互作用がある場合，一方のセグメントの周りに他方のセグメントが近づくことのできない領域ができる．この領域の体積を**分子内排除体積** intramolecular excluded volume という．一般に，高分子と溶媒との親和性が高い場合，分子内のセグメント間には反発力がはたらき，分子内排除体積は大きな正の値をとる．逆に，高分子と溶媒の親和性が低い場合，分子内排除体積は小さな値をとり，セグメント間には引力がはたらく．この条件下では，高分子は凝集する．実在鎖モデルでは，セグメント間に相互作用がない自由連結鎖モデルに比べて高分子の広がりは小さくなる．

13.6 固有粘度と分子量

13.6.1 マーク-ホーウィンクの式

多くの直鎖状高分子の**固有粘度（極限粘度）** intrinsic viscosity，$[\eta]$ と高分子の分子量との間には**マーク-ホーウィンクの式** Mark-Houwink's equation（13-10）が成立する．固有粘度は粘度という名称ではあるが，濃度の逆数の単位（例えば dL/g）をもつ．

$$[\eta] = K \cdot M_\eta^a \tag{13-10}$$

ここで，K と a は経験的定数で，ある温度における高分子と溶媒の種類で決まり，かつ高分子の分子量に無関係な定数である．したがって，K および a が既知の高分子の $[\eta]$ を求めることで，式（13-10）をもとに粘度平均分子量 M_η を推定することができる．a の値は溶質高分子の形状により異なる．球状分子であれば 0.5 ～ 0.8 の値をとり，棒状分子に近づくほど 1 に近づく．表 13.4 に各種高分子の K および a の値を示す．同一の高分子であっても，K および a は溶媒の種類，イオン強度，温度条件によって変化することがわかる．また，日本薬局方の一般試験法「粘度測定法」の中に毛細管粘度計法があり，この方法で高分子溶液の粘性を測定し固有粘度を求めることができる（第 10 章参照）．

表13.4 マーク-ホーウィンクの式に対する K と a の値

高分子	溶媒	温度（℃）	$K \times 10^4$	a
ポリビニルアルコール	水	30	6.66	0.64
ポリビニルアルコール	水	25	30.0	0.5
ポリビニルピロリドン	水	30	3.93	0.59
ポリビニルピロリドン	水	25	1.4	0.7
ポリビニルピロリドン	メタノール	30	2.3	0.65
ポリビニルピロリドン	クロロホルム	25	1.94	0.64
デキストラン	水	25	9.00	0.50
カルボキシメチルセルロース	0.1 M NaCl	25	1.23	0.91
カルボキシメチルセルロース	0.1 M NaCl	25	0.0646	1.20
ポリエチレングリコール	水	30	1.25	0.78
ポリエチレングリコール	0.45 M K_2SO_4	35	13.0	0.50
ポリエチレングリコール	0.39 M $MgSO_4$	30	10.0	0.50

13.6.2 高分子溶液の相対粘度，比粘度，還元粘度および固有粘度の求め方

　高分子を溶媒に溶かすと，溶液の粘度は溶媒の粘度より上昇する．日本薬局方では，溶媒および高分子溶液の粘度は**ウベローデ型毛細管粘度計** Ubbelohde's capillary viscometer（第10章，図10-14参照）を用いて測定するよう規定されている．溶媒および高分子溶液の粘度をそれぞれ η_0 および η，溶質の濃度を C（g/dL あるいは g/cm^3）とすると，**相対粘度** relative viscosity, η_{rel} は，η_0 に対する η の比（η/η_0）により得られる．溶質を溶媒に溶解したときの粘度の増加率を**比粘度** specific viscosity, η_{sp} といい，相対粘度 η_{rel} から1を差し引くことにより得られる．η_{rel} および η_{sp} の単位は1である．また，比粘度を溶質の単位濃度当たりに換算したものを**還元粘度** reduced viscosity, η_{red} といい，その単位は dL/g あるいは cm^3/g である．

　還元粘度には分子間相互作用の効果が含まれているが，還元粘度を高分子溶液の濃度に対してプロットし，得られた直線上で高分子溶液濃度を0方向へと外挿すると，高分子1分子の性質を反映した固有粘度（極限粘度）$[\eta]$ を得ることができる．これを**ハギンズプロット** Huggins plot と呼ぶ．還元粘度と固有粘度との間には式（13-11）の関係が成立する．

$$\eta_{red} = k_H[\eta]^2 C + [\eta] \qquad (13\text{-}11)$$

ここで，k_H はハギンズ定数と呼ばれ，$[\eta]$ および直線の傾きから求めることができる．ハギンズ定数は高分子鎖間の相互作用の大きさを表す．

13.7 高分子の溶液物性

　希薄溶液中の高分子鎖の広がりと形態は，高分子鎖の固さおよび局所形態に加え，鎖の構成要素の間にはたらく相互作用によって決まる．高分子の希薄溶液中では，高分子鎖は溶媒との相互作用により全体が広がった**コイル状態** coil state や，凝縮した**グロビュール状態** globule state などで存在することが知られている．グロビュール状態では鎖どうしは接触していないため，高分子は溶液中で1分子としてふるまう．しかし，溶液の高分子の濃度が上昇していくと，溶質（高分子）-溶媒間の相互作用だけではなく高分子鎖どうしの相互作用も無視することができなくなる．高分子の濃度が**臨界濃度** critical concentration（あるいは**重なり濃度** overlap concentration）に到達すると高分子鎖どうしが接触し始め，さらに濃度が上昇した準希薄溶液では，高分子の鎖どうしは入り組んだ網目構造を形成する（図13.8）．溶媒等の条件にもよるが，重合数 10^4 程度の直鎖状高分子では，体積分率が0.001ですでに高分子鎖どうしの相互作用が始まっている．高分子濃度がさらに上昇し，通常，濃度が20%を超えるような溶液は濃厚溶液と呼ばれ，高分子だけからなる液体を**溶融体（メルト体）** melt という．

希薄溶液　　　　　準希薄溶液　　　　　濃厚溶液

鎖どうしは接触していないので，1分子としてふるまう

鎖どうしは入り組んだ網目構造をとるが，高分子の全体積は小さい

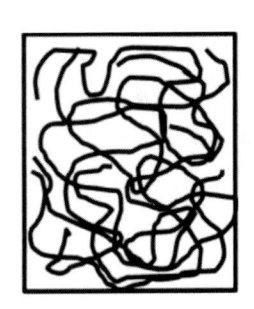

溶媒の体積分率が低くなり，メルト体となる

図13.8　高分子の希薄溶液と濃厚溶液

13.7.1　良溶媒と貧溶媒

　一般の合成高分子の場合，高分子鎖どうしの相互作用を無視しうる希薄溶液においては，主鎖構造の一重結合の周りの回転により，多くの形態（コンホメーション）をとることができる．結

合の内部回転が自由である場合には，**ランダムコイル（糸まり）状** random coil となる．高分子に対し高い親和性をもつ溶媒中に高分子を溶解した場合，高分子鎖と溶媒間の相互作用が増加するため，溶媒分子が高分子鎖のつくるランダムコイル構造の内部に浸入し，高分子鎖を押し広げようとする．この結果，固有粘度 $[\eta]$ も増大する．このような溶媒を**良溶媒** good solvent といい，良溶媒中では，相互作用によって構成要素が反発しあい，1本の高分子鎖の広がりは大きくなる．これを**分子内排除体積効果** intramolecular excluded volume effect と呼ぶ．また，2つの高分子鎖間について考えると，一方が占める領域に他方が入り込みにくくなるが，これを**分子間排除体積効果** intermolecular excluded volume effect と呼ぶ．良溶媒ではマーク-ホーウィンクの式（13-10）における係数 a が 0.5 より大きくなる．逆に，親和性の低い溶媒，すなわち**貧溶媒** poor solvent では，溶媒分子はランダムコイル内から排除されることになり，高分子のランダムコイルのサイズは小さくなる．これに伴い固有粘度が低下し，係数 a の値は 0.5 よりも小さくなる．

13.7.2 高分子溶液の浸透圧

高分子の希薄溶液の浸透圧を Π, 高分子溶液の質量濃度を C_P, 気体定数を R, 熱力学温度を T とすると，浸透圧は式（13-12）で示される．

$$\Pi = RT\left(\frac{C_P}{M} + A_2 C_P^2 + A_3 C_P^3 + \cdots\right) \quad (13\text{-}12)$$

ここで，M は高分子の分子量を示す．高分子の希薄溶液では，右辺の2次項までを考慮するとよいが，溶液の濃度が増加し，分子内排除体積効果や分子間排除体積効果が無視できない準希薄溶液および濃厚溶液を取り扱う場合には，3次以上の高次の項を考慮する必要がある．高分子鎖を含む溶液では，溶質や水分子は高分子鎖の占める体積には入り込めないので，高分子は実質的にその分だけ差し引かれた体積に分布することになり実効濃度が増加する．このため，高分子の濃厚溶液では Π は著しく増加する．さらに，式（13-12）の A_2 は，**第2ビリアル係数** second virial coefficient と呼ばれる高分子-高分子間や高分子-溶媒間の相互作用，分子間排除体積効果に関係する係数であり，高分子や溶媒の種類および溶解温度に依存する．第2ビリアル係数は，良溶媒では正の値をとるが，溶媒の高分子に対する親和性が低下するに従って減少し，0から負の値をとる．$A_2 = 0$ の状態を **θ-状態** theta state といい，$A_2 = 0$ となる溶媒，温度をそれぞれ **θ-溶媒** theta solvent, **θ-温度** theta temperature という．なお，θ-溶媒は貧溶媒で，θ-状態とは高分子と溶媒の理想混合状態であり，高分子と溶媒との反発力および凝集力が最も小さい状態に等しい．このとき，マーク-ホーウィンクの式（13-10）においては $a = 0.5$ の値をとる．また，コイル状態で存在していた高分子鎖が，溶媒の温度が θ-温度より低温になるとグロビュール（凝集）状態をとるようになることを**コイル-グロビュール転移** coil-globule transition という．

13.7.3 コアセルベーション

　良溶媒に溶解させた高分子の溶液に対して，沈殿剤を添加したり温度を低下させたりすることによって溶媒の高分子に対する親和性を低下させると，非常に希薄な高分子の溶液相と濃厚な高分子溶液相の2相に相分離が起こる．この相分離現象を**コアセルベーション** coacervation といい，濃厚高分子溶液相を**コアセルベート** coacervate と呼ぶ．このとき，低分子量の分子が希薄相に，高分子量のものが濃厚相に分配される．また，分子量の不均一な合成高分子溶液にゆっくりと貧溶媒を添加していった場合，あるいは高温の溶液をゆっくりと冷やしていくと，分子量の大きい高分子から順に分子量のそろったコアセルベートを分離することができる．このことをコアセルベーション法による高分子の分別という．セルロース系高分子は分子内水素結合で架橋をつくるが，ある温度により架橋がずれコアセルベートに変化する．また，高分子電解質である場合は，荷電を中和して溶解性を低下させてコアセルベートをつくることができる．ゼラチンやアラビアゴムは中性付近のpHでは負に帯電しているが，pHを3.5〜3にまで低下させると，ゼラチンは等電点以下となるため正に帯電し，アラビアゴムと静電気的に結合してコアセルベートをつくる．このようなコアセルベーションによる相分離法は，マイクロカプセル調製に汎用される技術である．

13.8　高分子電解質

　高分子電解質 polyelectrolyte とは，高分子の鎖上にカルボキシル基，リン酸基，アミノ基等の解離基をもつイオン性高分子をいう．生体高分子では，核酸，タンパク質，コンドロイチン硫酸，アルギン酸等多くの高分子が高分子電解質である．合成高分子では，ポリアクリル酸やポリスチレンスルホン酸など，半合成高分子ではカルボキシメチルセルロースなどがある．

13.8.1　高分子電解質の電離

　高分子電解質は，ポリアニオン，ポリカチオン，両性高分子電解質に分類される．高分子電解質が電離すると高分子イオンと低分子イオン（**対イオン**）が生じる．例えば，合成高分子のポリアクリル酸ナトリウムやポリスチレンスルホン酸ナトリウムなどは，ポリアニオンと反対符号の電荷をもつ低分子イオン，すなわちNa^+とに電離する．ポリアクリル酸ナトリウムは，弱酸性のカルボキシル基をもっているので一部しか電離しないが，ポリスチレンスルホン酸ナトリウムは，強酸性のスルホン酸基をもっているのでほぼ完全に電離する．対イオンはその存在する領域

によって，高分子鎖上の電荷に束縛されたもの，高分子鎖に沿って運動可能なもの，高分子のつくるランダムコイル構造の内部に存在するもの，ランダムコイルよりも外のバルク溶液中に存在するものなどに分類される．ポリアクリル酸ナトリウムの希薄水溶液の場合，対イオンのうち約70％が高分子鎖近傍に束縛されている．このような現象をイオンの凝集という．例えば，コンドロイチン-6-硫酸ナトリウムからの Na^+ のみかけの電離度は，イオンの凝集のため41％と低い．添加塩がない場合，電離した高分子イオンは，その分子上に存在する荷電間の静電的な反発のために非常に広がった構造をとっており，溶液の粘度は高くなる．これに塩を添加しイオン強度を増加させると，高分子鎖上の荷電間の反発が抑制され，ランダムコイルの収縮が観察される．

13.8.2 ドナンの膜平衡

図13.9に示すように，半透膜で仕切られたA槽とB槽のうち，A槽のほうに膜を透過できないタンパク質などの高分子電解質（P）を加えたとき，高分子鎖がもつ電荷のために膜を自由に透過できる低分子がA槽とB槽との間で異なった濃度になり平衡に達する．これを**ドナンの膜平衡** Donnan's membrane equilibrium という．

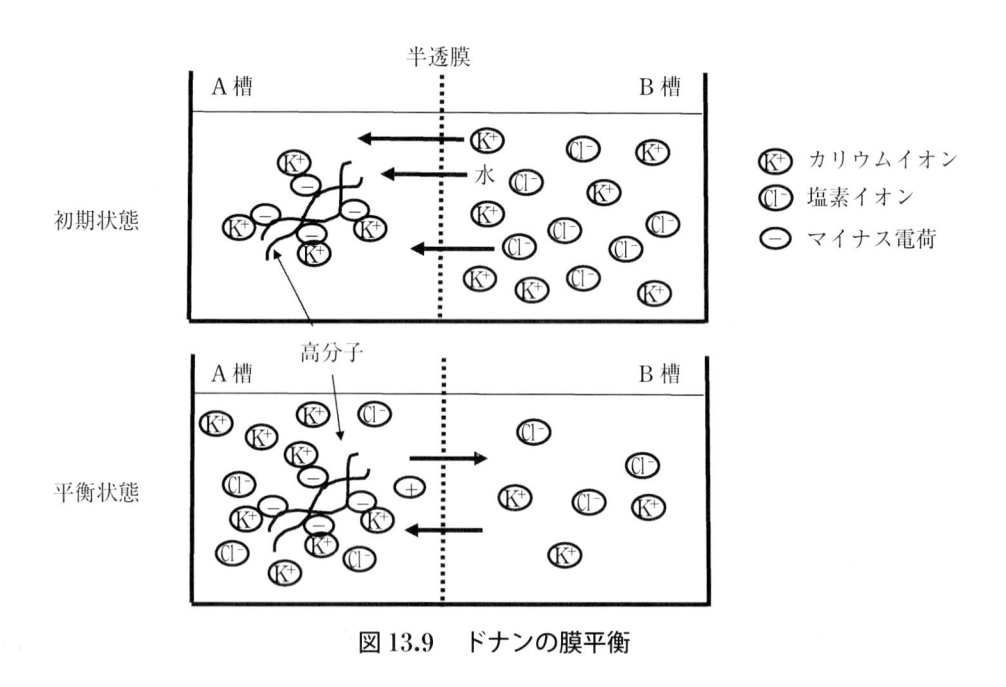

図 13.9　ドナンの膜平衡

低分子イオンの膜を隔てた不均一な分布（**ドナン分布** Donnan's distribution）のために，平衡時には膜の両側で電位差を生じる．この結果，高分子電解質が存在する溶液（A槽）中の総イオン濃度は，イオン溶液（B槽）中に比べて高くなり，より高い浸透圧を示す．

例えば，初期状態においてA槽に高分子電解質のカリウム塩（PK）が 160 mmol/L，B槽に

KClが160 mmol/L存在するとき，Cl⁻濃度はB槽のほうが高いので，Cl⁻はB槽からA槽へ移動する．このときB槽内の電気的中性を保つため，移動したCl⁻と同量のK⁺がB槽からA槽へ移動する．平衡に到達したとき，A槽のCl⁻の濃度が53 mmol/Lであったとすると，A槽ではK⁺濃度は213 mmol/Lとなり，Cl⁻濃度53 mmol/LおよびP⁻濃度160 mmol/Lの合計213 mmol/Lとなって電気的なバランスをとる．このとき，B槽ではKClは107 mmol/Lとなり，A-B水槽間で濃度の不均衡が生じる．

生体の脂質二重膜を半透膜と考え，細胞内外にドナン分布が成立するかどうかを調べると，低分子電解質であるKClはドナンの膜平衡理論から予想される分布をしていることがわかる．すなわち，細胞内には負の電荷をもつ高分子イオンが存在するので，細胞外K⁺濃度＜細胞内K⁺濃度となる．しかし，NaClの場合には，ドナン分布からの予想とは全く逆の分布をしている．これは，実際の細胞膜にはナトリウム–カリウムポンプ，Na⁺/K⁺-ATPaseがイオン輸送体として存在し，細胞内Na⁺が汲み出されているからである．

13.9 ゲルと高分子ラテックス

13.9.1 ゲル

高分子ゲルとは，高分子が架橋されることで三次元的な網目構造を形成し，その内部に溶媒を吸収し膨潤したもので，流動性を失ったコロイド分散系である．高分子どうしの分子間力で構造を形成するために，分散系全体が異常粘性を示し一定の形状を保っている．したがって，高分子ゲルは固体と液体の中間的な性質を併せもつ．架橋方法の違いにより物理ゲルと化学ゲルに区別される．水素結合やイオン結合，配位結合などによって架橋されたゲルを物理ゲルといい，寒天やゼラチンなどのように熱などの外部刺激により可逆的にゾル–ゲル転移をする．一方，化学反応によって共有結合して架橋されたものを化学ゲルといい，構造を壊さない限り化学的に安定である．紙おむつの吸水ポリマーやソフトコンタクトレンズは化学ゲルである．

13.9.2 高分子ラテックス

ラテックス latex とは本来，生ゴムの木から採取できる樹液を意味する用語であった．現在では，様々な重合法により調製される高分子の球形粒子が安定に分散した系を含めて高分子ラテックスという．一般にコロイド次元は1〜100 nmであるが，その適応範囲を拡張して**ポリマーコロイド（メディカルスフェア）** polymer colloid (medical sphere) とも呼ばれる．高分子ラテッ

クスは天然系と合成系の両方があるが，合成系のものが圧倒的に多く，人造ラテックスとも呼ばれている．また，高分子ラテックスの内部に薬物を保持できるようにしたものは**マイクロ（ナノ）スフェア** microspher（nanosphere）とも呼ばれる．高い表面エネルギーをもつ高分子ラテックス粒子を水中に安定に分散させるには，粒子の表面に荷電基や水溶性高分子を吸着させて親水性の保護層を形成する必要がある．一般に高分子ラテックスは，様々な界面活性剤を添加して行う乳化重合法により合成される．合成された高分子ラテックスは球形で比較的粒子径がそろっているので，医療および生化学分野において診断薬，細胞標識，細胞分離，細胞機能評価，ドラッグデリバリーシステムにおける薬物担体など，様々な用途で使用されている（表13.5）．

表13.5 医療分野におけるラテックスの用途

種　類	用　途
イムノラテックス イムノビーズ	診断薬，細胞標識，細胞分離などに使用する
細胞機能評価スフェア	貪食細胞による貪食機構や貪食後の細胞内消化機構を調べる
血液浄化スフェア	ラテックスに選択的吸着能を付与し，血液内の老廃物を除去する
薬物キャリアー	ドラッグデリバリーシステムの薬物担体としての利用．特に標的指向性を付与する場合には，表面に抗体や糖鎖を修飾して利用．pHや温度感応性の高分子を用いることで，がんや特定の組織へ移行させることも可能
アフィニティ分離スフェア	糖鎖-レクチン，酵素-基質，抗原-抗体，ホルモン-受容体などの反応を利用し，成分を分離することが可能
固定化生体触媒	酵素，酵母ビーズを表面に固定したラテックス上で生化学反応を起こさせる

13.10 ドラッグデリバリーシステム

ドラッグデリバリーシステム drug delivery system（DDS）は「薬物投与の最適化を目的として設計された新しい投与システム」と定義される．最適化の中身は，①**薬物の吸収促進**，②**コントロールドリリース**，③**ターゲティング（標的指向化）**に分類される．近年，これらDDSの目的のため，様々な機能をもった高分子が開発されている．DDS製剤の形態として，高分子に薬物を結合させたもの，ミセル・ナノゲルなどの高分子集合体に薬物を内包させたもの，不溶性の高分子微粒子（マイクロスフェア，ナノスフェア）に薬物を内包させたもの，不溶性の固体やゲルマトリックスに薬物を内包させたものなどがある．

13.10.1 薬物の吸収促進に利用される高分子

消化管や肺粘膜からの薬物の吸収促進では，プロドラッグとして親薬物の脂溶性を高める，吸収促進剤を添加する，薬物を**非晶質**（**アモルファス** amorphous）化する，などの手法がとられる．高分子は，難吸収性薬物の非晶質化や，薬物の**細胞間隙** tight junction 透過のための促進剤として利用されている．難吸収性薬物であるシクロスポリンは，分子量6,000〜8,000のポリエチレングリコール（PEG）を担体とした固体分散体にすることで非晶質化され，小腸からの吸収率が上昇する．また，インスリンなどのタンパク質性医薬品は，キトサンおよびその誘導体，ポリアルギニン，カチオン化ゼラチン，カチオン化プルランなどのカチオン性高分子を吸収促進剤として用いることにより，上皮細胞間間隙の開口を促し細胞間隙経路の吸収促進をもたらす．

13.10.2 コントロールドリリースに利用される高分子

薬物の治療効果と副作用は，一般的に投与後の薬物血中濃度によって規定される．血中濃度はそれぞれ薬物固有の治療濃度域，すなわち最小薬効発現濃度と最小毒性発現濃度との間で維持されることが望ましい．しかし，静脈内投与や通常製剤では，治療域中に最適な血中濃度が維持される時間は限られており，投与量によっては，治療域を超えて副作用が発現したり，治療域以下となって薬効を発揮できない場合もある．コントロールドリリースは，剤形を工夫して薬物の血中濃度を最適な状態に制御しようとするものである．注射剤，筋肉内注射剤，経口製剤，眼科用外用剤，経皮吸収型製剤，経鼻吸収型製剤など様々な医薬品に，高分子がコントロールドリリースの目的で応用されている．リュープロレリン酢酸塩を**生分解性高分子** biodegradable polymer の徐放性マイクロスフェア中に内封した製剤は，1回の筋肉内投与で1か月または3か月間もの長期にわたるコントロールドリリースが実現されている．生分解性高分子には，**乳酸-グリコール酸共重合体**（**PLGA**）が使用されている．抗がん剤ネオカルチノスタチンはスチレン-無水マレイン酸共重合体と結合させることにより，分子量と疎水性を高めた高分子医薬品である．

13.10.3 標的指向化（ターゲティング）に利用される高分子

一般に，薬物が治療効果を発揮するためには，投与部位から体内の特定の標的部位に薬物を効率よく移行させることが重要である．このとき，標的部位以外に移行した薬物は，薬効に関係ないばかりか，副作用発現の原因にもなりうる．したがって，薬物を不必要な部位には移行させず標的部位だけに移行させる製剤設計が，有効性や安全性の高い薬物治療を行う上で重要である．薬物を選択的に標的部位へ移行する性質を与えることを薬物の**ターゲティング**（**標的指向化**）targetting と呼び，薬物の生体内分布を制御し治療係数を改善するための製剤設計である．こう

した標的指向化の対象となる生体部位は，①特定臓器，②がんや炎症部位，③レセプターや酵素に分類され，それぞれ，1次，2次，3次のターゲティングと呼ばれる．

ターゲティングには，通常，標的部位に何らかの親和性を有する薬物運搬体となる低分子，高分子，ミセル，微粒子がキャリアーとして利用される．表13.6に示すように，ターゲティングに利用される高分子には天然高分子，合成高分子，生分解性高分子があり，高分子そのものを薬物に結合させるもの，高分子ミセルを利用するもの，微粒子を利用するものがある．

表13.6 薬物の標的指向化に利用される分子

分類	受動的ターゲティングキャリアー	能動的ターゲティングキャリアー
低分子	脂溶性低分子 ベンゼン環，アルキル基	低分子ホルモン 輸送基質
高分子	・天然高分子 　アルブミン，デキストラン 　プルラン，キトサン，イヌリン ・合成高分子 　ポリアミノ酸，ピラン共重合体 　スチレン-無水マレイン酸共重合体（SMA） 　ポリエチレングリコール（PEG）	抗体結合高分子 糖鎖結合高分子 糖タンパク質結合高分子 生体由来高分子 　抗体，レクチン，ペプチドホルモン 　糖タンパク質
ミセル	合成高分子 　PEG-ポリアミノ酸ブロック共重合体	温度応答性合成高分子
微粒子	・脂質 　リポソーム，糖鎖被膜リポソーム 　リピッドマイクロスフェア 　エマルション ・天然高分子 　アルブミンマイクロスフェア 　ゼラチンマイクロスフェア 　デンプンマイクロスフェア ・合成高分子 　ポリアルキルシアノアクリレートスフェア 　ポリ乳酸-ポリグリコール酸共重合体スフェア 　エチルセルローススフェア	抗体結合リポソーム 抗体結合糖鎖被膜リポソーム 抗体結合ナノスフェア 糖鎖結合リポソーム 糖タンパク質結合リポソーム 温度感受性リポソーム 磁性エマルション 磁性ナノスフェア
生体由来物質	・ペプチドホルモン ・抗体，レクチン ・糖タンパク質 ・低密度リポタンパク質（LDL） ・赤血球	

図13.10には高分子を利用した薬物キャリアーのタイプを示す．

水溶性高分子に薬物を化学結合させたもの，非水溶性高分子に薬物粒子を分散させたもの（マイクロスフェアあるいはナノスフェア），リポソームの表面に抗体や高分子を付与したもの，タンパク質を高分子鎖で修飾したもの，疎水性高分子と親水性高分子とからなるブロック共重合体によりミセル化されたもの，疎水性の核を数多く有する高分子のゲルマトリックスに薬物を埋包

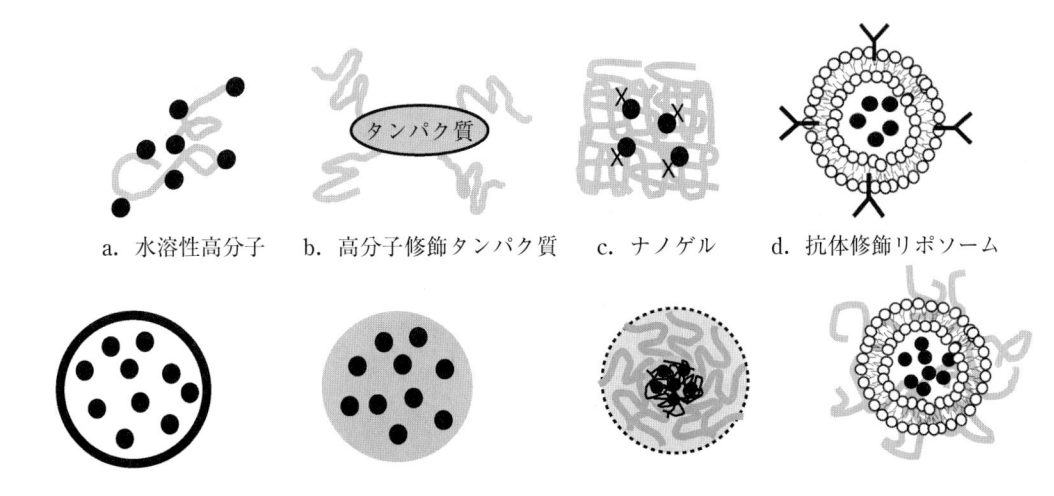

a. 水溶性高分子　b. 高分子修飾タンパク質　c. ナノゲル　d. 抗体修飾リポソーム

e. マイクロ(ナノ)カプセル　f. マイクロ(ナノ)スフェア　g. 高分子ミセル　h. ステルスリポソーム

図13.10　ターゲティングに使用される様々な微粒子キャリアー

したものなどがある．微粒子性運搬体にはマイクロオーダーからナノオーダーのサイズがあり，キャリアーの物理化学的性質によって生体での挙動が決まる場合を**受動的ターゲティング** passive targetting と呼び，より積極的に薬物の標的指向化を図る試みを**能動的ターゲティング** active targetting と呼ぶ．能動的ターゲティングを行う場合は，キャリアーに対して目的に応じた修飾を施さなくてはならない．基準とするキャリアーに，モノクローナル抗体，レクチン，ペプチドホルモン，糖タンパク質などを修飾することにより，特異的部位に集積する性質を付与することができる．特にがん治療において，モノクローナル抗体（または抗原認識部分）と，放射性同位元素，抗がん剤，毒素などを修飾したものを用いる試みは，「免疫ミサイル療法」として活発に研究され，がん化学療法の有力な手段になることが期待される．

ターゲティングに用いられるキャリアーが有効にはたらくためには，a) 標的に到達するまでの障壁の克服，b) 親和性による標的への到達，c) 標的での滞留，d) 薬物放出の最適化が必要となる．特に微粒子性のキャリアーは，生体内での細網内皮系への取り込み，薬物の引き抜き，酵素処理，生体成分の結合などによる変化や不安定化を受けるため，目的に応じた製剤設計を施す必要がある．低分子と異なり高分子や微粒子は生体膜透過性が低いので，細胞内へエンドサイトーシスで取り込まれ，分解酵素を内包するリソソーム（低 pH 環境）と融合することにより，分解されて薬物が放出されると考えられている．

13.10.4　高分子化医薬

薬物を高分子に結合させたものは高分子化医薬と呼ばれ，分子量，電荷，水溶性などに応じて特異的な挙動を示す．薬物にデキストランやアルブミンなどの水溶性高分子を結合した高分子化

医薬は，分子サイズが腎糸球体の血管壁の有効ろ過直径（3 nm）より大きくなると，腎排泄が低下することにより循環血中での滞留性が増加する結果，血管透過性が高い腫瘍や炎症部位へ集積する．負電荷の高分子は肝臓非実質細胞に取り込まれやすくなるのに対し，逆に正電荷の高分子は肝実質細胞表面に吸着されやすくなり，肝クリアランスが上昇する．また，正電荷の高分子を腫瘍部位に直接注入すると，静電的に吸着されて滞留し，がん転移の経路であるリンパ系に吸収されて所属リンパ節に集積する．特に PEG による薬物修飾は **PEG 化 PEGylation** と呼ばれ，最も広く用いられている薬物の高分子化法である．インターフェロン α2a は C 型肝炎の治療に用いられるが，静脈内投与後の生体内半減期が約 8 時間と非常に短く，患者は週に 3 回注射をする必要があった．しかし，PEG 鎖をインターフェロン α2a に結合させることにより，生体内半減期が 80 時間と約 10 倍に増加した．この製剤は PEG 化インターフェロンと呼ばれ，インターフェロン α2a の生体内利用率および患者の QOL を向上させた新しいインターフェロン製剤である．PEG 化することにより分子間排除容積が増大し，血中でのインターフェロン α2a の分解や消失が著しく抑制された結果と考えられる．PEG 化インターフェロンは現在上市されており，C 型ウイルス性肝炎や多発性骨髄腫の抗がん剤として用いられている．

13.10.5　高分子ミセル

高分子ミセル型キャリアーは，脂溶性が異なる 2 つの高分子鎖が直列につながったブロック共重合体により形成されたミセル構造をとる．ブロック共重合体で用いられているのは，PEG とポリアミノ酸，PEG とポリエステル系高分子およびビニル系高分子からなるものがある．高分子ミセルの粒径は 10 ～ 100 nm と非常に小さく，高度に水和した PEG の外殻構造をもつため，細網内皮系に移行しにくい．また，内殻と外殻の明確な二層構造をもつため，外殻の PEG と生体との相互作用を通して体内動態や分布が決定され，その部位で内殻から薬物を放出する．PEG を外殻にもつ抗がん剤内包高分子ミセルは，固形がんを走る血管の特徴的な性質により固形がん内部への高い集積性を示し，優れた抗がん活性を有する．高分子ミセルにアドリアマイシンを内包した製剤をヒト大腸がん細胞を移植したマウスに投与すると，がん細胞でのアドリアマイシンの集積度はアドリアマイシンだけを投与した場合に比べ十数倍となり，高いがん抑制効果を発揮することが確認されている．また，外殻の PEG を温度感応性高分子に変えた高分子ミセルを作製し，がん温熱療法（ハイパーサーミア）と併用することで，さらに効果的ながんの化学療法の実現が期待される．

13.10.6　高分子修飾リポソーム

リポソームは脂質二重膜より構成される微粒子性小胞体で，調製法や脂質の種類を選択することにより粒子径，表面電荷，膜の固さを変えることができ，投与後の体内挙動を広い範囲で制御

できる．ホスファチジルコリンが主成分として最もよく用いられ，形態上，多重膜（0.4～3.5 μm），大きな1枚膜（0.2～1 μm），小さな1枚膜（20～50 nm）のリポソームを調製することができる．生体内ではサイズに応じて補体系を活性化し，未修飾リポソームのままでは補体レセプターを介する経路と介さない経路の両方で細網内皮系に取り込まれ，分解されてしまう．そこでリポソームの表面を種々の水溶性高分子で被膜することにより，安定性を向上させ，細網内皮系への取り込みを回避した循環血滞留型のキャリアーとすることができる．このようなリポソームを「ステルスリポソーム」と呼び，PEGを表面に修飾したリポソームがよく知られている．現在では，抗がん剤ドキソルビシン封入PEG修飾リポソーム製剤が上市され，後天性免疫不全症候群（AIDS）患者に生じるカポジ肉腫に対しての治療薬として使用されている．また，正電荷をもつ高分子をリポソームの表面に導入すると，負電荷の遺伝子や細胞膜との親和性が高くなり，非ウイルス性ベクターとしても利用可能となる．

13.10.7　高分子ゲルマトリックス

再生医療の分野において，細胞成長因子を持続的に放出させる目的として，ゼラチン，コラーゲン，ヒアルロン酸，アルギン酸などの生分解性高分子の混合物を架橋することにより作製したヒドロゲルに細胞成長因子を混合して凍結乾燥した固形マトリックスを生体内に埋め込む試みが盛んに研究されている．生体内ではヒドロゲルは時間とともに分解し，ほぼ一定の放出速度を保って細胞成長因子を放出する特性をもっている．その分解速度はヒドロゲルの架橋の程度によってコントロールできる．

血管新生因子の1つである塩基性線維芽細胞増殖因子 basic fibroblast growth factor（bFGF）を，生分解性ゼラチンヒドロゲルに混合して凍結乾燥し微粒子化したものが，イヌの心臓の血管新生を引き起こすことが確認されている．この手法は，虚血疾患あるいは移植細胞への酸素および栄養を供給し，機能維持のために極めて有用な手法である．また，赤血球を増加させるエリスロポエチンや，脳の線条体ニューロンの生存に必須な脳由来神経栄養因子の徐放化などにも成功しているなど，今後数多くのタンパク質製剤への応用が期待されている．このように，生分解性高分子によるヒドロゲルは，皮下および筋中でのタンパク質性医薬品の徐放，局所投与，局所滞留性徐放など，再生医療用薬剤への応用が可能である．

練習問題

問題 13.1 DDS に関する記述について，正誤を答えよ．

a マトリックス型放出制御製剤では，薬物が高分子やワックスなどの基剤中に分散されており，基剤中の薬物分子の拡散や基剤の侵食，溶解によって薬物が放出制御される．

b ロンタブは，半透膜で被覆された錠剤であり，浸透圧を利用して徐放性を示す．

c スパンタブは，フィルムコーティングした徐放性部を核とし，その外側を速放性部で囲み糖衣錠としたものである．

d リュープロレリン酢酸塩を含有した乳酸-グリコール酸共重合体マイクロスフェアは，皮下投与後 4 週間にわたって主薬を放出させることができる．

(第 94 回薬剤師国家試験)

問題 13.2 医薬品添加剤に関する記述について，正誤を答えよ．

a インスリン注射液には，フェノール又はクレゾールが保存剤として加えられている．

b ヒドロキシプロピルセルロースは結合剤として，低置換度ヒドロキシプロピルセルロースは崩壊剤として用いられる．

c カルメロースカルシウムは，滑沢剤として用いられる．

d ヒプロメロースは，腸溶性コーティング剤として用いられる．

(第 93 回薬剤師国家試験)

問題 13.3 薬物送達システム (DDS) に関する記述について，正誤を答えよ．

a 大豆油とレシチンで調製した脂肪乳剤は高分子ミセルと呼ばれ，炎症部位への薬物運搬体として用いられる．

b ニトログリセリン経皮吸収型製剤は，生体内分解性の乳酸・グリコール酸共重合体を高分子膜に用いた製剤で，24 時間にわたって薬物を一定速度で放出するので，狭心症発作の予防に用いられる．

c リポソームは，脂質二分子膜からなる閉鎖小胞で，脂質相および水相の両方の相を有しているため，脂溶性および水溶性いずれの薬物も包含することができる．

d マイクロカプセルは，通例，直径数 μm ～数百 μm の大きさで，薬物を芯物質としてこれを高分子膜などで被覆したもので，薬物の安定化や放出制御に利用され

る．

　e　ネオカルチノスタチンをスチレン-マレイン酸交互共重合体に結合させた化合物は，ネオカルチノスタチンの分子量と水溶性を高めた高分子医薬品である．

(第 88, 89 回薬剤師国家試験改)

問題 13.4 高分子溶液の性質に関する記述について，正誤を答えよ．

　a　水溶液中での高分子の拡散係数から，球形を仮定してその水和半径を見積ることができる．

　b　高分子電解質溶液に塩を添加してイオン強度を増加させると，高分子はより広がった形となり，粘度が増加する．

　c　イオン性高分子は電離基間の静電反発力により水中で広がった形をとり，溶液の粘度は非イオン性高分子と比べて大きい．

　d　両性高分子電解質であるタンパク質は，等電点で一番広がりが大きくなる．

問題 13.5 高分子溶液の性質に関する記述について，正誤を答えよ．

　a　高分子は，天然由来と合成由来に大別される．

　b　溶液中の高分子は，半透膜を透過する．

　c　分別沈殿は，溶解度の差を利用している．

　d　高分子は，親和性の高い溶媒中では，その広がりが小さくなる．

問題 13.6 高分子ミセルに関する記述について，正誤を答えよ．

　a　高分子ミセルはブロック共重合体により形成されるミセルであり，内殻は水溶性である．

　b　高分子ミセルの粒子サイズは μm のオーダーである．

　c　高分子ミセルは細網内皮系に移行しやすい．

　d　高分子ミセルは腫瘍組織内部に集積しやすい．

　e　高分子ミセルは内殻に脂溶性薬物を内包できる．

問題 13.7 高分子溶液に関する記述について，正誤を答えよ．

　a　高分子鎖は良溶媒中では分子内排除体積が大きくなり，高分子鎖の広がりは大きくなる．

　b　高分子の溶媒中での広がりが大きくなると，固有粘度は低下する．

　c　高分子鎖は貧溶媒中では高分子-高分子間相互作用が低下し，凝集しやすい．

　d　θ-状態とは高分子と溶媒の理想混合状態で，高分子と溶媒の反発力と凝集力が最も大きい．

解答・解説

問題 13.1 正解　a 正，b 誤，c 誤，d 正
解説　b　ロンタブは，内層に徐放性，外層に速放性の機能をもたせた有核錠をいう．
　　　c　スパンタブは，徐放性と速放性の二層からなる錠剤をいう．

問題 13.2 正解　a 正，b 正，c 誤，d 誤
解説　c　カルメロースカルシウムは，崩壊剤として用いられる．
　　　d　ヒプロメロースは，結合剤として用いられる．

問題 13.3 正解　a 誤，b 誤，c 正，d 正，e 誤
解説　a　リピッドマイクロスフェアの記述である．これは，精製した大豆油を卵黄レシチンの膜で覆った直径 $0.2\,\mu m$ の脂肪乳剤であり，静脈内に適用すると体内の炎症部位に集積する性質をもつ．この炎症組織移行性を利用することにより，プロスタグランジン E_1 を主薬とするものが慢性動脈閉塞症や重度の動脈硬化症の治療に応用されている．
　　　b　生体内分解性の乳酸-グリコール酸共重合体を高分子膜に用いた製剤はリュープロレリン酢酸塩注射剤であり，ニトログリセリン経皮吸収型製剤ではない．ニトログリセリン経皮吸収型製剤には，エチレン-酢酸ビニル共重合体を用いる．
　　　e　ネオカルチノスタチンをスチレン-マレイン酸交互共重合体に結合させた化合物は，ネオカルチノスタチンの分子量と疎水性を高めた高分子医薬品である．

問題 13.4 正解　a 正，b 誤，c 正，d 誤
解説　b　電解質の添加により高分子の電荷が中和され，反発力が弱まって広がりが小さくなる．溶媒の粘度が減少し，沈殿しやすくなる．
　　　d　等電点ではタンパク質の正味の電荷がゼロであるので，タンパク質間の反発力が弱まり，タンパク質の広がりが最も小さくなる．

問題 13.5 正解　a 正，b 誤，c 正，d 誤
解説　b　アルブミンなどの高分子が含まれる溶液は，一般に分子コロイドとなり，半透膜を透過しない．半透膜を透過できないものとして，粗大分散系の懸濁粒子やコロイド溶液のコロイド粒子などがあげられる．
　　　d　高分子は，鎖を構成している原子が立体的に配置，結合しているものである．高分子に親和性の高い溶媒が接触すると，ただちに高分子構造中に溶媒分子が入り込み広がる．この後，溶媒和した高分子は徐々にほぐれて溶媒中にゆっくり拡散する．したがって，親和性の高い溶媒中で，高分子はその広がりが大きくなる．

問題 13.6 正解　a 誤，b 誤，c 誤，d 正，e 正
解説　a　高分子ミセルの，内殻は脂溶性である．
　　　b　高分子ミセルの粒子サイズは nm のオーダーである．
　　　c　高分子ミセルは細網内皮系に移行しにくい．

問題 13.7 **正解** a 正, b 誤, c 正, d 誤

解説 b 高分子の溶媒中での広がりが大きくなると，固有粘度は上昇する．
　　　　d θ-状態では，高分子と溶媒の反発力と凝集力は最も小さい．

日本語索引

ア

アインシュタイン・ストークスの式 224
アインシュタインの粘度式 183
圧縮 204
圧縮性指数 58
アノード 130
アボガドロ定数 67
アボガドロの法則 67
アモルファス 279
アラビアゴム 193
アルキルベタイン 165
アルキルベンゼンスルホン酸塩 165
アレニウス型反応 244
アレニウスの式 244, 245
アレニウスプロット 244
安息角 57
アンドレアセンピペット 54
anti-parallel 配向 18
IR スペクトル 38

イ

イオン 124, 135
 活量 124
 輸率 135
イオン化エネルギー 13
イオン強度 125, 253
イオン結合 14
イオン結晶 26
イオンサイズパラメータ 126
イオン伝導 132
イオン雰囲気 124
1 次反応 237
1 次反応速度式 240
一成分系 98
一般酸–塩基触媒反応 249
一般試験法 4
移動度 136
医薬品 251, 263
 安定性 251

医薬品容器 261
医療用具 261
陰イオン性界面活性剤 163
EPR 効果 232

ウ

ウィルヘルミー法 162
ウォッシュバーンの式 61
ウベローデ型毛細管粘度計 216, 272

エ

液相–液相平衡 105
液相–液相平衡図 108
液相線 101
液相置換法 36
エネルギー 73
エネルギー保存則 72
エネルギー保存の法則 73
エマルション 190, 192, 195
 転相 195
エメット 188
エルダーの仮説 60
塩基性線維芽細胞増殖因子 283
円錐–円板型回転粘度計 218
塩析 186
エンタルピー 75
エントロピー 77, 78
エントロピー増大の法則 78
エントロピー変化 80, 81
 温度変化 80
 混合 81
 相転移 80
SI 基本単位 6
SI 組立単位 6
SI 接頭語 6, 8
SI 誘導単位 6
sp 混成軌道 17
sp^2 混成軌道 17
sp^3 混成軌道 17
X 線結晶回折 31

オ

オウベルベーク 185
応力 203
応力緩和 207
応力緩和時間 211
オストワルド型粘度計 216
オストワルド熟成 191
オストワルド成長 147
オストワルドの希釈律 134
オストワルド–フロイントリッヒの式 146
オームの法則 132
オリゴマー 259
オリフィス 57, 58
温度 150, 251
o/w 型エマルション 192

カ

会合コロイド 180
回転粘度計法 217
開放系 72
界面 157
界面活性剤 158, 163, 172
 分類 163
 HLB 値 172
界面張力 158
化学吸着 55
化学結合 14
化学電池 130
化学反応 236
 濃度–時間曲線 236
化学反応速度論 235
化学平衡 88
化学ポテンシャル 82, 87, 113
可逆反応 241
拡散 223
拡散係数 224
拡散電気二重層 184
拡張係数 175
拡張デバイ–ヒュッケル則 125
拡張ぬれ 175

重なり濃度　273
かさ密度　57
数平均分子量　266
カソード　130
活性化エネルギー　244
活量　116
活量係数　116
カードテンションメーター　219
過飽和　144
可溶化　150, 168
顆粒剤　61
ガルバニ電池　130
還元　127
還元剤　127
還元粘度　272
寒剤　103
含水塩　147
緩和効果　133

キ

擬1次反応　238, 239
幾何標準偏差　51
基準振動　38
気相-液相平衡　106
擬塑性流動　213
気体　65, 74
　仕事　74
　性質　65
　膨張圧縮　74
気体定数　67
気体分子運動論　69
起電力　130
擬粘性流動　213
ギブズ自由エネルギー　82, 83, 85, 87, 143
　圧力依存性　85
　温度依存性　85
　定圧過程　87
　定温過程　85
ギブズの等温吸着式　159
ギブズ-ヘルムホルツの式　87
逆浸透　120, 228
逆浸透膜　227, 228
逆ミセル　167
吸湿性　59

吸着　187
吸着質　187
吸着等温式　55
吸着等温線　188
吸着熱　187
吸着媒　187
吸着法　55
吸熱過程　75
凝固曲線　101
凝固点降下　119
凝固点降下定数　119
共軸二重円筒型回転粘度計　218
凝集　194
凝集性　59
共晶点　102
凝析　186
凝析価　186
共通イオン効果　150
強電解質　123, 133
共沸混合物　106, 107
共沸点　106
共融温度　102
共有結合　14
共有結合結晶　25
共融混合物　102
共融点　102
極限粘度　271
極限モル導電率　133
極性　142
極性分子　18
均一系　95
金属結合　14
金属結晶　25

ク

グーイ　184
空間配座　264
クエット型回転粘度計　218
曇り点　171
クラウジウス-クラペイロンの式　100
クラフト点　170
クリープ　207
クリーミング　194
グリーン径　49

クルムバイン径　49
クレゾール石ケン液　163
グロビュール状態　273
クーロン相互作用　124
クーロンの式　58
クーロン力　14

ケ

系　1, 72
経皮治療システム　229
ゲイ-リュサック型比重瓶　36
ゲイ-リュサックの法則　66
ケーキング　191
結合次数　16
結合性分子軌道　15
結晶　25, 37
　単位格子　37
　密度　37
結晶系　27
結晶多形　30
結晶密度　56
結晶面　29
ゲル　277
ケルビンモデル　209
限外顕微鏡　183
限外ろ過　228
限外ろ過膜　227, 228
原子　12
　性質　12
原子核　9
原子軌道　13
　エネルギー準位　13
懸濁液　190
顕微鏡法　53

コ

コアセルベーション　187, 275
コアセルベート　275
コイル-グロビュール転移　274
コイル状態　273
合一　194
光子　10
格子定数　27
抗腫瘍DDS製剤　232
合成高分子膜　228

酵素　248
酵素反応　250
高張　121
降伏応力　212
降伏値　212
高分子　259, 260, 261, 263, 264, 266, 267, 268, 269, 270, 271, 279
　応用　261
　構造　264
　コントロールドリリース　279
　実在鎖モデル　271
　自由回転鎖モデル　269
　自由連結鎖モデル　268
　特徴　263
　標的指向化　279
　分子量分布　266
　分類　261
　平均慣性半径　270
　平均分子量　267
　用途　260
高分子化医薬　281
高分子ゲルマトリックス　283
高分子修飾リポソーム　282
高分子電解質　275
高分子添加剤　263
高分子皮膜　228
高分子ミセル　282
高分子溶液　272, 273, 274
　還元粘度　272
　固有粘度　272
　浸透圧　274
　相対粘度　272
　比粘度　272
　物性　273
高分子ラテックス　277
国際単位系　5, 6
50％粒子径　51
コゼニー−カーマン式　55
固相−液相平衡図　100, 102
固相線　101
コソルベンシー　147
固体　25, 36, 41
　熱分析　41
　密度　36

固体分散体　146
互変二形　99
固有粘度　271
固溶体　101
孤立系　72
コールターカウンター法　53
コールラウシュのイオンの独立
　移動の法則　134
コールラウシュの法則　133
コロイド分散系　179, 180
混合ミセル　168
混成軌道　16
コンダクタンス　132
コントロールドリリース　229, 278
コーン−プレート型回転粘度計　218

サ

剤形分類　3
細孔通過法　53
再生医療　262
再生セルロース膜　228
細胞間隙　279
細胞シート工学　262
細網内皮系　231
サスペンション　190
酸−塩基触媒反応　248
酸化　127
酸化還元電位　127
酸化還元反応　127
酸化剤　127
散剤　61
三軸径　48
三重点　96
三成分系　108

シ

示強性状態関数　74
仕事　73
示差走査熱量測定　41, 42
示差熱分析　41, 42
実在気体　67
自発的変化　77
篩別法　52
指紋領域　39

弱電解質　123, 134
シャルルの法則　66
周期表　13
充てん性　56
自由度　96
重量平均分子量　266
シュテルン　184
　電気二重層モデル　184
シュテルン層　184
受動的ターゲティング　230, 281
シュルツ−ハーディーの規則　186
準安定状態　144
準塑性流動　213
準粘性流動　213
昇華曲線　95
蒸気圧曲線　95
蒸気圧降下　117
状態関数　73
状態図　95
状態量　74
衝突理論　246
晶癖　30
食塩価　122
触媒　248
徐放性製剤　4
示量性状態関数　74
親液コロイド　186
　安定性　186
シンク条件　152, 227
人工臓器　262
人工膜　227, 228
伸縮振動　38
親水基　172
　HLB基数　172
親水コロイド　180
親水親油バランス　171
親水性水和　142
浸漬ぬれ　175
伸長　203
浸透　120
浸透圧　120
浸透係数　123
針入度計　219
真密度　56

親油基　172
　　HLB 基数　172
θ-温度　274
θ-状態　274
θ-溶媒　274

ス

水素結合　19
水溶性　141
水和　142, 143
水和結晶　30
水和数　142
水和物　147
ステアリン酸マグネシウム　164
ステルスリポソーム　232, 283
ストークス径　48, 224
ストークスの式　182
ストークスの法則　136
ストーマー型回転粘度計　218
スプレッドメーター　219
すべり面　185
ずり　204
ずり弾性率　204
ずり粘性率　206
ずりひずみ　204
ずり面　185

セ

正規分布　50
製剤均一性試験法　5
製剤総則　2
製剤物理化学　2
正三角形相図　108
静電的相互作用　17
生物物理化学　2
生分解性高分子　279
成分の数　96, 97
精密ろ過膜　227
精留　107
赤外線吸収スペクトル　38, 40
　　L-バリン　40
　　L-ロイシン　40
赤外分光法　38
ゼータ電位　185
石ケン　163

接触角　60, 174
絶対温度　66
ゼラチン　193
0 次反応　237
0 次反応速度式　240
遷移元素　13
遷移状態理論　247
線形弾性　203
線形弾性体　203
線形粘弾性　208
せん断　204
せん断応力　204
せん断速度　206
せん断粘性率　206
せん断ひずみ　204
せん断流　206
z 平均分子量　266

ソ

双極子モーメント　18, 142
相互溶解度曲線　105, 106
相図　95, 98
相対湿度　59
相対粘度　183, 272
相転移　95
相当径　48
相の数　96
相平衡　95, 98
相変化　95
相律　96
造粒　61
束一的性質　117
速度勾配　206
速度定数　235
即放性製剤　4
組織工学　262
疎水結合　143
疎水コロイド　180
疎水性水和　142
疎水性相互作用　19, 143
塑性　212
塑性粘度　212
塑性流動　212
粗大分散系　179
素反応　236

ソルビタンセスキオレイン酸エステル　165, 193

タ

対イオン　124
対数正規分布　50, 51
体積相当径　48
体積弾性率　204
体積粘性率　207
第 2 ビリアル係数　274
ダイラタンシー　215
ダイラタント流動　215
多形　99, 146
多形転移　41, 147
多結晶　33
ターゲティング　229, 278, 279
多重層リポソーム　231
ダッシュポット　208
ダニエル電池　131
多分子層吸着　189
単位　5
単位格子　27
単位胞　27
単結晶　32
単結晶 X 線構造解析　31, 32
単純格子　27
単純せん断　204
弾性　201
弾性体　201
弾性率　203
単分子層吸着　188
単変二形　99
単量体　259
w/o 型エマルション　192

チ

小さな一枚膜リポソーム　231
遅延時間　209
チキソトロピー　214
チキソトロピー流動　214
逐次反応　243
チャップマン　184
中性子　9
潮解　147
腸溶性製剤　4
超臨界流体　96

日本語索引

調和融点　103
沈降速度相当径　48
沈降平衡　182
沈降法　53
チンダル現象　183

ツ

対イオン　275
通則　2
つり板法　162

テ

定圧熱容量　77
定積熱容量　77
低張　121
滴重法　163
てこの原理　104
デバイのパラメータ　184
デバイのモデル　167
デバイ-ヒュッケルの極限法則　125
デービス式　171
テラー　188
デルヤギン　185
転移点　41, 99
電解質　123
電解質水溶液　123
　束一的性質　123
電荷移動錯体　20
電気陰性度　13
電気泳動効果　133
電気伝導度　132
電気伝導率　133
電気二重層　183
電極　127
電極電位　127
電子　9
電子親和力　13
電子配置　12
転相　171, 195
転相温度　196
天然界面活性物質　165
電離度　123
DLVO 理論　185, 186
DSC 曲線　41
DTA 曲線　41
TG 曲線　41

ト

投影径　49
等温臨界点　109
透過　226
透過法　55
統計熱力学　1
透析　228
透析膜　228
等体積球相当径　48
等張　121
等張化　121
等張化剤　121
等沈降速度球相当径　48
導電率　133
動粘度　216
等表面積球相当径　48
特殊酸-塩基触媒反応　248
特性吸収帯　39
ドデシル硫酸ナトリウム　165
ドナンの膜平衡　276
ドナン分布　276
ドラッグデリバリーシステム　229, 278
ドルトンの分圧の法則　69
ドルトンの法則　115
曇点　171

ナ

内部エネルギー　73
内部摩擦係数　57
ナノスフェア　278
難溶性塩　145
　溶解度積　145

ニ

2 次反応　239
2 次反応速度式　240
二成分系　100
2 相平衡　99
日本薬局方　2, 142
　溶解性を示す用語　142
乳化剤　193
乳酸-グリコール酸共重合体　279

乳濁液　192
ニュートンの粘性法則　206
ニュートン流体　206

ヌ

ぬれ　60, 174

ネ

熱　73
熱化学方程式　76
熱重量測定　41
熱分析　41, 105
熱平衡　73
熱容量　76
熱力学　1, 65
熱力学温度　66
熱力学第 0 法則　73
熱力学第 1 法則　72
熱力学第 2 法則　77, 78
熱力学第 3 法則　82
熱力学の法則　72
ネルンスト・ノイエス・ホイットニーの式　152, 225, 226
ネルンストの式　127
粘性　205
粘性率　207
粘弾性　207, 208
粘弾性液体　207, 210
粘弾性固体　207, 209
粘度　183, 206
粘度平均分子量　266

ノ

ノイエス・ホイットニーの式　151, 152
濃淡電池　132
能動的ターゲティング　230, 281

ハ

配位結合　14
配向効果　18
ハウスナー比　58
パウリの排他原理　11
ハギンズプロット　272

ハーゲン-ポアズイユの式　216
波数　38
発熱過程　75
波動方程式　10
ハートレーのモデル　167
ばね　201
ばね定数　202
バンクロフトの規則　193
バンクロフトの経験則　173
反結合性分子軌道　15
半減期　237
半電池　127
半透膜　120
反応ギブズ自由エネルギー　131
反応次数　235
反応速度　235, 244
　温度依存性　244
反応速度式　235, 236
反応速度理論　246

ヒ

非イオン性界面活性剤　165
ヒクソン・クロウェルの立方根則　152
ヒグチの式　229
非晶質　25, 146, 279
ヒステリシス　214
ひずみ　203
非対称効果　133
非調和融点　103
非ニュートン流体　212
非ニュートン流動　212
比熱　77
比粘度　272
比表面積球相当径　48
比表面積径　48
比表面積法　55
比誘電率　147
標準エンタルピー　144
標準エントロピー　144
標準ギブズエネルギー　130, 144
標準水素電極　128, 129
標準生成エンタルピー　76
標準電極電位　128
標準反応エンタルピー　76
標準反応ギブズ自由エネルギー　88
標準偏差　50
標的指向化　229, 278, 279
氷点降下法　122
表面自由エネルギー　158
表面張力　146, 157
ビリアル定理　14
微粒子キャリアー　281
ビンガム流動　212
頻度因子　244
貧溶媒　273, 274
非 SI 単位　7

フ

ファン・デル・ワールス状態方程式　68
ファンデルワールス力　18
ファント・ホッフ係数　123
ファント・ホッフの式　90, 245, 246
ファント・ホッフの浸透圧の法則　120
ファント・ホッフプロット　90
フィックの拡散法則　223
フィックの第一法則　223, 224
フィックの第二法則　224
風解　147
フェルウェイ　185
フェレー径　49
フォークトモデル　209
不可逆変化　77
不確定性原理　10
不均一系　95
複合格子　27
複合体形成　17
複合反応　241
付着性　59
付着ぬれ　175
フックの法則　201
沸点上昇　117
沸点上昇定数　117
沸点図　106
物理化学　1

物理吸着　55
物理薬剤学　2
物理量　5
不飽和　144
浮遊法　36, 37
ブラウン運動　181
フラックス　223
ブラッグの反射条件　32
ブラッグの法則　31
ブラベ格子　27
ふるい分け法　52
ブルックフィールド型回転粘度計　218
ブルナウアー　188
プレイト点　109
フロイントリッヒ　189
フロイントリッヒの吸着等温線　189
プロトン供与体　39
プロトンジャンプ　135
プロトン受容体　39
分散系　179
分散コロイド　180, 185
　安定性　185
分散相　179
分散媒　179
分散力　18
分子
　構造　14
分子化合物　103
分子間相互作用　17, 27
分子間排除体積効果　274
分子軌道　14, 15
分子結晶　27
分子コロイド　180
分子内排除体積　271
分子内排除体積効果　274
分子篩　107
分子分散系　179
粉体　47, 56, 57, 58, 60
　かさばり度　57
　充てん性　57
　ぬれ　60
　物性　56
　流動性　58
フント則　12

分配係数　226
粉末X線回折　34
　　原理　34
粉末X線回折計　35
粉末X線回折図　35
　　クロラムフェニコールパルミチン酸エステル　35
粉末X線回折法　33
分離膜　227
分留　107

ヘ

ヘイウッド径　49
平均活量係数　124
平均径　50
平均粒子径　50
平衡定数　88
平行反応　242
平衡連結線　104
閉鎖系　72
併発反応　242
ヘスの法則　76
ペネトロメーター　219
ヘルムホルツ　183
変角振動　38
ベンザルコニウム塩化物　165
ベンゼトニウム塩化物　165
ヘンリーの法則　115
BETの吸着等温線　188
head to tail 配向　18
PEG化　282

ホ

ポアソン比　204
ボイル–シャルルの法則　67
ボイルの法則　65
崩壊試験法　5, 142
放出制御　229
放出調節製剤　4
包接化合物　20, 150
法線応力　203
法線ひずみ　203
膨張　204
飽和　144
保護コロイド　181
保護作用　181

ホフマイスター順列　187
ポリソルベート80　165, 193
ポリマー　259
ポリマーコロイド　277
ボルツマン定数　71
ボルツマン分布　71

マ

マイクロエマルション　190
マイクロカプセル　187
マイクロスフェア　278
膜透過　223, 226
膜透過係数　226
マクベインのモデル　167
マーク–ホーウィンクの式　271
マーチン径　49
マックスウェルモデル　210
マトリックス型製剤　229

ミ

ミカエリス定数　251
ミカエリス–メンテンの式　251
水の状態図　95
ミセル　166
ミセル触媒作用　169
密度　36
　　測定　36
ミラー指数　29, 30

ム

無菌試験法　227, 228
無水物　147
無秩序さ　78
無定形　146

メ

メジアン径　50
メチルセルロース　193
メディカルスフェア　277

モ

毛管上昇法　61, 161
毛細管粘度計法　216
モード径　50

モノステアリン酸グリセリン　165
モノマー　166, 259
モル凝固点降下　119
モル導電率　133, 134
モル沸点上昇　117

ヤ

薬学　2
薬物送達システム　229
薬用石ケン　163
ヤングの式　60, 174
ヤング率　203

ユ

融解曲線　95, 101
誘起効果　18
誘電率　147
輸率　135

ヨ

陽イオン性界面活性剤　165
溶液　141
溶解　141
溶解性　141
溶解度　144
溶解度積　145
溶解補助剤　149
要求HLB　173
陽子　9
溶質　141
溶出試験法　5, 142
容積価　122
溶媒　141
溶媒和　142
溶媒和結晶　30

ラ

ラウリル硫酸ナトリウム　165, 193
ラウールの法則　114, 115
ラウロマクロゴール　165
ラテックス　277
ラメラ　264
ラングミュアの吸着等温線　161, 188

ラングミュアの等温吸着式
乱雑さ　78
ランダウ　185
ランダムコイル　274

リ

離液順列　187
理想気体　67
理想気体の状態方程式　67
理想希薄溶液　115, 116
理想溶液　114
律速段階　244
リートベルト法　34
リピッドマイクロスフェア　232
リポソーム　231, 282
硫酸ドデシルナトリウム　165
粒子径　47, 48, 52
　　測定　52
粒子密度　56

流出速度　58
流束　223
流体　201
流体力学　201
流動曲線　212
流動性　57
流動率　212
粒度分布　50
量子化学　1
量子数　10
量子力学　10
両性界面活性剤　165
良溶媒　273, 274
履歴現象　214
臨界圧　95
臨界温度　95
臨界相対湿度　59
臨界点　95
臨界濃度　273
臨界ミセル形成濃度　166

臨界ミセル濃度　166
臨界溶解温度　105
輪環法　162

ル

ル・シャトリエの原理　89
ル・シャトリエの法則　89

レ

レオグラム　212
レオロジー　201
レオロジー測定法　216
レーザー回折・散乱法　56
連続反応　243

ロ

ろ過膜　228
ろ過滅菌　227

外国語索引

A

absolute temperature　66
activation energy　244
active targetting　281
activity　116
activity coefficient　116
adsorbate　187
adsorbent　187
adsorption　187
adsorption isotherm　55, 188
adsorption method　55
amorphous　25, 146, 279
ampholytic surfactant　165
amphoteric surfactant　165
Andreasen pipet　54
angle of repose　57
anionic surfactant　163
anode　130
Arrhenius equation　244
Arrhenius plot　244
asymmetry effect　133
atomic nucleus　9
Avogadro's constant　67
Avogadro's law　67
azeotrope　106
azeotropic mixture　106
azeotropic temperature　106

B

Bancroft's rule　174, 193
basic fibroblast growth factor　283
bFGF　283
Bingham flow　212
biodegradable polymer　279
biophysical chemistry　2
boiling point elevation　117
Boltzmann constant　71
Boltzmann's distribution　71
bond order　16
Boyle–Charles' law　67
Boyle's law　65

Bragg condition　32
Bragg's law　31
Bravais lattice　27
Brownian movement　181
Brunauer　188
bulk density　57
bulk modulus　204
bulk viscosity　207

C

caking　191
capillary–rise method　161
cathode　130
cationic surfactant　165
cell parameter　27
cell sheet engineering　262
Chapman　184
charge transfer complex　20
Charles' law　66
chemical adsorption　55
chemical cell　130
chemical kinetics　235
chemical potential　87, 113
Clausius–Clapeyron equation　100
closed system　72
clouding point　171
cloud point　171
cmc　166
coacervate　275
coacervation　187, 275
coagulation　186
coagulation value　186
coalescence　194
coil–globule transition　274
coil state　273
colligative property　117
common ion effect　150
concentration cell　132
conductance　132
conformation　264
congruent melting point　103
consecutive reaction　243

contact angle　60, 174
controlled release　229
coordinate bond　14
cosolvency　147
Coulomb equation　58
Coulomb interaction　124
Coulomb's force　14
Coulter counter method　53
counterion　124
covalent bond　14
covalent crystal　25
creaming　194
creep　207
CRH　59
critical concentration　273
critical micelle concentration　166
critical point　95
critical pressure　95
critical relative humidity　59
critical solution temperature　105
critical temperature　95
cryoscopic constant　119
crystal　25
crystal density　56
crystal face　29
crystal habit　30
crystal system　27
curd tension meter　219

D

Dalton's law of partial pressure　69
dash pot　208
DDS　229, 278
Debye–Hückel limiting law　125
deformation vibration　38
degree of electrolytic dissociation　123
degree of freedom　96
deliquescence　147

Derjaguin   185
dialysis   228
diameter of the three dimensions   48
dielectric constant   147
differential scanning calorimetry   41
differential thermal analysis   41
diffuse electric double layer   184
diffusion   223
diffusion coefficient   224
dilatancy   215
dipole moment   18, 142
disintegration test   142
disorder   78
dispersed phase   179
dispersed system   179
dispersion force   18
dispersion medium   179
dispersion system   179
dissolution   141
dissolution test   142
distribution coefficient   226
Donnan's distribution   276
drop weight method   163
drug delivery system   278
DSC   41
DTA   41

E

ebullioscopic constant   117
efflorescense   147
Einstein–Stokes equation   224
Einstein's viscosity formula   183
elastic body   201
elasticity   201
elastic modulus   203
Elder's hypothesis   60
electrical double layer   183
electric conductivity   133
electrode   127
electrode potential   127
electrolyte   123

electromotive force   130
electron   9
electron affinity   13
electronegativity   13
electrophoretic effect   133
electrostatic interaction   17
elementary reaction   236
Emmett   188
emulsifier   193
emulsion   190
enantiotropy   99
endothermic process   75
enhanced permeability and retention effect   232
enthalpy   75
entropy   77
equivalent specific surface diameter   48
equivalent surface diameter   48
equivalent volume diameter   48
eutectic mixture   102
eutectic point   102
eutectics   102
eutectic temperature   102
exothermic process   75
extended Debye–Hückel law   125

F

Feret diameter   49
Fick's first law   224
Fick's second law   224
fingerprint region   39
first law of thermodynamics   73
first–order reaction   237
flocculation   194
flotation method   36
fluid   201
fluid dynamics   201
flux   223
fractional distillation   107
freezing mixture   103
freezing point depression   119

frequency factor   244
Freundlich   189

G

galvanic cell   130
gas constant   67
Gay–Lussac's law   66
Gibbs adsorption isotherm   159
Gibbs free energy   83, 143
Gibbs–Helmholtz equation   87
globule state   273
good solvent   274
Gouy   184
granulation   61
Green diameter   49

H

Hagen–Poiseuille's equation   216
half cell   127
half-life   237
hanging plate method   162
heat   73
heat capacity   76
heat capacity at constant pressure   77
heat capacity at constant volume   77
heat of adsorption   187
Helmholtz   183
Henry's law   115
Hess' law   76
heterogeneous system   95
Heywood diameter   49
high polymer   259
Higuchi equation   229
Hixon–Crowell's cubic–root equation   152
HLB   171
Hofmeister series   187
homogeneous system   95
Hooke's law   201
Huggins plot   272
Hund's rule   12

hybrid orbital 16
hydrate 147
hydrate crystal 30
hydration 142
hydration number 142
hydrogen bond 19
hydrophile–lipophile balance 171
hydrophilic colloid 180
hydrophilic hydration 142
hydrophobic bond 143
hydrophobic colloid 180
hydrophobic hydration 142
hydrophobic interaction 19, 143
hypertonic 121
hypotonic 121
hysteresis 214

I

ideal–dilute solution 116
ideal gas 67
ideal gas equation of state 67
ideal solution 114
inclusion compound 20, 150
incongruent melting point 103
induction effect 18
infrared absorption spectrum 38
infrared spectroscopy 38
interface 157
interfacial tension 158
intermolecular excluded volume effect 274
internal energy 73
intramolecular excluded volume 271
intramolecular excluded volume effect 274
intrinsic viscosity 271
ionic atmosphere 124
ionic bond 14
ionic conduction 132
ionic crystal 26
ionic strength 125

ionization energy 13
irreversible change 77
isolated system 72
isothermal critical point 109
isotonic 121
isotonicity 121
isotonization 121

J

Japanese Pharmacopoeia 2

K

Kelvin model 209
kinematic viscosity 216
Kohlrausch's law 133
Kohlrausch's law of independent migration of ions 134
Kozeny–Carmann equation 56
Kraft point 170
Krumbein diameter 49

L

lamella 264
Landau 185
Langmuir 188
Langmuir adsorption isotherm 161
large unilamellar vesicles 231
latex 277
law of energy conservation 73
Le Châtelier's law 89
lever principle 104
lever rule 104
limiting molar electric conductivity 133
linear elasticity 203
linear viscoelasticity 208
lipid microsphere 232
liposome 231
liquid displacement method 36
log–normal distribution 51
LUV 231

lyotropic series 187

M

macromolecule 259
Mark–Houwink's equation 271
Martin diameter 49
Maxwell model 210
mean activity coefficient 124
mean diameter 50
median diameter 50
medical sphere 277
membrane permeability coefficient 226
membrane permeation 223
metal crystal 25
metalic bond 14
metastable state 144
micellar catalysis 169
micelle 166
Michaelis constant 251
Michaelis–Menten equation 251
microcapsule 187
microemulsion 190
microscope method 53
microsphere 278
Miller index 30
mixed micelle 168
MLV 231
MO 14
mobility 136
modal diameter 50
molar boiling point elevation constant 117
molar electric conductivity 133
molar freezing point depression constant 119
molecular crystal 27
molecular interaction 27
molecular kinetic theory of gases 69
molecular orbital 14
monomer 166, 259
monotropy 99

multilamellar vesicles 231
mutual solubility curve 105

N

nanosphere 278
Nernst equation 127
Nernst–Noyes–Whitney's equation 152, 226
neutron 9
Newtonian fluid 206
Newton's law of viscosity 206
NHE 128
noncrystalline 25
nonionic surfactant 165
non–Newtonian flow 212
non–Newtonian fluid 212
nonprimitive lattice 27
normal distribution 50
normal hydrogen electrode 128
normal strain 203
normal stress 203
normal vibration 38
Noyes–Whitney's equation 152

O

Ohm's law 132
oligomer 259
open system 72
order of reaction 235
orientation effect 18
osmosis 120
osmotic coefficient 123
osmotic pressure 120
Ostwald–Freundlich equation 146
Ostwald ripening 147, 191
Ostwald's dilution law 134
Overbeek 185
overlap concentration 273
oxidation 127
oxidizing agent 127

P

parallel reaction 242
particle density 56
partition coefficient 226
passive targetting 281
Pauli exclusion principle 11
PEGylation 282
penetrometer 219
periodic table 13
permeability method 55
permeation 226
permittivity 147
pH 252
pharmaceutical physical chemistry 2
pharmaceutical sciences 2
phase diagram 95, 98
phase equilibrium 95
phase inversion 171, 195
phase inversion temperature 196
phase rule 96
photon 10
physical adsorption 55
physical chemistry 1
physical pharmacy 2
physical quantity 5
PIT 196
Plait point 109
plastic flow 212
plasticity 212
plastic viscosity 212
PLGA 279
Poisson's ratio 204
polarity 142
polar molecule 18
polycrystal 33
polyelectrolyte 275
polymer 259
polymer colloid 277
polymorphic transition 41, 147
polymorphism 30, 99, 146
poor solvent 274
powder 47
primitive lattice 27
principle of increase of entropy 78

projected area diameter 49
protective colloid 181
proton 9
proton acceptor 39
proton donor 39
pseudo–first–order reaction 239
pseudoplastic flow 213
pseudoviscous flow 213

Q

quantity of state 74
quantum chemistry 1
quantum mechanics 10
quantum number 10
quasiplastic flow 213
quasiviscous flow 213

R

random coil 274
randomness 78
Raoult's law 114
rate constant 235
rate–determining step 244
rate equation 235
rate of reaction 235
redox potential 127
redox reaction 127
reduced viscosity 272
reducing agent 127
reduction 127
Reitveld refinement 34
relative humidity 59
relative permittivity 147
relative viscosity 183, 272
relaxation effect 133
RES 232
retarded time 209
reticuloendothelial system 231
reversed micelle 167
reversed osmosis 120, 228
reversible reaction 241
rheogram 212
rheology 201
ring method 162

S

salt hydrate 147
salting out 186
saturation 144
Schulze–Hardy law 186
second law of thermodynamics 77
second-order reaction 239
second virial coefficient 274
sedimentation equilibrium 182
sedimentation method 53
semipermeable membrane 120
shear flow 206
shear modulus 204
shear rate 206
shear strain 204
shear stress 204
shear viscosity 206
SI 6
SI base unit 6
SI derived unit 6
sieving method 52
simple shear 204
simultaneous reaction 242
single crystal 32
single crystal X-ray analysis 32
sink condition 152, 227
SI prefix 6
slipping plate 185
small unilamellar vesicles 231
sodium chloride equivalent 122
solid dispersion 146
solid solution 101
solubility 144
solubility characteristics 141
solubility product 145
solubilization 150, 168
solubilizer 149
solubilizing agent 149
solute 141
solution 141

solvate crystal 30
solvation 142
solvent 141
Span 20 165
specific absorption band 39
specific heat 77
specific surface area method 55
specific viscosity 272
spontaneous change 77
spreading coefficient 175
spread meter 219
spring 201
spring constant 202
standard electrode potential 128
standard enthalpy of formation 76
standard reaction enthalpy 76
state function 73
statistical thermodynamics 1
stealth liposome 232
Stern 184
Stern layer 184
Stokes diameter 48
Stokes' equation 182
Stokes radius 224
strain 203
stress 203
stress relaxation 207
stress relaxation time 211
stretching vibration 38
strong electrolyte 123
successive reaction 243
supercritical fluid 96
supersaturation 144
surface active agent 159
surface free energy 158
surface tension 146, 157
surfactant 159
suspension 190
SUV 231
system 1, 72

T

targeting 229
Teller 188
TG 41
thermal analysis 41, 105
thermal equilibrium 73
thermochemical equation 76
thermodynamics 1, 65
thermodynamic temperature 66
thermogravimetry 41
theta solvent 274
theta state 274
theta temperature 274
third law of thermodynamics 82
thixotropic flow 214
thixotropy 214
tie line 104
tight junction 279
tissue engineering 262
transdermal therapeutic system 229
transition element 13
transition point 99
transition temperature 41
transport number 135
triangular phase diagram 108
triple point 96
true density 56
TTS 229
Tyndall phenomenon 183

U

Ubbelohde's capillary viscometer 272
ultrafiltration 228
ultramicroscope 183
uncertainty principle 10
unhydrate 147
unit 5
unit cell 27
unsaturation 144

V

van der Waals equation of state 68
van der Waals force 18
van't Hoff equation 90, 246
van't Hoff's factor 123
van't Hoff's osmotic pressure law 120
vapor pressure depression 117
velocity gradient 206
Verwey 185
Virial theorem 14
viscoelasticity 207
viscoelastic liquid 207
viscoelastic solid 207
viscosity 205, 206
Voigt model 209
volume value 122

W

Washburn's equation 61
water soluble 141
wave equation 10
wave number 38
weak electrolyte 123
wetting 174
Wilhelmy's method 162
work 73

X

X–ray crystal diffraction 31
X–ray powder diffraction method 33

Y

yield stress 212
yield value 212
Young's equation 60, 174
Young's modulus 203

Z

zero–order reaction 237
zeroth law of thermodynamics 73
zeta (ζ) potential 185